ICT 建设与运维岗位能力培养丛书

华为 HCIA 路由交换技术实战（微课版）

主　编　黄君羡　项尚清

副主编　吕学松　李　焕　欧阳绪彬

電子工業出版社

Publishing House of Electronics Industry

北京•BEIJING

内 容 简 介

本书围绕“1+X”《网络系统建设与运维职业技能等级标准（中级）》和《HCIA-Datacom 认证标准》对应的工作领域、工作任务及职业技能要求，完整地介绍了 VLAN 技术、静态路由、OSPF 协议、单臂路由、PAP 认证、CHAP 认证、访问控制、STP、链路聚合、VRRP、IPv6、无线局域网等知识。

本书由教育部“十四五”职业教育国家规划教材《网络系统建设与运维（中级）（微课版）（第 2 版）》编写团队按照职业教育特征，依托华为网络及其 IT 服务商在企业网、高校等场景的网络系统建设与运维案例，基于工作过程系统化的项目化体例精心编写，全面融合华为网络系统建设与运维（中级）“1+X”和 HCIA 认证标准。

本书由 5 个部分构成，内容全面实用，能满足我们在局域网组建、局域网互联、出口与安全部署、掌握高可用技术及探索 IPv6 与无线方面的全部需求。全书共 26 个实战项目，可以使每位阅读此书的小伙伴都能在充满真实业务场景的沉浸式学习中茁壮成长，快速掌握网络设备的各种知识和实用技能。

本书提供了丰富的 PPT、教学大纲、教学计划、实训项目及课程工具包等基本教学资源，同时也包含了“1+X”认证模拟题、项目拓展等特色资源，有需要的读者请到华信教育资源网注册账号后免费下载。这些基本教学资源与特色资源，可以满足项目化教学、职业资格认证培训、岗位技能培训等不同类型教学的需求。

本书有机融入职业规范等思政育人素质拓展要素，可作为网络技术相关专业的课程教材，也可作为网络系统从业人员的学习与实践指导用书。

图书在版编目（CIP）数据

华为 HCIA 路由交换技术实战：微课版 / 黄君羡，项尚清主编. —北京：电子工业出版社，2024.5

ISBN 978-7-121-47823-9

Ⅰ. ①华… Ⅱ. ①黄… ②项… Ⅲ. ①计算机网络－信息交换机②计算机网络－路由选择 Ⅳ. ①TN915.05

中国国家版本馆 CIP 数据核字（2024）第 092362 号

责任编辑：李　静
印　　刷：固安县铭成印刷有限公司
装　　订：固安县铭成印刷有限公司
出版发行：电子工业出版社
　　　　　北京市海淀区万寿路 173 信箱　　邮编 100036
开　　本：787×1092　1/16　印张：21　字数：565 千字
版　　次：2024 年 5 月第 1 版
印　　次：2025 年 2 月第 4 次印刷
定　　价：65.00 元

凡所购买电子工业出版社图书有缺损问题，请向购买书店调换。若书店售缺，请与本社发行部联系，联系及邮购电话：（010）88254888，88258888。

质量投诉请发邮件至 zlts@phei.com.cn，盗版侵权举报请发邮件至 dbqq@phei.com.cn。

本书咨询联系方式：（010）88254604，lijing@phei.com.cn。

前　言

在这个数字化时代，网络已经成为我们生活中不可或缺的一部分。华为作为全球领先的信息与通信解决方案供应商，一直致力于为客户提供高质量的网络产品和服务。在本书中，我们将带您深入了解华为 HCIA-Datacom 技术，帮助您掌握基于华为设备的网络系统建设与运维技能。

全书主要包括局域网组建、局域网互联、出口与安全部署、高可用技术、IPv6 与无线 5 个部分，甄选 26 个企业网络建设实战项目，全面介绍了中小型企业网络建设的业务实施技能。

本书继承了《网络系统建设与运维（中级）（微课版）（第 2 版）》国家规划教材的优点，基于职业教育理念，按工作过程系统化的项目体例进行编写。本书通过场景化的项目案例将理论与技术应用密切结合，让技术应用更具实用性；通过学习典型业务实施流程，使学生逐渐养成完成网络工程工作需要具备的素养；通过项目拓展训练切换不同行业部署场景，培养学生跨行业、跨场景的网络工程实施技能，使学生逐步掌握基于华为设备的网络建设与运维技能，为成为一名准 IT 网络工程师打下坚实的基础。

本书极具职业特征，有如下特色。

1．课证融通、校企双元开发

本书由高校教师、华为认证讲师和企业工程师联合编写，全面融入华为“1+X”《网络系统建设与运维职业技能等级标准（中级）》和《HCIA-Datacom 认证标准》的相关技术与知识点；项目导入了荔峰科技（广州）有限公司等服务商的典型项目案例和业务实施流程；高校教师团队按职业教育专业人才培养要求和教学标准，根据职教学生的认知特点，将企业资源进行教学化改造，并将其编写成工作过程系统化教材，教材内容符合网络系统建设与运维工程师岗位技能培养要求。

2．项目贯穿、课产融合

（1）递进式场景化项目重构课程序列。本书围绕网络工程师岗位对网络建设与运维的要求，基于工作过程系统化方法，按照企业网络建设的实施规律，设计了 26 个进阶式项目案例，并将相关知识融入各项目中，将知识和应用场景紧密结合，学以致用。本书学习地图如图 1 所示。

（2）用业务流程驱动学习过程。将各项目按企业工程项目实施流程分解为若干工作任务。通过项目描述、相关知识为任务做铺垫；任务实施过程由任务描述、任务实施和任务验证构成，符合工程项目实施的一般规律。学生通过对 26 个项目的渐进学习，逐步熟悉网络系统建设与运维岗位的典型工作任务，熟练掌握业务实施流程，养成良好的工作素养。项目学习流程如图 2 所示。

3．实训项目具有复合性和延续性

考虑到企业真实工作项目的复合性，工作室精心设计了 26 个拓展实训项目。实训项目不仅考核与本项目相关的知识和技能，还涉及前序知识与技能，强化了各阶段的知识点、技能点之间的关联，使学生熟悉知识与技能在融合型网络工程场景中的应用。

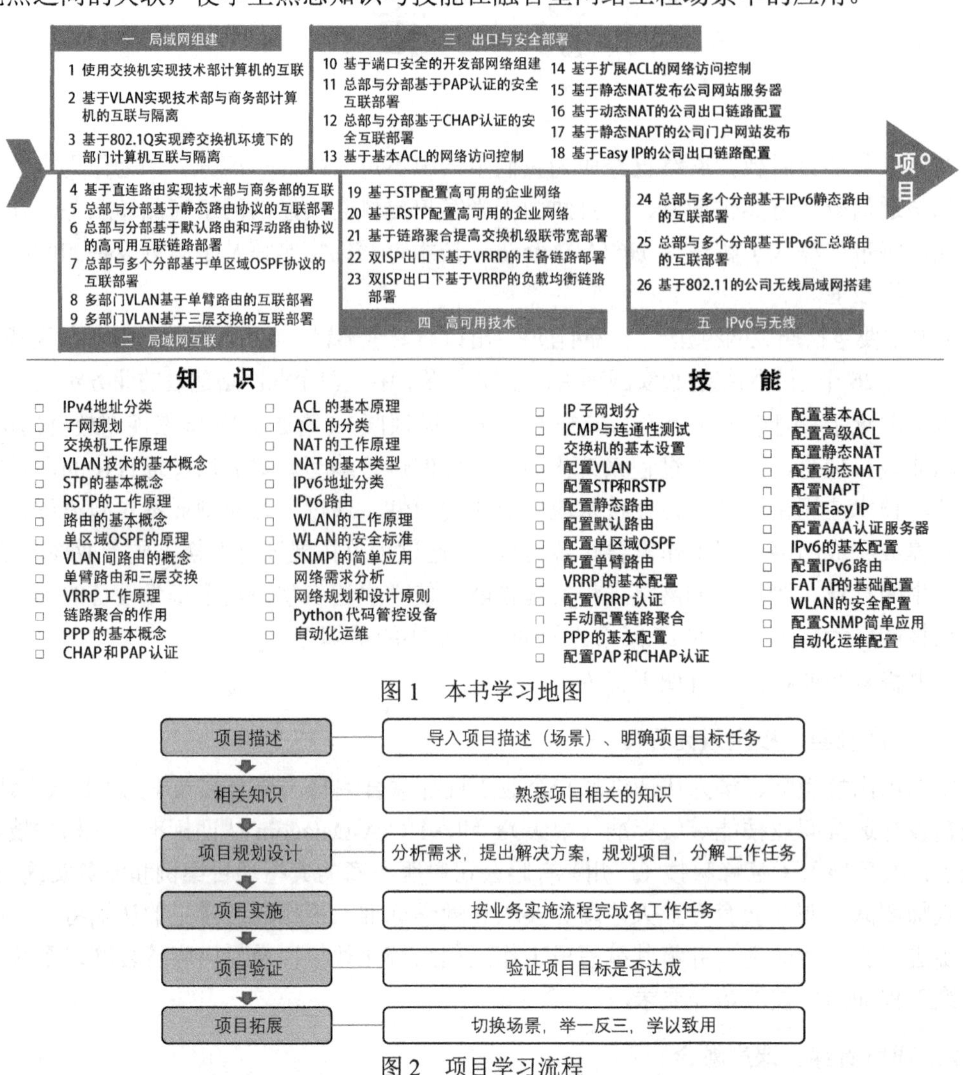

图 1　本书学习地图

图 2　项目学习流程

若将本书作为教学用书，则参考学时为 64～72 学时，各项目的参考学时如表 1 所示。

表 1　学时分配表

内容模块	课程内容	学时
局域网组建	项目 1 使用交换机实现技术部计算机的互联	2
	项目 2 基于 VLAN 实现技术部与商务部计算机的互联与隔离	2
	项目 3 基于 802.1Q 实现跨交换机环境下的部门计算机互联与隔离	2
局域网互联	项目 4 基于直连路由实现技术部与商务部的互联	2
	项目 5 总部与分部基于静态路由协议的互联部署	2
	项目 6 总部与分部基于默认路由和浮动路由协议的高可用互联链路部署	2
	项目 7 总部与多个分部基于单区域 OSPF 协议的互联部署	2
	项目 8 多部门 VLAN 基于单臂路由的互联部署	2
	项目 9 多部门 VLAN 基于三层交换的互联部署	2

续表

内容模块	课程内容	学时
出口与安全部署	项目 10 基于端口安全的开发部网络组建	2
	项目 11 总部与分部基于 PAP 认证的安全互联部署	2
	项目 12 总部与分部基于 CHAP 认证的安全互联部署	2
	项目 13 基于基本 ACL 的网络访问控制	2
	项目 14 基于扩展 ACL 的网络访问控制	2
	项目 15 基于静态 NAT 发布公司网站服务器	2
	项目 16 基于动态 NAT 的公司出口链路配置	2
	项目 17 基于静态 NAPT 的公司门户网站发布	2
	项目 18 基于 Easy IP 的公司出口链路配置	2
高可用技术	项目 19 基于 STP 配置高可用的企业网络	2
	项目 20 基于 RSTP 配置高可用的企业网络	2
	项目 21 基于链路聚合提高交换机级联带宽部署	2
	项目 22 双 ISP 出口下基于 VRRP 的主备链路部署	4
	项目 23 双 ISP 出口下基于 VRRP 的负载均衡链路部署	4
IPv6 与无线	项目 24 总部与多个分部基于 IPv6 静态路由的互联部署	2
	项目 25 总部与多个分部基于 IPv6 汇总路由的互联部署	4
	项目 26 基于 802.11 的公司无线局域网搭建	4
课程考核	综合项目实训/课程考评	4
课时总计		64

本书由正月十六工作室组编，主编为黄君羡、项尚清，副主编为吕学松、李焕、欧阳绪彬，相关编者信息如表 2 所示。

表 2　教材编写单位和编者信息

参编单位	编　　者
广东交通职业技术学院	黄君羡、唐浩祥、简碧园、莫乐群
咸阳职业技术学院	李焕
广州城市职业技术学院	吕学松、梁锦雄
广东财贸职业学院	项尚清、郑俊海、叶茂豪、罗成耀
正月十六工作室	欧阳绪彬、林晓晓
荔峰科技（广州）有限公司	张金荣
联想教育科技有限公司	鲁维、吴洋洋

在本书的编写过程中，我们得到了众多华为认证讲师和技术专家的支持与帮助，他们为我们提供了许多宝贵的意见和建议。在此，我们对他们表示衷心的感谢。同时，我们也希望本书能够为广大读者带来启迪和帮助。

正月十六工作室

2024 年 1 月

目　　录

HCIA

项目 1

使用交换机实现技术部计算机的互联

项目描述

Jan16 公司新购置了一台网管交换机（SW），网络管理员小蔡负责将公司中的计算机（PC）连接到交换机上，实现计算机的互联。为此，小蔡需要了解交换机的基础配置。网络拓扑图如图 1-1 所示。项目具体要求如下。

（1）为技术部所有计算机配置 IP 地址。

（2）将技术部计算机接入交换机，实现相互通信。

（3）通过【display】命令查看交换机的 MAC 地址映射表。

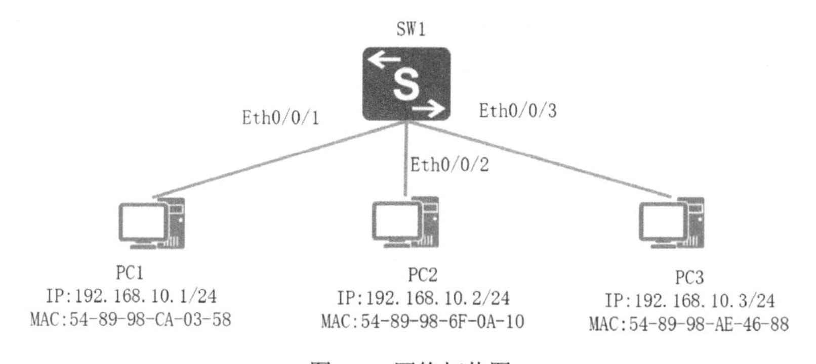

图 1-1　网络拓扑图

相关知识

1.1　交换机简介

共享式以太网的扩展性能很差，且随着设备数量的增加，发生冲突的概率也逐渐增大，因此它无法应对大型网络。交换机正是基于这个背景被设计出来的。

交换机工作在数据链路层，它能识别以太网数据帧的源 MAC 地址和目的 MAC 地址，并将数据帧从与目的设备相连的端口转发出去，而不会像集线器那样向不需要这个数据帧的端口发送数据帧。如图 1-2 所示，交换机收到 PC1 发送给 PC2 的数据帧后只会通过 E2 端口发送出去，而不会发送给其他端口。因此，交换机的每个端口都是一个独立的冲突域，它们互不影响，且每个端口都可实现全双工通信，这为大型网络的组建提供了可扩展性和高传输带宽。

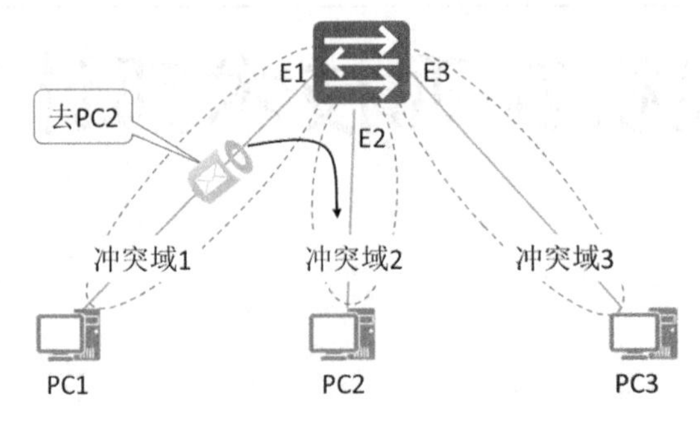

图 1-2　交换机以端口隔离冲突域构成的交换型以太网

1．交换型以太网与广播域

交换机通过自己的端口来隔离冲突域，但并不表示交换型以太网中连接的设备之间只能实现一对一的数据交互，有时局域网中的一台设备确实需要向局域网中的其他所有设备发送消息。例如，在 ARP 请求通信中，一台设备需要向同一个网络中的其他所有设备发送消息，以获取目的 IP 地址对应的 MAC 地址。这种由一台设备向同一个网络中的其他所有设备发送消息的数据发送方式称为广播，为了实现这种发送方式而以网络层或数据链路层广播地址封装的数据称为广播数据包或广播帧，而广播帧可达的区域称为广播域。广播域有二层广播域和三层广播域，二层广播域是指广播帧可达的范围，本项目只针对二层广播域进行讨论。由于广播帧可达的范围在传统意义上就是一个局域网的范围，因此一个局域网往往就是一个广播域。

交换机中广播域和冲突域之间的关系如图 1-3 所示。

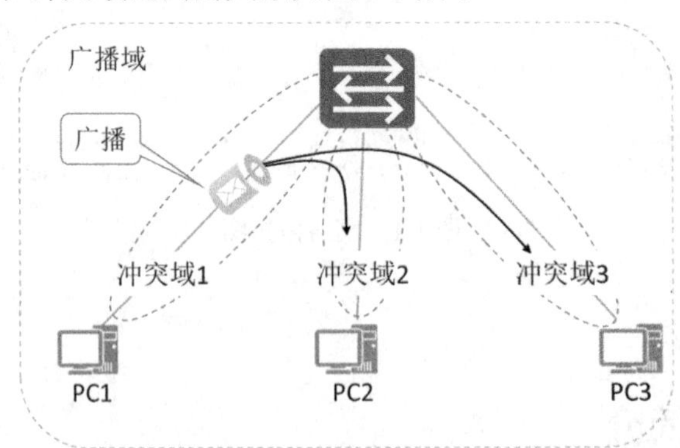

图 1-3　交换机中广播域和冲突域之间的关系

2．交换机数据帧的转发方式

交换机通过查看收到的每个数据帧的源 MAC 地址来学习每个端口连接设备的 MAC

地址，并将MAC地址与端口的映射信息存储在被称为“MAC地址映射表”的数据库中。

在初始状态下，交换机的MAC地址映射表为空，其中并不包含任何条目。每当交换机通过自己的某个端口接收到一个数据帧时，它就会将这个数据帧的源MAC地址和接收到这个数据帧的端口号作为一个条目保存在自己的MAC地址映射表中，同时在接收到这个数据帧时重置老化时间。这就是交换机为自己的MAC地址映射表动态添加条目的方式。

图1-4所示为交换机添加MAC地址条目示意图。

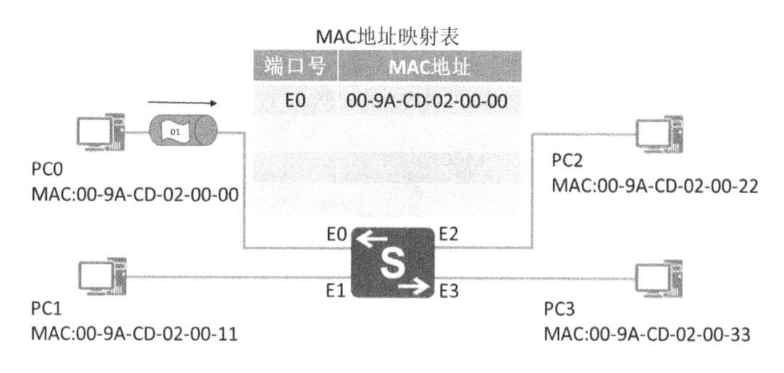

图1-4 交换机添加MAC地址条目示意图

在记录了这样一条MAC地址条目后，如果交换机再次通过同一个端口接收到以相同MAC地址为源MAC地址的数据帧，那么它会用新的时间来更新这个MAC地址条目，确保这个目前仍然活跃的条目不会老化。但如果交换机在默认老化时间（300s）之内都没有通过这个端口再次接收到这个MAC地址发来的数据帧，那么它会将这个老化的条目从自己的MAC地址映射表中删除。

网络管理员也可以在交换机的MAC地址映射表中手动添加条目。网络管理员静态添加的MAC地址条目不仅优先级高于交换机通过自己的端口动态学习到的条目，而且不受老化时间的影响，会一直保存在交换机的MAC地址映射表中。

以上可以了解到交换机是如何添加、更新和删除MAC地址映射表条目的，那么，交换机是如何使用MAC地址映射表将数据帧转发出去的呢？当一台交换机通过自己的某个端口接收到一个单播数据帧时，它首先会查看这个数据帧的二层头部信息，获取该数据帧的目的MAC地址，然后在自己的MAC地址映射表中查找该目的MAC地址，最后针对查找结果来处理该数据帧。查找结果有3种可能，其处理方式如下。

（1）在MAC地址映射表中找到了该目的MAC地址，且该数据帧的源MAC地址和目的MAC地址对应的端口号不同。

交换机会将该数据帧从目的MAC对应的端口号转发出去，在图1-5所示的通信中，交换机将会把PC0发给PC2的数据帧从E2端口转发出去。

（2）在MAC地址映射表中找到了该目的MAC地址，且该数据帧的源MAC地址和目的MAC地址对应的端口号相同。

交换机会将该数据帧丢弃。在图1-6所示的通信中，交换机E0所在的端口为一个冲突域，PC0和PC1在一个冲突域中，因此，交换机和PC1都会收到PC0发给PC1的数据包，由此，交换机并不需要处理该数据帧，会将该数据帧丢弃。

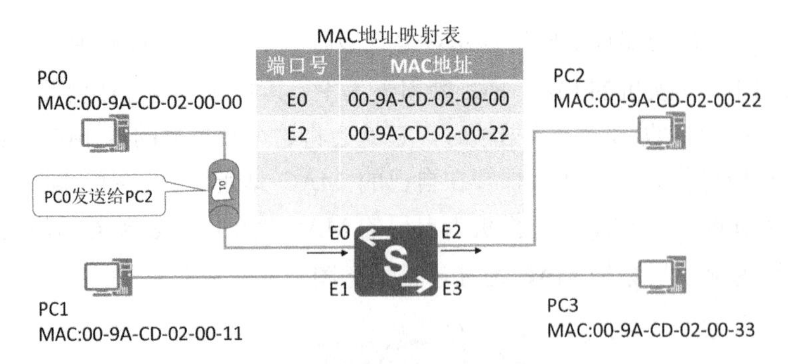

图 1-5　交换机从指定端口转发数据帧案例

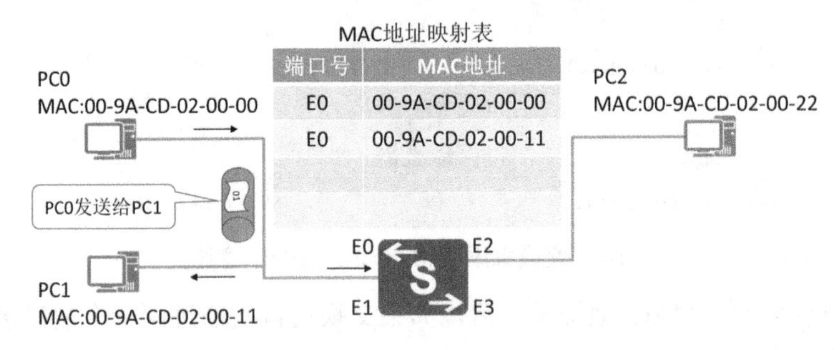

图 1-6　交换机丢弃数据帧案例

（3）在 MAC 地址映射表中没有找到该目的 MAC 地址。

由于在交换机的 MAC 地址映射表中没有记录这个数据帧的目的 MAC 地址，因此，它无法处理该数据帧。于是，交换机只能将该数据帧从所有其他端口发送出去（除了接收到数据帧的端口），这个过程称为泛洪或广播。在图 1-7 所示的通信中，交换机在 E0 端口收到 PC0 发给 PC3 的数据帧，因为在交换机的 MAC 地址映射表中未找到 PC3 的 MAC 地址，所以交换机将该数据帧转发到 E1 端口、E2 端口和 E3 端口中去。

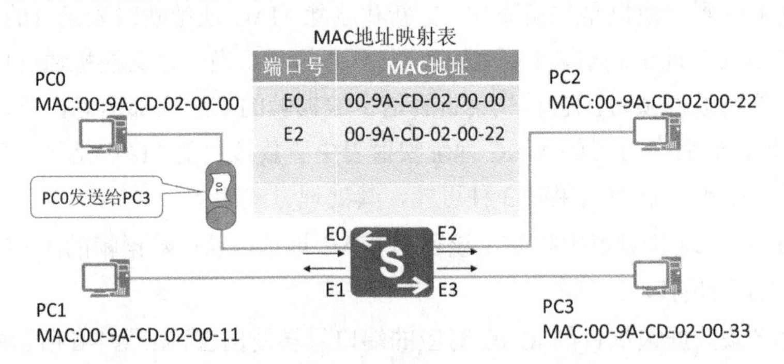

图 1-7　交换机泛洪/广播数据帧案例

3．交换机系统的启动过程

华为交换机的 VRP 软件系统由互联网操作系统（Internet work Operating System，IOS）软件和启动只读存储器（Boot Read-Only Memory，BootROM）软件组成，其中 BootROM 软件由基本 BootROM 软件和扩展 BootLoad 软件组成。

交换机上电后，先运行基本 BootROM 软件进行硬件自检，再引导运行 BootLoad 软件，

等待硬件初始化后显示交换机的硬件参数，由 BootLoad 软件引导加载系统软件和交换机的配置文件，正常加载后进入系统的 CLI 界面。交换机系统启动的流程如图 1-8 所示。

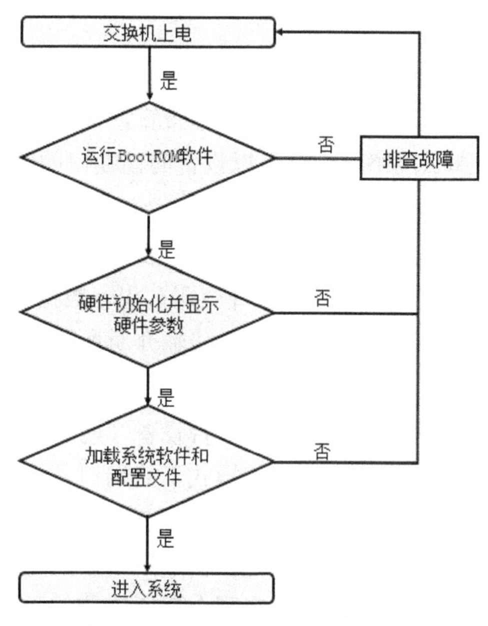

图 1-8　交换机系统启动的流程

1.2　交换机的基本设置

按照交换机是否可以配置与管理，可以将交换机分为可网管交换机和不可网管交换机。不可网管交换机不具备网络管理功能，没有配置端口。不可网管交换机的典型外观如图 1-9 所示。

图 1-9　不可网管交换机的典型外观

可网管交换机具备网络管理、网络监控、端口监控、VLAN 划分等功能，它具有专门的配置端口——Console 端口，带 Console 端口的可网管交换机的典型外观如图 1-10 所示。本节将重点介绍可网管交换机端口的速率和双工模式的配置、查看交换机 MAC 地址映射表等内容。

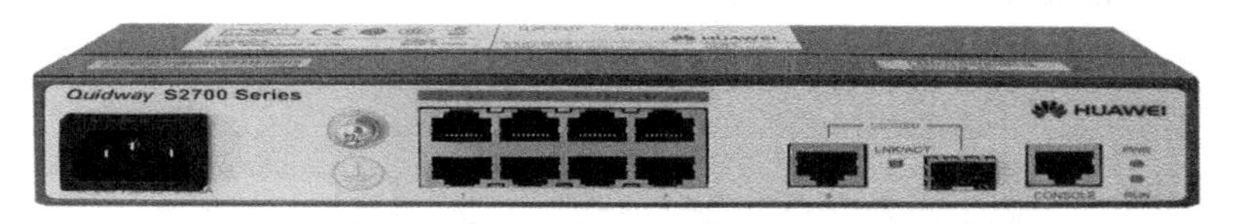

图 1-10　带 Console 端口的可网管交换机的典型外观

1．速率与双工模式

客户端被接入交换机后，其转发速率在很大程度上取决于交换机端口的速率和双工模式。

交换机端口的速率是指这个端口每秒能够转发的比特数，这个参数的单位是 bit/s。交换机端口的最大速率取决于该交换机端口的物理带宽，例如，一台交换机的端口能够设置的速率上限就是1Gbit/s，那么网络管理员可以设置的该端口的速率最大值不能超过1Gbit/s。

双工模式是指端口传输数据的方向性。如果一个端口工作在全双工模式（Full-Duplex）下，那么表示该端口的网络适配器可以同时在收、发两个方向上传输和处理数据。而如果一个端口工作在半双工模式（Half- Duplex）下，那么代表数据的接收和发送不能同时进行。显然，数据收发是一个双边的问题，因此一个传输介质所连接的所有端口必须都被设置为同一种双工模式。

在交换型以太网中，只通过线缆连接了一台设备（网络适配器）的交换机端口将默认工作在全双工模式下，而这种工作在全双工模式下的端口是没有冲突域的，它们也可以与对端适配器同时发送数据而不用担心线缆上因信号叠加而产生冲突，此时这个端口的载波侦听多路访问机制也不会启用；如果一个交换机端口连接的是共享型介质，那么这个交换机端口只能工作在半双工模式下，这个共享型介质所连接的所有网络适配器（其中也包括这个交换机端口）共同构成了一个冲突域，此时这个交换机端口的载波侦听多路访问机制也会启用。

除双工模式外，传输介质两侧端口的工作速率也要相互一致，否则无法实现通信。

2．MAC 地址映射表

交换机的 MAC 地址映射表存储了交换机端口和终端 MAC 地址的映射关系，网络管理员可以查看交换机的 MAC 地址映射表信息、添加 MAC 地址映射表静态条目、修改 MAC 地址动态条目的老化时间等配置。

1.3　登录交换机

使用 Console 线缆来连接交换机或路由器的 Console 端口与计算机的 COM 端口，这样就可以通过计算机实现本地调试和维护。交换机和路由器的 Console 端口是一种符合 RS232 串口标准的 RJ45 端口。目前大多数台式计算机提供的 COM 端口都可以与 Console 端口连接。笔记本电脑一般不提供 COM 端口，需要使用 USB 到 RS232 的转换端口。

交换机的 Console 端口如图 1-11 所示。

图 1-11　交换机的 Console 端口

很多终端模拟程序都能发起 Console 连接，例如，可以使用 Secure CRT 程序连接交换机。使用 Secure CRT 程序连接交换机时，必须设置端口参数。表 1-1 所示为 COM 端口参数设置的示例，如果对参数值做了修改，那么需要恢复默认参数值。完成设置以后，单击“确定”按钮即可将 Secure CRT 与交换机建立连接。

表 1-1　COM 端口参数设置的示例

参数	值
波特率	9600
数据位	8
奇偶校验	无
停止位	1
数据流控制	无

在缺少 Secure CRT 程序的计算机上，可以使用 PuTTY 或超级终端程序发起 Console 连接，并连接到交换机，配置参数与表 1-1 一致。

1.4　命令行基础

1．命令行视图

交换机分层的命令结构定义了很多命令行视图，每条命令只能在特定的视图中执行。常见的命令视图有用户视图、系统视图、端口视图、协议视图。每个命令都注册在一个或多个命令视图下，用户只有先进入这个命令所在的视图，才能运行相应的命令。进入交换机系统的配置界面后，最先出现的视图是用户视图。在该视图下，用户可以查看设备的运行状态和统计信息。

若要修改系统参数，则用户必须进入系统视图。用户还可以通过系统视图进入其他的功能配置视图，如端口视图和协议视图。

通过提示符可以判断当前所处的视图，例如：“<　>”表示用户视图，“[　]”表示除用户视图以外的其他视图。

2．命令行功能

为了简化操作，系统提供了快捷键，使用户能够快速执行操作。如 CTRL+A 键可以把光标移动到当前命令行的最前端。命令行快捷键功能如表 1-2 所示。

表 1-2　命令行快捷键功能

命令行快捷键	功能
CTRL+A	将光标移动到当前命令行的最前端
CTRL+C	停止当前命令的运行
CTRL+Z	回到用户视图
CTRL+]	终止当前连接或切换连接
CTRL+B	将光标向左移动一个字符
CTRL+D	删除当前光标所在位置的字符
CTRL+E	将光标移动到当前行的末尾

续表

命令行快捷键	功能
CTRL+F	将光标向右移动一个字符
CTRL+H	删除光标左侧的一个字符
CTRL+N	显示历史命令缓冲区中的后一条命令
CTRL+P	显示历史命令缓冲区中的前一条命令
CTRL+W	删除光标左侧的一个字符串
CTRL+X	删除光标左侧的所有字符
CTRL+Y	删除光标所在位置及其右侧的所有字符
ESC+B	将光标向左移动一个字符串
ESC+D	删除光标右侧的一个字符串
ESC+F	将光标向右移动一个字符串

项目规划设计

本项目需要先为计算机配置 IP 地址，并记录各计算机的 MAC 地址，然后验证计算机间能否相互通信。计算机通常通过 IP 地址相互通信，交换机作为计算机的互联设备，使用的是 MAC 地址通信，它依赖于端口与 MAC 地址映射表工作，因此本项目可以通过如下两个任务完成。

（1）配置计算机的 IP 地址，验证 IP 地址和 MAC 地址是否已正确配置。

（2）在交换机上查看 MAC 地址映射表，验证计算机间是否能够正确通信。

端口规划表 1 和 IP 地址规划表 1 如表 1-3 和表 1-4 所示。

表 1-3　端口规划表 1

本端设备	本端端口	对端设备
SW1	Eth0/0/1	PC1
SW1	Eth0/0/2	PC2
SW1	Eth0/0/3	PC3

表 1-4　IP 地址规划表 1

设备	IP 地址	MAC 地址
PC1	192.168.10.1/24	54-89-98-CA-03-58
PC2	192.168.10.2/24	54-89-98-6F-0A-10
PC3	192.168.10.3/24	54-89-98-AE-46-88

项目实施

任务 1-1　配置计算机的 IP 地址

扫一扫，
看微课

任务描述

根据表 1-2 为 PC1、PC2 及 PC3 配置好相应的 IP 地址后，在计算机命令行下使用

【ipconfig /all】命令查看 IP 地址和 MAC 地址是否已正确配置。

任务实施

在 PC1 上配置网卡的 IP 地址配置结果如图 1-12 所示。同理，完成其他计算机的 IP 地址配置。

Internet 协议版本 4 (TCP/IPv4) 属性

常规

如果网络支持此功能，则可以获取自动指派的 IP 设置。否则，你需要从网络系统管理员处获得适当的 IP 设置。

○自动获得 IP 地址(O)
◉使用下面的 IP 地址(S):
IP 地址(I): 192 . 168 . 10 . 1
子网掩码(U): 255 . 255 . 255 . 0
默认网关(D): . . .

自动获得 DNS 服务器地址(B)
◉使用下面的 DNS 服务器地址(E):
首选 DNS 服务器(P): . . .
备用 DNS 服务器(A): . . .

☐退出时验证设置(L)　高级(V)...

确定　取消

图 1-12　在 PC1 上配置网卡的 IP 地址配置结果

任务验证

（1）在 PC1 上使用【ipconfig /all】命令查看 IP 地址，配置命令如下。

```
PC1>ipconfig /all      //显示本机 TCP/IP 配置的详细信息

本地连接:

   连接特定的 DNS 后缀 . . . . . . . . :
   描述. . . . . . . . . . . . . . . : Realtek USB GbE Family Controller
   物理地址. . . . . . . . . . . . . : 54-89-98-CA-03-58
   DHCP 已启用 . . . . . . . . . . . : 否
   自动配置已启用. . . . . . . . . . : 是
   IPv4 地址 . . . . . . . . . . . . : 192.168.10.1(首选)
   子网掩码  . . . . . . . . . . . .  : 255.255.255.0
   默认网关. . . . . . . . . . . . .  :
   TCPIP 上的 NetBIOS  . . . . . . .  : 已启用
```

（2）在 PC2 上使用【ipconfig /all】命令查看 IP 地址，配置命令如下。

```
PC2> ipconfig /all

本地连接:

   连接特定的 DNS 后缀 . . . . . . . . :
   描述. . . . . . . . . . . . . . . : Realtek USB GbE Family Controller
```

```
   物理地址. . . . . . . . . . . . . : 54-89-98-6F-0A-10
   DHCP 已启用 . . . . . . . . . . . : 否
   自动配置已启用. . . . . . . . . . : 是
   IPv4 地址 . . . . . . . . . . .   : 192.168.10.2(首选)
   子网掩码  . . . . . . . . . . . . : 255.255.255.0
   默认网关. . . . . . . . . . . . . :
   TCPIP 上的 NetBIOS  . . . . . . . : 已启用
```

（3）在 PC3 上使用【ipconfig /all】命令查看 IP 地址，配置命令如下。

```
PC3> ipconfig /all

本地连接:

   连接特定的 DNS 后缀 . . . . . . . :
   描述. . . . . . . . . . . . . . . : Realtek USB GbE Family Controller
   物理地址. . . . . . . . . . . . . : 54-89-98-AE-46-88
   DHCP 已启用 . . . . . . . . . . . : 否
   自动配置已启用. . . . . . . . . . : 是
   IPv4 地址 . . . . . . . . . . .   : 192.168.10.3(首选)
   子网掩码  . . . . . . . . . . . . : 255.255.255.0
   默认网关. . . . . . . . . . . . . :
   TCPIP 上的 NetBIOS  . . . . . . . : 已启用
```

任务 1-2　在交换机上查看 MAC 地址映射表

任务描述

在交换机端口使用【display】命令查看 MAC 地址，验证交换机端口学习到对应计算机的 MAC 地址是否匹配。

任务实施

（1）在交换机上使用【display mac-address】命令查看交换机与计算机之间连接的端口对应的 MAC 地址信息，配置命令如下。

```
<Huawei>system-view              //进入系统视图
[Huawei]display mac-address      //查看 MAC 地址映射表项
```

在进行计算机的 Ping 测试之前，交换机没有收到任何数据包，因此没有学习到端口的 MAC 地址。

（2）使用 PC1 Ping PC2，配置命令如下。结果显示 PC1 和 PC2 通信正常。

```
PC1>ping 192.168.10.2

Ping 192.168.10.2: 32 data bytes, Press Ctrl_C to break
From 192.168.10.2: bytes=32 seq=1 ttl=128 time=32 ms
From 192.168.10.2: bytes=32 seq=2 ttl=128 time=46 ms
From 192.168.10.2: bytes=32 seq=3 ttl=128 time=47 ms
From 192.168.10.2: bytes=32 seq=4 ttl=128 time=31 ms
From 192.168.10.2: bytes=32 seq=5 ttl=128 time=31 ms

--- 192.168.10.2 ping statistics ---
  5 packet(s) transmitted
```

```
  5 packet(s) received
  0.00% packet loss
  round-trip min/avg/max = 31/37/47 ms
```

任务验证

在交换机上使用【display mac-address】命令查看交换机的 MAC 地址映射表，配置命令如下。

```
[Huawei]display mac-address
MAC address table of slot 0:
-------------------------------------------------------------------------------
MAC Address    VLAN/       PEVLAN CEVLAN Port            Type      LSP/LSR-ID
               VSI/SI                                    MAC-Tunnel
-------------------------------------------------------------------------------
5489-98ca-0358 1           -      -      Eth0/0/1        dynamic   0/-
5489-986f-0a10 1           -      -      Eth0/0/2        dynamic   0/-
-------------------------------------------------------------------------------
Total matching items on slot 0 displayed = 3
```

项目验证

扫一扫，
看微课

（1）使用 PC1 Ping PC3，配置命令如下。结果显示 PC1 和 PC3 通信正常。

```
PC1>ping 192.168.10.3

Ping 192.168.10.3: 32 data bytes, Press Ctrl_C to break
From 192.168.10.3: bytes=32 seq=1 ttl=128 time=47 ms
From 192.168.10.3: bytes=32 seq=2 ttl=128 time=31 ms
From 192.168.10.3: bytes=32 seq=3 ttl=128 time=47 ms
From 192.168.10.3: bytes=32 seq=4 ttl=128 time=31 ms
From 192.168.10.3: bytes=32 seq=5 ttl=128 time=47 ms

--- 192.168.10.3 ping statistics ---
  5 packet(s) transmitted
  5 packet(s) received
  0.00% packet loss
  round-trip min/avg/max = 31/40/47 ms
```

（2）在交换机上使用【display mac-address】命令查看交换机的 MAC 地址映射表，可以看到交换机已经学习到 PC1、PC2 和 PC3 的 MAC 地址信息，配置命令如下。

```
[Huawei]display mac-address
MAC address table of slot 0:
-------------------------------------------------------------------------------
MAC Address    VLAN/       PEVLAN CEVLAN Port            Type      LSP/LSR-ID
               VSI/SI                                    MAC-Tunnel
-------------------------------------------------------------------------------
5489-98ca-0358 1           -      -      Eth0/0/1        dynamic   0/-
5489-986f-0a10 1           -      -      Eth0/0/2        dynamic   0/-
5489-98ae-4688 1           -      -      Eth0/0/3        dynamic   0/-
-------------------------------------------------------------------------------
Total matching items on slot 0 displayed = 3
```

项目拓展

一、理论题

1．以太网交换机的 MAC 地址映射表的默认老化时间为（　　）。

A．150s　　B．200s　　C．300s　　D．10s

2．二层以太网交换机根据端口所接收报文的（　　）生成 MAC 地址映射表。

A．源 MAC 地址　　B．目的 MAC 地址

C．源 IP 地址　　D．目的 IP 地址

3．以太网交换机的数据帧处理行为不包含（　　）。

A．接收　　B．转发　　C．丢弃　　D．泛洪

4．在用户视图下配置（　　）命令可以切换到系统视图。

A．system-view　　B．router　　C．enable　　D．configure terminal

5．当交换机处于初始状态时，连接在交换机上的主机之间的通信方式为（　　）。

A．单播　　B．广播　　C．组播　　D．不能通信

二、项目实训题

1．实训题背景

A 公司新购置了一台以太网交换机，现由网络管理员小王负责将公司中的计算机连接到该交换机上，根据要求完成相应配置，实现计算机的互联。实训拓扑图如图 1-13 所示。

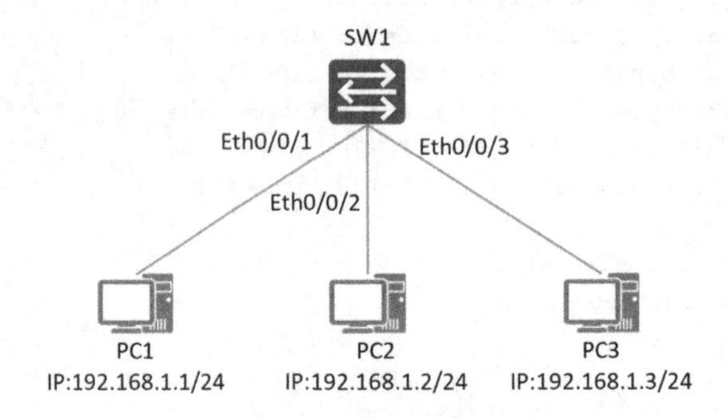

图 1-13　实训拓扑图

2．实训业务规划

根据项目背景信息、实训拓扑图信息及项目规划设计完成表 1-5 和表 1-6 所示的实训题规划表。

（1）端口规划表 2 如表 1-5 所示。

表 1-5　端口规划表 2

本端设备	本端端口	对端设备

（2）IP 地址规划表 2 如表 1-6 所示。

表 1-6　IP 地址规划表 2

设备	IP 地址	MAC 地址

3．实训要求

（1）根据表 1-6 完成所有计算机的 IP 地址配置。

（2）根据以上要求完成配置，按照以下实验验证命令并截图保存。

① 在各计算机上使用【ipconfig/all】命令查看 IP 地址配置情况，查看 MAC 地址信息。

② 在各计算机上使用【ping】命令测试计算机之间的连通性。

③ 在 SW1 上使用【display mac-address】命令查看 MAC 地址映射表项。

项目 2

基于 VLAN 实现技术部与商务部计算机的互联与隔离

项目描述

Jan16 公司现有财务部、技术部和业务部 3 个部门，出于数据安全的考虑，需要将各部门的计算机进行隔离，仅允许部门内部相互通信。公司网络拓扑图如图 2-1 所示。项目具体要求如下。

（1）公司局域网使用一台 24 口二层交换机进行互联，其中财务部有 4 台计算机，连接 G0/0/1～G0/0/4 端口；技术部有 9 台计算机，连接 G0/0/5～G0/0/12 及 G0/0/20 端口；业务部有 8 台计算机，连接 G0/0/15～G0/0/19 端口及 G0/0/21～G0/0/23 端口。

（2）出于数据安全的考虑，需要在交换机上为各部门创建相应的 VLAN，避免部门间相互通信。

（3）所有计算机均采用 10.0.1.0/24 网段。各部门的 IP 地址和接入交换机的端口信息如图 2-1 所示。

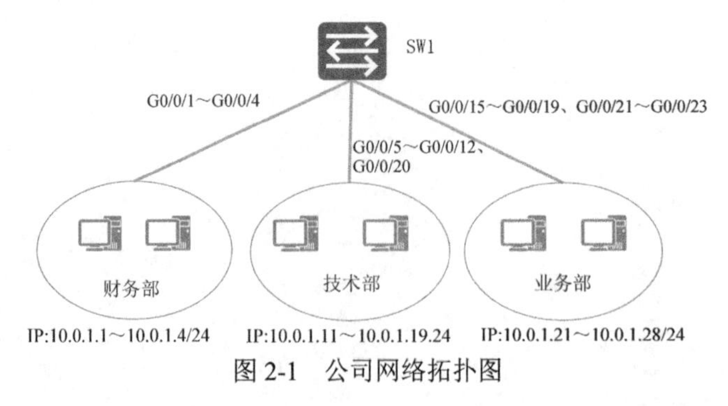

图 2-1　公司网络拓扑图

相关知识

1. 虚拟局域网技术

传统共享型和交换式以太网的广播域会浪费大量的网络带宽，降低通信效率，甚至会

产生广播风暴，导致网络拥塞。虚拟局域网（Virtual Local Area Network，VLAN）能够缩小广播域，降低广播包消耗带宽的比例，显著提高网络性能。

2. VLAN 的基本概念

VLAN 是将一个物理的局域网在逻辑上划分成多个广播域的技术。在交换机上配置 VLAN，可以实现在同一个 VLAN 内的计算机相互通信，而不同 VLAN 间的计算机被相互隔离。

3. VLAN 的用途

为限制广播域的范围，减少广播流量，需要在没有二层互访需求的计算机（通常为一个部门）之间进行隔离。路由器是基于三层 IP 地址信息来选择路由和转发数据的，其连接两个网段时可以有效抑制广播报文的转发，在路由器的每个端口连接一台交换机，可以使多台计算机接入路由器。基于路由器的局域网广播域如图 2-2 所示。

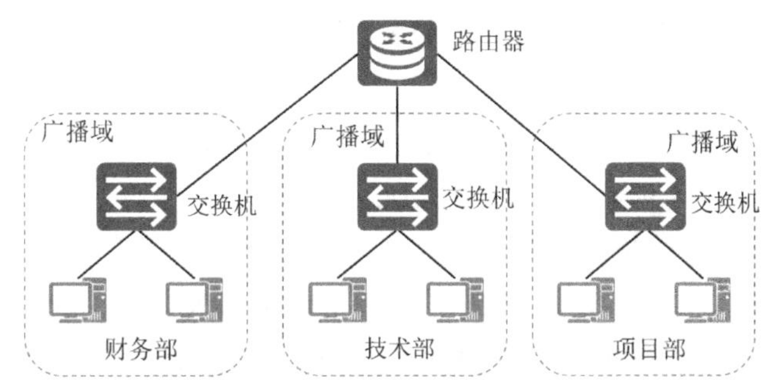

图 2-2　基于路由器的局域网广播域

这种解决方案虽然解决了部门计算机的二层隔离，但是成本较高，因此，人们设想在一台或多台交换机上构建多个逻辑局域网，即通过 VLAN 来实现部门计算机间的二层隔离。

4. VLAN 的原理

VLAN 可以将一个物理局域网在逻辑上划分成多个广播域，也就是多个 VLAN。VLAN 被部署在数据链路层，用于隔离二层流量。同一个 VLAN 内的计算机共享同一个广播域，它们之间可以直接进行二层通信。而 VLAN 间的计算机属于不同的广播域，不能直接实现二层通信。这样，广播报文就被限制在各个相应的 VLAN 内，同时也提高了网络安全性。如图 2-3 所示，原本属于同一个广播域的计算机被划分到了两个 VLAN 中，即 VLAN1 和 VLAN2。VLAN 内部的计算机可以直接在二层相互通信，VLAN1 和 VLAN2 之间的计算机无法实现二层通信。

5. 划分 VLAN 的方法

在实际网络中，划分 VLAN 的方法有以下 5 种。

（1）基于端口划分：根据交换机的端口号来划分 VLAN。

初始情况下，交换机的端口都处于 VLAN1 中，网络管理员通过为交换机的每个端口配置不同的 PVID，将不同端口划分到不同的 VLAN 中，该方法是最常用的方法。

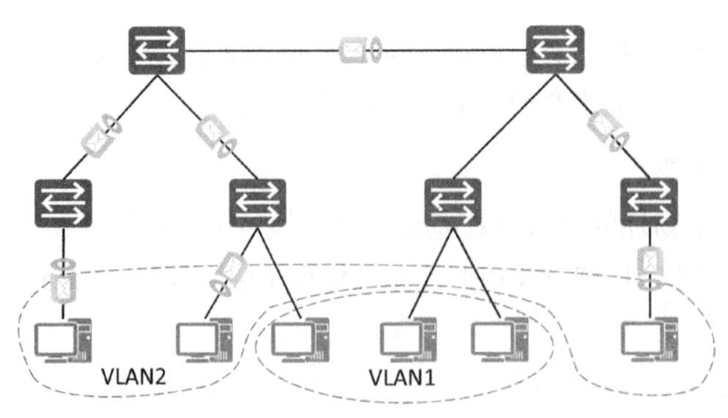

图 2-3　VLAN 能够隔离广播域示意图

（2）基于 MAC 地址划分：根据计算机网卡的 MAC 地址划分 VLAN。

此划分方法需要网络管理员提前配置网络中的计算机 MAC 地址和 VLAN ID 的映射关系。如果交换机收到不带标签的数据帧，那么交换机会先查找之前配置的 MAC 地址和 VLAN 映射表，然后根据数据帧中携带的 MAC 地址来添加相应的 VLAN 标签。

（3）基于 IP 子网划分：交换机在收到不带标签的数据帧时，会根据报文携带的 IP 地址属于哪个 IP 子网，给数据帧添加 IP 子网对应的 VLAN 标签。

（4）基于协议划分：根据数据帧的协议类型（或协议族类型）和封装格式来分配 VLAN ID。网络管理员需要配置协议类型和 VLAN ID 之间的映射关系。

（5）基于策略划分：使用几个条件的组合来分配 VLAN 标签。这些条件包括 IP 子网、端口和 IP 地址等。只有当所有条件都匹配时，交换机才为数据帧添加 VLAN 标签。另外，每一条策略都是需要手工配置的。

划分 VLAN 的方法举例如表 2-1 所示。

表 2-1　划分 VLAN 的方法举例

划分 VLAN 的方法	VLAN5	VLAN10
基于端口划分	G0/0/1，G0/0/7	G0/0/2，G0/0/9
基于 MAC 地址划分	00-01-02-03-04-AA， 00-01-02-03-04-CC	00-01-02-03-04-BB， 00-01-02-03-04-DD
基于 IP 子网划分	10.0.1.0/24	10.0.2.0/24
基于协议划分	IP	IPX
基于策略划分	G0/0/1+00-01-02-03-04-AA （交换机端口号+MAC 地址）	G0/0/2+00-01-02-03-04-BB （交换机端口号+MAC 地址）

项目规划设计

在默认情况下，二层交换机的所有端口都处于 VLAN1 中。本项目中所有计算机均采用 10.0.1.0/24 网段，各计算机均可直接通信。为实现各部门之间的隔离，需要在交换机上创建 VLAN，并将各部门计算机的端口划分到相应的 VLAN。本项目将创建 VLAN10、VLAN20 和 VLAN30，将它们分别用于财务部、技术部、业务部内的计算机互联。

因此，本项目需要工程师熟悉交换机的 VLAN 创建、端口类型的转换及计算机的 IP 地

址配置。本项目涉及以下工作任务。

（1）创建 VLAN。在交换机上为各部门创建相应的 VLAN 并配置 VLAN 描述。

（2）将端口划分到相应的 VLAN。将连接计算机的端口类型转换模式并划分到相应的 VLAN。

（3）配置计算机的 IP 地址，使部门内的计算机可以相互通信。

VLAN 规划表 1、端口规划表 1 和 IP 地址规划表 1 如表 2-2～表 2-4 所示。

表 2-2　VLAN 规划表 1

VLAN ID	IP 地址段	用途
VLAN10	10.0.1.1～10.0.1.4/24	财务部
VLAN20	10.0.1.11～10.0.1.19/24	技术部
VLAN30	10.0.1.21～10.0.1.28/24	业务部

表 2-3　端口规划表 1

本端设备	本端端口	端口类型	所属 VLAN	对端设备
SW1	G0/0/1～G0/0/4	Access	VLAN10	财务部 PC
SW1	G0/0/5～G0/0/12、G0/0/20	Access	VLAN20	技术部 PC
SW1	G0/0/15～G0/0/19、G0/0/21～G0/0/23	Access	VLAN30	业务部 PC

表 2-4　IP 地址规划表 1

设备	IP 地址
财务部 PC1	10.0.1.1/24
财务部 PC2	10.0.1.2/24
技术部 PC1	10.0.1.11/24
技术部 PC2	10.0.1.12/24
业务部 PC1	10.0.1.21/24
业务部 PC2	10.0.1.22/24

项目实施

扫一扫，看微课

任务 2-1　创建 VLAN

任务描述

根据表 2-2 为各部门创建相应的 VLAN。

任务实施

在 SW1 上为各部门创建相应的 VLAN。

交换机的默认出厂名称都是相同的，如华为的交换机的默认出厂名称都是“Huawei”，当网络中有多台交换机时，相同的名称会导致无法区分这些交换机。因此，在首次登录交换机时，都建议使用【sysname <name>】命令修改交换机的名称。

在交换机上划分 VLAN 前，需要先创建 VLAN。执行【vlan <vlan-id>】命令可以在交换机上创建 VLAN。例如，执行【vlan 10】命令后，就创建了 VLAN10，并进入了 VLAN10 视图。VLAN ID 的取值范围是 1～4094。若需要创建多个 VLAN，则可以在交换机上执行【vlan batch { vlan-id1 [to vlan-id2] }】命令，以创建多个连续的 VLAN。也可以执行【vlan batch { vlan-id1 vlan-id2 }】命令，创建多个不连续的 VLAN，VLAN 号之间需要有空格。例如，执行【vlan batch 20 30 100】命令后，就创建了 VLAN20、VLAN30 和 VLAN100，配置命令如下。

```
[Huawei]system-view      //进入系统视图
[Huawei]sysname SW1      //将交换机名称更改为 SW1
[SW1]vlan 10             //创建 VLAN10
[SW1]vlan 20
[SW1]vlan 30
```

任务验证

在 SW1 上使用【display vlan】命令查看 VLAN 信息，配置命令如下。

```
[SW1]display vlan   //查看 VLAN 信息
省略部分显示内容……

1    enable  default      enable  disable    VLAN 0001
10   enable  default      enable  disable    VLAN 0010
20   enable  default      enable  disable    VLAN 0020
30   enable  default      enable  disable    VLAN 0030
```

可以看到，SW1 已经创建了 VLAN10、VLAN20 和 VLAN30（VLAN1 为交换机自动配置生成的默认 VLAN）。

任务 2-2　将端口划分到相应的 VLAN

任务描述

根据表 2-3 将连接计算机的端口类型转换模式，并将端口划分到相应的 VLAN。

任务实施

在 SW1 上将各部门计算机所使用的端口按部门分别组成端口组，修改端口类型为 Access 模式，并设置端口的 PVID，将端口划分到相应的 VLAN。

在交换机上需要对批量端口进行相同内容的配置时，可以使用【port-group group-nameber { interface-id1 [to interface -id2] }】命令将相同类型及速率的端口组成一个端口组，在端口组下配置的内容会在所有端口上生效。

在交换机上创建 VLAN 后，管理员就可以进入对应端口，使用【port link-type { access | trunk | hybrid }】命令修改对应端口的模式。当修改端口类型为 Access 模式后，需要配合【port default vlan <vlan-id>】命令配置端口的 PVID，配置命令如下。

```
[SW1]port-group group-member G0/0/1 to G0/0/4  //将端口 G0/0/1～G0/0/4 组成一个端口组
[SW1-port-group]port link-type access          //修改端口类型为 Access 模式
[SW1-GigabitEthernet0/0/1]port link-type access
[SW1-GigabitEthernet0/0/2]port link-type access
```

```
[SW1-GigabitEthernet0/0/3]port link-type access
[SW1-GigabitEthernet0/0/4]port link-type access

[SW1-port-group]port default vlan 10    //配置端口的默认 VALN 为 VLAN10
[SW1-GigabitEthernet0/0/1]port default vlan 10
[SW1-GigabitEthernet0/0/2]port default vlan 10
[SW1-GigabitEthernet0/0/3]port default vlan 10
[SW1-GigabitEthernet0/0/4]port default vlan 10
[SW1-port-group]quit
[SW1]port-group group-member G0/0/5 to G0/0/12 GigabitEthernet 0/0/20
[SW1-port-group]port link-type access
[SW1-GigabitEthernet0/0/5]port link-type access
[SW1-GigabitEthernet0/0/6]port link-type access
[SW1-GigabitEthernet0/0/7]port link-type access
[SW1-GigabitEthernet0/0/8]port link-type access
[SW1-GigabitEthernet0/0/9]port link-type access
[SW1-GigabitEthernet0/0/10]port link-type access
[SW1-GigabitEthernet0/0/11]port link-type access
[SW1-GigabitEthernet0/0/12]port link-type access
[SW1-GigabitEthernet0/0/20]port link-type access

[SW1-port-group]port default vlan 20
[SW1-GigabitEthernet0/0/5]port default vlan 20
[SW1-GigabitEthernet0/0/6]port default vlan 20
[SW1-GigabitEthernet0/0/7]port default vlan 20
[SW1-GigabitEthernet0/0/8]port default vlan 20
[SW1-GigabitEthernet0/0/9]port default vlan 20
[SW1-GigabitEthernet0/0/10]port default vlan 20
[SW1-GigabitEthernet0/0/11]port default vlan 20
[SW1-GigabitEthernet0/0/12]port default vlan 20
[SW1-GigabitEthernet0/0/20]port default vlan 20
[SW1-port-group]quit
[SW1]port-group  group-member G0/0/15 to G0/0/19 G0/0/21 to G0/0/23
[SW1-port-group]port link-type access
[SW1-GigabitEthernet0/0/15]port link-type access
[SW1-GigabitEthernet0/0/16]port link-type access
[SW1-GigabitEthernet0/0/17]port link-type access
[SW1-GigabitEthernet0/0/18]port link-type access
[SW1-GigabitEthernet0/0/19]port link-type access
[SW1-GigabitEthernet0/0/21]port link-type access
[SW1-GigabitEthernet0/0/22]port link-type access
[SW1-GigabitEthernet0/0/23]port link-type access
[SW1-port-group]port default vlan 30
[SW1-GigabitEthernet0/0/15]port default vlan 30
[SW1-GigabitEthernet0/0/16]port default vlan 30
[SW1-GigabitEthernet0/0/17]port default vlan 30
[SW1-GigabitEthernet0/0/18]port default vlan 30
[SW1-GigabitEthernet0/0/19]port default vlan 30
[SW1-GigabitEthernet0/0/20]port default vlan 30
[SW1-GigabitEthernet0/0/21]port default vlan 30
[SW1-GigabitEthernet0/0/22]port default vlan 30
```

```
[SW1-GigabitEthernet0/0/23]port default vlan 30
```

任务验证

在 SW1 上使用【display vlan】命令查看 VLAN 信息，配置命令如下。

```
[SW1]display vlan
The total number of vlans is : 4
--------------------------------------------------------------------------------
U: Up;         D: Down;         TG: Tagged;         UT: Untagged;
MP: Vlan-mapping;               ST: Vlan-stacking;
#: ProtocolTransparent-vlan;    *: Management-vlan;
--------------------------------------------------------------------------------

VID  Type    Ports
--------------------------------------------------------------------------------
1    common  UT:GE0/0/13(D)    GE0/0/14(D)    GE0/0/24(D)

10   common  UT:GE0/0/1(D)     GE0/0/2(D)     GE0/0/3(D)     GE0/0/4(D)

20   common  UT:GE0/0/5(D)     GE0/0/6(D)     GE0/0/7(D)     GE0/0/8(D)

                GE0/0/9(D)     GE0/0/10(D)    GE0/0/11(D)    GE0/0/12(D)
                GE0/0/20(D)

30   common  UT:GE0/0/15(D)    GE0/0/16(D)    GE0/0/17(D)    GE0/0/18(D)

                GE0/0/19(D)    GE0/0/21(D)    GE0/0/22(D)    GE0/0/23(D)


VID  Status  Property      MAC-LRN Statistics Description
--------------------------------------------------------------------------------

1    enable  default       enable  disable    VLAN 0001
10   enable  default       enable  disable    VLAN 0010
20   enable  default       enable  disable    VLAN 0020
30   enable  default       enable  disable    VLAN 0030
```

可以看到，SW1 已经将端口划分到了相应的 VLAN。

任务 2-3　配置计算机的 IP 地址

任务描述

根据表 2-4 为各计算机配置 IP 地址。

任务实施

（1）根据表 2-4 为各部门的计算机配置 IP 地址。

（2）财务部 PC1 的 IP 地址配置结果如图 2-4 所示。同理，完成其他计算机的 IP 地址配置。

Internet 协议版本 4 (TCP/IPv4) 属性

常规

如果网络支持此功能，则可以获取自动指派的 IP 设置。否则，你需要从网络系统管理员处获得适当的 IP 设置。

○自动获得 IP 地址(O)
◉使用下面的 IP 地址(S):
IP 地址(I): 10 . 0 . 1 . 1
子网掩码(U): 255 . 255 . 255 . 0
默认网关(D): . . .

自动获得 DNS 服务器地址(B)
◉使用下面的 DNS 服务器地址(E):
首选 DNS 服务器(P): . . .
备用 DNS 服务器(A): . . .

☐退出时验证设置(L)　高级(V)...

确定　取消

图 2-4　财务部 PC1 的 IP 地址配置结果

任务验证

（1）在财务部 PC1 上使用【ipconfig】命令查看 IP 地址配置情况，结果显示 IP 地址配置正确，命令如下。

```
PC1>ipconfig    //显示本机的 IP 地址配置信息

本地连接:

   连接特定的 DNS 后缀 . . . . . . . :
   IPv4 地址 . . . . . . . . . . . . : 10.0.1.1(首选)
   子网掩码  . . . . . . . . . . . . : 255.255.255.0
   默认网关. . . . . . . . . . . . . :
```

（2）在其他计算机上同样使用【ipconfig】命令验证 IP 地址是否正确配置。

项目验证

扫一扫，
看微课

（1）使用财务部计算机 Ping 本部门的计算机，配置命令如下。

```
PC1>ping 10.0.1.2
Ping 10.0.1.2: 32 data bytes, Press Ctrl_C to break
From 10.0.1.2: bytes=32 seq=1 ttl=128 time=47 ms
From 10.0.1.2: bytes=32 seq=2 ttl=128 time=31 ms
From 10.0.1.2: bytes=32 seq=3 ttl=128 time=31 ms
From 10.0.1.2: bytes=32 seq=4 ttl=128 time=16 ms
From 10.0.1.2: bytes=32 seq=5 ttl=128 time=31 ms

--- 10.0.1.2 ping statistics ---
 5 packet(s) transmitted
```

```
  5 packet(s) received
  0.00% packet loss
  round-trip min/avg/max = 16/31/47 ms
```

结果显示财务部计算机与本部门计算机可以 Ping 通。

（2）使用财务部计算机 Ping 技术部计算机，配置命令如下。

```
PC1>ping 10.0.1.11
Ping 10.0.1.11: 32 data bytes, Press Ctrl_C to break
From 10.0.1.1: Destination host unreachable
From 10.0.1.1: Destination host unreachable
From 10.0.1.1: Destination host unreachable
From 10.0.1.1: Destination host unreachable
From 10.0.1.1: Destination host unreachable

--- 10.0.1.11 ping statistics ---
  5 packet(s) transmitted
  0 packet(s) received
  100.00% packet loss
```

可以看到，将端口加入不同的 VLAN 后，相同 VLAN 中的计算机可以相互通信，不同 VLAN 中的计算机则不可以相互通信。

项目拓展

一、理论题

1．某公司在对公司局域网进行 VLAN 划分时，希望无论从任何接入点访问公司网络，该计算机都属于固定 VLAN，建议采用（　　）VLAN 的划分方法。

A．基于端口划分　　B．基于 MAC 地址划分

C．基于协议划分　　D．基于物理位置划分

2．以下对 VLAN 的描述错误的是（　　）。

A．VLAN 隔离了广播域

B．VLAN 在一定程度上实现了网络安全

C．VLAN 隔离了冲突域

D．VLAN 是二层技术

3．在以太网交换机上创建 VLAN 时不能创建 VLAN（　　），且不能删除 VLAN（　　）。

A．4095，10　　B．4094，1　　C．1，4094　　D．4095，1

4．多台计算机连接 Hub 时，计算机间发送数据遵循（　　）工作机制。

A．CDMA/CD　　B．IP　　C．TCP　　D．CSMA/CD

5．在交换机的 VLAN 划分方法中，以下划分方法中安全性最高的是（　　）。

A．基于端口划分　　B．基于 IP 地址划分

C．基于 MAC 地址划分　　D．基于策略划分

二、项目实训题

1．实训题背景

Jan16 公司现有生产部、财务部、销售部 3 个部门，出于数据安全的考虑，禁止各部门之间相互执行二层访问，仅允许部门内的用户相互访问。实训拓扑图如图 2-5 所示。

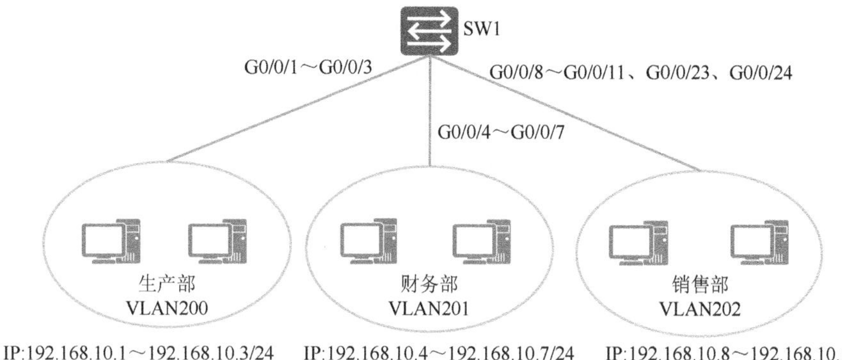

图 2-5　实训拓扑图

2．实训业务规划

根据项目背景信息、实训拓扑图信息及项目规划设计完成表 2-5～表 2-7 所示的实训题规划表。

表 2-5　VLAN 规划表 2

VLAN ID	IP 地址段	用途

表 2-6　端口规划表 2

本端设备	本端端口	端口类型	所属 VLAN	对端设备

表 2-7　IP 地址规划表 2

设备	IP 地址

3．实训要求

（1）公司局域网使用一台 24 口二层交换机进行互联，其中生产部有 3 台计算机，连接 G0/0/1～G0/0/3 端口；财务部有 4 台计算机，连接 G0/0/4～G0/0/7 端口；销售部有 6 台计算机，连接 G0/0/8～G0/0/11 及 G0/0/23～G0/0/24 端口。

（2）在交换机上为各部门创建相应的 VLAN，避免部门之间相互通信。

（3）所有计算机均采用 192.168.10.0/24 网段，根据规划表配置各部门的 IP 地址和接入交换机的端口信息。

（4）根据以上要求完成配置，按照以下实验验证命令并截图保存。

① 在 SW1 上使用【display vlan】命令查看 VLAN 信息。

② 在生产部计算机上使用【ping】命令测试相同 VLAN 内计算机的连通性。

③ 在生产部、财务部及销售部计算机之间使用【ping】命令测试 VLAN 间能否相互通信。

项目 3

基于 802.1Q 实现跨交换机环境下的部门计算机互联与隔离

项目描述

某公司现有财务部和技术部两个部门，出于数据安全的考虑，需要将各部门的计算机进行隔离。公司办公地点有两层楼，各部门的计算机通过两台 24 口二层交换机进行互联，这两台交换机均通过 G0/0/1 互联。公司网络拓扑图如图 3-1 所示。项目具体要求如下。

（1）财务部和技术部在这两层楼均有员工办公，其中财务部计算机使用 SW1 的 Eth0/0/1～Eth0/0/5 端口及 SW2 的 Eth0/0/1～Eth0/0/5 端口；技术部计算机使用 SW1 的 Eth0/0/6～Eth0/0/10 端口及 SW2 的 Eth0/0/6～Eth0/0/10 端口。

（2）出于数据安全的考虑，需要在交换机上为各部门创建相应的 VLAN，在实现部门内跨交换机通信的同时避免部门间相互通信。

（3）所有计算机均采用 10.0.1.0/24 网段，各部门的 IP 地址和接入交换机的端口信息如图 3-1 所示。

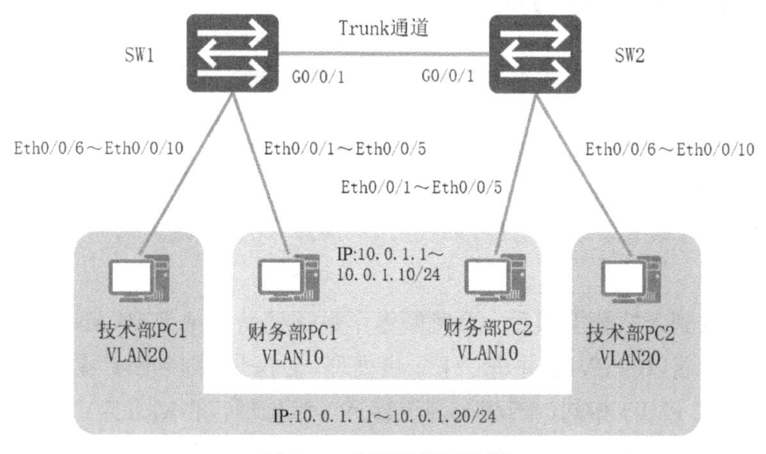

图 3-1　公司网络拓扑图

相关知识

3.1 VLAN 在实际网络中的应用

网络管理员可以使用不同的方法把交换机上的每个端口划分到某个 VLAN 中，以此在逻辑上分隔广播域。交换机能够通过 VLAN 技术为网络带来以下变化。

（1）增加了网络中广播域的数量，同时缩小了每个广播域的规模，相对地减少了每个广播域中终端设备的数量。

（2）提高了网络设计的逻辑性，网络管理员可以规避地理、物理等因素对网络设计的限制。

在常见的企业园区网设计中，公司会为每个部门创建一个 VLAN，每个 VLAN 各自形成一个广播域，部门内部员工之间能够通过二层交换机直接通信，不同部门的员工之间必须通过三层 IP 路由功能才可以相互通信。如图 3-2 所示，通过对两栋楼的互联交换机的配置，可以实现为两栋楼的财务部创建 VLAN10，为技术部创建 VLAN20，不仅实现了部门间的二层广播隔离，而且实现了部门跨交换机的二层通信。

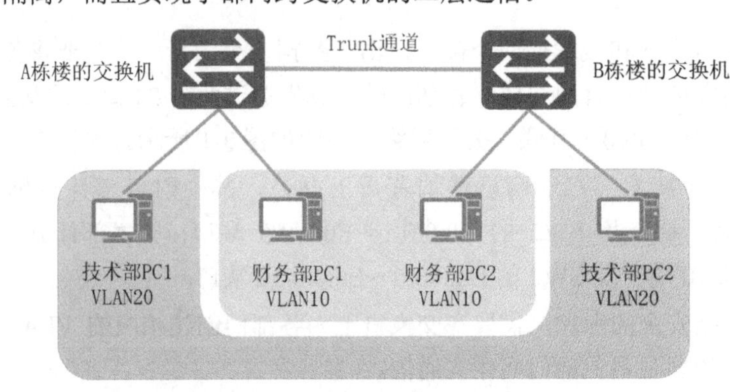

图 3-2　企业跨地域 VLAN 的配置应用

3.2 交换机端口的分类

华为交换机端口的工作模式主要有 3 种：Access（接入）端口、Trunk（干道）端口和 Hybrid（混合）端口。

1．Access 端口

Access 端口用于连接计算机等终端设备，只能属于一个 VLAN，也就是只能传输一个 VLAN 的数据。

Access 端口收到入站数据帧后，会判断这个数据帧是否携带 VLAN 标签。若不携带，则为数据帧插入本端口的 PVID 并进行下一步处理；若携带，则判断数据帧中携带的 VLAN ID 是否与本端口的 PVID 相同，若相同则进行下一步处理，否则丢弃。

Access 端口在发送出站数据帧之前，会判断这个要被转发的数据帧中携带的 VLAN ID 是否与出站端口的 PVID 相同，若相同则去掉 VLAN 标签进行转发，否则丢弃。

2. Trunk 端口

Trunk 端口用于连接交换机等网络设备，它允许传输多个 VLAN 的数据。

Trunk 端口收到入站数据帧后，会判断这个数据帧是否携带 VLAN 标签。若不携带，则为数据帧插入本端口的 PVID 并进行下一步处理；若携带，则判断本端口是否允许传输这个数据帧的 VLAN ID，若允许则进行下一步处理，否则丢弃。

Trunk 端口在发送出站数据帧之前，会判断这个要被转发的数据帧中携带的 VLAN ID 是否与出站端口的 PVID 相同，若相同则去掉 VLAN 标签进行转发；若不同则判断本端口是否允许传输这个数据帧的 VLAN ID，若允许则转发（保留原标签），否则丢弃。

3. Hybrid 端口

Hybrid 端口是华为系列交换机端口的默认端口类型，它能够接收和发送多个 VLAN 的数据帧，可以用于连接交换机之间的链路，也可以用于连接终端设备。

Hybrid 端口和 Trunk 端口在接收入站数据时，处理方法是相同的。但在发送出站数据时，Hybrid 端口会判断该帧的 VLAN ID 是否允许被通过，若不允许则丢弃，否则默认按原有数据帧格式进行转发。同时，它还支持携带 VLAN 或不携带 VLAN 标签的方式发送指定 VLAN 的数据（使用【port hybrid tagged vlan】命令和【port hybrid untagged vlan】命令进行配置）。

因此，Hybrid 端口兼具 Access 端口和 Trunk 端口的特征，在实际应用中，可以根据对端端口的工作模式自动适配工作。

项目规划设计

为实现各部门之间的隔离，需要在交换机上创建 VLAN，并将各部门计算机的相应端口划分到相应的 VLAN，其中，VLAN10 和 VLAN20 分别用于财务部和技术部。同时，因同一个 VLAN 中的计算机分属在不同的交换机上，故级联的通道应被配置为 Trunk 模式，使其能够传输不同 VLAN 的数据帧。

因此，本项目需要工程师熟悉交换机的 VLAN 创建、端口类型的转换及计算机的 IP 地址配置。本项目涉及以下工作任务。

（1）创建 VLAN 并将端口划分到相应的 VLAN。在交换机上为各部门创建相应的 VLAN 并配置 VLAN 描述，将连接计算机的端口类型转换模式，并将端口划分到相应的 VLAN。

（2）配置交换机互联端口为 Trunk 模式。将交换机互联端口配置为 Trunk 模式并允许相应的 VLAN 通过。

（3）配置计算机的 IP 地址，使各部门的计算机可以相互通信。

VLAN 规划表 1、端口规划表 1 和 IP 地址规划表 1 如表 3-1～表 3-3 所示。

表 3-1　VLAN 规划表 1

VLAN ID	IP 地址段	用途
VLAN10	10.0.1.1～10.0.1.10/24	财务部
VLAN20	10.0.1.11～10.0.1.20/24	技术部

表 3-2　端口规划表 1

本端设备	本端端口	端口类型	所属 VLAN	对端设备	对端端口
SW1	Eth0/0/1～Eth0/0/5	Access	VLAN10	财务部 PC1	—
SW1	Eth0/0/6～Eth0/0/10	Access	VLAN20	技术部 PC1	—
SW1	G0/0/1	Trunk		SW2	G0/0/1
SW2	Eth0/0/1～Eth0/0/5	Access	VLAN10	财务部 PC2	—
SW2	Eth0/0/6～Eth0/0/10	Access	VLAN20	技术部 PC2	—
SW2	G0/0/1	Trunk		SW1	G0/0/1

表 3-3　IP 地址规划表 1

设备	IP 地址
财务部 PC1	10.0.1.1/24
财务部 PC2	10.0.1.5/24
技术部 PC1	10.0.1.11/24
技术部 PC2	10.0.1.20/24

项目实施

任务 3-1　创建 VLAN 并将端口划分到相应的 VLAN

任务描述

根据表 3-1 在交换机上为各部门创建相应的 VLAN 并配置 VLAN 描述，将连接计算机的端口类型转换为 Access 模式，并将端口划分到相应的 VLAN。

扫一扫，看微课

任务实施

（1）在 SW1 上创建 VLAN 并配置 VLAN 描述。

在交换机上创建 VLAN 后，可以使用【description *name*】命令修改 VLAN 的描述信息，方便记忆，配置命令如下。

```
[Huawei]system-view                     //进入系统视图
[Huawei]sysname SW1                     //将交换机名称更改为 SW1
[SW1]vlan 10                            //创建 VLAN10
[SW1-vlan10]description Fiance          //配置 VLAN10 的描述信息为 Fiance
[SW1]vlan 20
[SW1-vlan20]description Technical
```

（2）在 SW1 上将各部门计算机所使用的端口按部门分别组成端口组，统一将端口类型转换为 Access 模式并设置端口 PVID，将端口划分到相应的 VLAN，配置命令如下。

```
//将端口 Eth0/0/1~Eth0/0/5 组成一个端口组
[SW1]port-group group-member Eth 0/0/1 to Eth0/0/5
[SW1-port-group]port link-type access      //修改端口类型为 Access 模式
[SW1-Ethernet0/0/1]port link-type access
[SW1-Ethernet0/0/2]port link-type access
```

```
[SW1-Ethernet0/0/3]port link-type access
[SW1-Ethernet0/0/4]port link-type access
[SW1-Ethernet0/0/5]port link-type access
[SW1-port-group]port default vlan 10     //配置端口的默认 VALN 为 VLAN10
[SW1-Ethernet0/0/1]port default vlan 10
[SW1-Ethernet0/0/2]port default vlan 10
[SW1-Ethernet0/0/3]port default vlan 10
[SW1-Ethernet0/0/4]port default vlan 10
[SW1-Ethernet0/0/5]port default vlan 10
[SW1-port-group]quit
[SW1]port-group group-member Eth 0/0/6 to Eth 0/0/10
[SW1-port-group]port link-type access
[SW1-Ethernet0/0/6]port link-type access
[SW1-Ethernet0/0/7]port link-type access
[SW1-Ethernet0/0/8]port link-type access
[SW1-Ethernet0/0/9]port link-type access
[SW1-Ethernet0/0/10]port link-type access
[SW1-port-group]port default vlan 20
[SW1-Ethernet0/0/6]port default vlan 20
[SW1-Ethernet0/0/7]port default vlan 20
[SW1-Ethernet0/0/8]port default vlan 20
[SW1-Ethernet0/0/9]port default vlan 20
[SW1-Ethernet0/0/10]port default vlan 20
[SW1-port-group]quit
```

（3）在 SW2 上创建 VLAN 并配置 VLAN 描述，配置命令如下。

```
[Huawei]system-view
[Huawei]sysname SW2
[SW2]vlan 10
[SW2-vlan10]description Fiance
[SW2]vlan 20
[SW2-vlan20]description Technical
```

（4）在 SW2 上将各部门计算机所使用的端口按部门分别组成端口组，统一将端口类型转换为 Access 模式并设置端口 PVID，将端口划分到相应的 VLAN，配置命令如下。

```
[SW2]port-group group-member Eth 0/0/1 to Eth 0/0/5
[SW2-port-group]port link-type access
[SW2-Ethernet0/0/1]port link-type access
[SW2-Ethernet0/0/2]port link-type access
[SW2-Ethernet0/0/3]port link-type access
[SW2-Ethernet0/0/4]port link-type access
[SW2-Ethernet0/0/5]port link-type access
[SW2-port-group]port default vlan 10
[SW2-Ethernet0/0/1]port default vlan 10
[SW2-Ethernet0/0/2]port default vlan 10
[SW2-Ethernet0/0/3]port default vlan 10
[SW2-Ethernet0/0/4]port default vlan 10
[SW2-Ethernet0/0/5]port default vlan 10
[SW2-port-group]quit
[SW2]port-group group-member Eth 0/0/6 to Eth0/0/10
[SW2-port-group]port link-type access
[SW2-Ethernet0/0/6]port link-type access
```

```
[SW2-Ethernet0/0/7]port link-type access
[SW2-Ethernet0/0/8]port link-type access
[SW2-Ethernet0/0/9]port link-type access
[SW2-Ethernet0/0/10]port link-type access
[SW2-port-group]port default vlan 20
[SW2-Ethernet0/0/6]port default vlan 20
[SW2-Ethernet0/0/7]port default vlan 20
[SW2-Ethernet0/0/8]port default vlan 20
[SW2-Ethernet0/0/9]port default vlan 20
[SW2-Ethernet0/0/10]port default vlan 20
[SW2-port-group]quit
```

任务验证

（1）配置完成后，在 SW1 上使用【display port vlan】命令检查 VLAN 和端口配置情况，配置命令如下。

```
[SW1]display port vlan
Port                    Link Type    PVID  Trunk VLAN List
-------------------------------------------------------------------------------
Ethernet0/0/1            access       10    -
Ethernet0/0/2            access       10    -
Ethernet0/0/3            access       10    -
Ethernet0/0/4            access       10    -
Ethernet0/0/5            access       10    -
Ethernet0/0/6            access       20    -
Ethernet0/0/7            access       20    -
Ethernet0/0/8            access       20    -
Ethernet0/0/9            access       20    -
Ethernet0/0/10           access       20    -
Ethernet0/0/11           hybrid       1     -
Ethernet0/0/12           hybrid       1     -
省略部分内容……
```

（2）在 SW2 上使用【display port vlan】命令检查 VLAN 和端口配置情况，配置命令如下。

```
[SW2]display port vlan
Port                    Link Type    PVID  Trunk VLAN List
-------------------------------------------------------------------------------
Ethernet0/0/1            access       10    -
Ethernet0/0/2            access       10    -
Ethernet0/0/3            access       10    -
Ethernet0/0/4            access       10    -
Ethernet0/0/5            access       10    -
Ethernet0/0/6            access       20    -
Ethernet0/0/7            access       20    -
Ethernet0/0/8            access       20    -
Ethernet0/0/9            access       20    -
Ethernet0/0/10           access       20    -
Ethernet0/0/11           hybrid       1     -
Ethernet0/0/12           hybrid       1     -
省略部分内容……
```

任务 3-2　配置交换机互联端口为 Trunk 模式

任务描述

根据表 3-1 将交换机互联端口配置为 Trunk 端口并允许相应的 VLAN 通过。

任务实施

（1）在 SW1 上配置 G0/0/1 为 Trunk 端口，允许 VLAN10 和 VLAN20 通过。

在交换机上创建 VLAN 后，管理员就可以进入对应端口，使用【port link-type { access | trunk | hybrid }】命令修改对应端口的模式。当将端口配置为 Trunk 端口后，需要使用【port trunk allow-pass vlan { vlan-id1 [to vlan-id2] }】命令配置 Trunk 干道允许哪些 VLAN 通过，配置命令如下。

```
[SW1]interface G0/0/1                                  //进入 G0/0/1 端口
[SW1-GigabitEthernet0/0/1]port link-type trunk         //修改端口类型为 Trunk 模式
//Trunk 允许在 VLAN 列表中添加 VLAN10 和 VLAN20
[SW1-GigabitEthernet0/0/1]port trunk allow-pass vlan 10 20
```

（2）在 SW2 上配置 G0/0/1 为 Trunk 端口，允许 VLAN10 和 VLAN20 通过，配置命令如下。

```
[SW2]interface G0/0/1
[SW2-GigabitEthernet0/0/1]port link-type trunk
[SW2-GigabitEthernet0/0/1]port trunk allow-pass vlan 10 20
```

任务验证

（1）配置完成后，在 SW1 上使用【display port vlan G0/0/1】命令检查 G0/0/1 端口的配置情况，配置命令如下。

```
[SW1]display port vlan G0/0/1
Port                    Link Type    PVID  Trunk VLAN List
-------------------------------------------------------------------------------
GigabitEthernet0/0/1    trunk        1     1 10 20
省略部分内容……
```

可以看到，G0/0/1 端口的链路模式为 Trunk，且 Trunk VLAN 列表中添加了 VLAN10 和 VLAN20。

（2）在 SW2 上使用【display port vlan G0/0/1】命令检查 G0/0/1 端口的配置情况，配置命令如下。

```
[SW2]display port vlan G0/0/1
Port                    Link Type    PVID  Trunk VLAN List
-------------------------------------------------------------------------------
GigabitEthernet0/0/1    trunk        1     1 10 20
省略部分内容……
```

可以看到，G0/0/1 端口的链路模式为 Trunk，且 Trunk VLAN 列表中添加了 VLAN10 和 VLAN20。

任务 3-3　配置计算机的 IP 地址

任务描述

根据表 3-3 为各计算机配置 IP 地址。

任务实施

（1）根据表 3-3 为各计算机配置 IP 地址。

（2）财务部 PC1 的 IP 地址配置结果如图 3-3 所示。同理，完成其他计算机的 IP 地址配置。

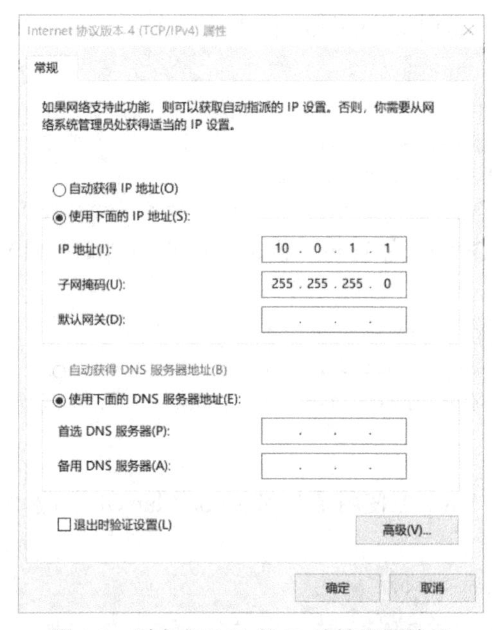

图 3-3　财务部 PC1 的 IP 地址配置结果

任务验证

（1）在财务部 PC1 上使用【ipconfig】命令查看 IP 地址，配置命令如下。

```
PC1>ipconfig     //显示本机的 IP 地址配置信息

本地连接:

   连接特定的 DNS 后缀 . . . . . . . :
   IPv4 地址 . . . . . . . . . . . . : 10.0.1.1(首选)
   子网掩码 . . . . . . . . . . . .  : 255.255.255.0
   默认网关. . . . . . . . . . . . .  :
```

（2）在其他计算机上同样使用【ipconfig】命令查看 IP 地址。

扫一扫，
看微课

项目验证

（1）使用【ping】命令测试各部门的内部通信情况。使用财务部计算机 Ping 本部门的计算机，配置命令如下。

```
PC1>ping 10.0.1.5
Ping 10.0.1.5: 32 data bytes, Press Ctrl_C to break
From 10.0.1.5: bytes=32 seq=1 ttl=128 time=78 ms
From 10.0.1.5: bytes=32 seq=2 ttl=128 time=93 ms
From 10.0.1.5: bytes=32 seq=3 ttl=128 time=110 ms
From 10.0.1.5: bytes=32 seq=4 ttl=128 time=110 ms
From 10.0.1.5: bytes=32 seq=5 ttl=128 time=125 ms
--- 10.0.1.5 ping statistics ---
  5 packet(s) transmitted
  5 packet(s) received
  0.00% packet loss
  round-trip min/avg/max = 78/103/125 ms
```

可以看出，将端口加入不同的 VLAN 后，相同 VLAN 中的计算机可以相互通信。

（2）使用财务部计算机 Ping 技术部计算机，配置命令如下。

```
PC1>ping 10.0.1.11
Ping 10.0.1.11: 32 data bytes, Press Ctrl_C to break
From 10.0.1.1: Destination host unreachable
From 10.0.1.1: Destination host unreachable
From 10.0.1.1: Destination host unreachable
From 10.0.1.1: Destination host unreachable
From 10.0.1.1: Destination host unreachable
--- 10.0.1.11 ping statistics ---
  5 packet(s) transmitted
  0 packet(s) received
  100.00% packet loss
```

可以看出，将端口加入不同的 VLAN 后，不同 VLAN 中的计算机不可以相互通信。

项目拓展

一、理论题

1．（多选）华为以太网交换机端口的工作模式主要有（　　）。

A．Access 端口　　B．Hybrid 端口

C．Trunk 端口　　D．QinQ 端口

2．在交换机的端口下配置【port trunk allow-pass vlan all】命令的作用是（　　）。

A．与该端口相连接的对端端口必须同时配置 port trunk permit vlan all

B．该端口上允许所有 VLAN 的数据帧通过

C．相连的对端设备可以动态确定允许哪些 VLAN ID 通过

D．如果为相连的远端设备配置了 port default vlan 3，那么两台设备之间的 VLAN3 无法互通

3．交换机能够通过 VLAN 技术为网络带来的变化，下列说法错误的是（　　）。

A．增加了网络中广播域的数量，同时扩大了每个广播域的规模

B．降低了网络设计的逻辑性，网络管理员可以规避地理、物理等因素对网络设计的限制

C．提高了网络设计的逻辑性，网络管理员可以规避地理、物理等因素对网络设计的限制

D．相对地减少了每个广播域中终端设备的数量

4．关于以太网交换机的 Access 端口发送数据帧的处理说法正确的是（　　）。

A．该端口携带 VLAN 标签，VLAN ID 为 1

B．该端口不携带 VLAN 标签

C．该端口携带 VLAN 标签，VLAN ID 为端口 PVID 的值

D．该端口携带 VLAN 标签，VLAN ID 为端口默认的 VLAN 号

5．（多选）如果一个 Trunk 端口的 PVID 是 10，且在端口下配置 port trunk allow-pass vlan 11 12，那么以下 VLAN 数据中可以通过该端口进行传输的是（　　）。

A．VLAN1　　　　B．VLAN11

C．VLAN12　　　　D．VLAN10

二、项目实训题

1．实训题背景

某公司现有财务部和技术部两个部门，出于数据安全的考虑，需要将各部门的计算机进行隔离。公司办公地点有两层楼，各部门的计算机通过两台 24 口二层交换机进行互联，这两台交换机均通过 G0/0/1 互联。实训拓扑图如图 3-4 所示。

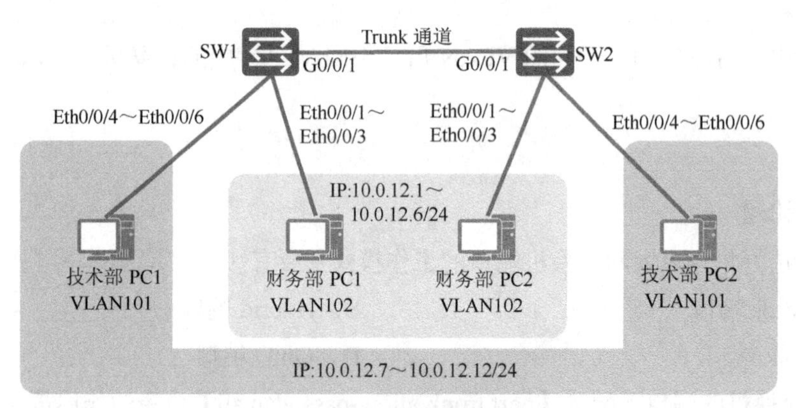

图 3-4　实训拓扑图

2．实训题规划

根据项目背景信息、实训拓扑图信息及项目规划设计完成表 3-4～表 3-6 所示的实训题规划表。

表 3-4　VLAN 规划表 2

VLAN ID	IP 地址段	用途

表 3-5　端口规划表 2

本端设备	本端端口	端口类型	所属 VLAN	对端设备	对端端口

表 3-6　IP 地址规划表 2

设备	IP 地址

3．实训要求

（1）根据拓扑图及规划表在交换机上为各部门创建相应的 VLAN 并配置 VLAN 描述，将连接计算机的端口类型转换模式，并将端口划分到相应的 VLAN。

（2）将交换机互联端口配置为 Trunk 端口并允许相应的 VLAN 通过。

（3）根据规划表配置各部门计算机的 IP 地址，使各部门的计算机可以相互通信。

（4）根据以上要求完成配置，按照以下实验验证命令并截图保存。

① 使用【ping】命令测试各部门的内部通信情况，使用财务部计算机 Ping 本部门的计算机。

② 使用财务部计算机 Ping 技术部计算机。

③ 使用【display port vlan】命令查看 VLAN 的端口划分情况。

项目 4

基于直连路由实现技术部与商务部的互联

项目描述

Jan16 公司新购置了一台路由器，将其作为公司各部门网络的网关，网络管理员小蔡负责对路由器进行配置，以实现各部门计算机的相互通信。为此，小蔡需要了解路由器的基础配置。网络拓扑图如图 4-1 所示。项目具体要求如下。

（1）为技术部与商务部的所有计算机配置 IP 地址及网关。

（2）需要将路由器的 IP 地址作为各部门网络的网关。

（3）使用【display】命令查看路由器的基础信息。

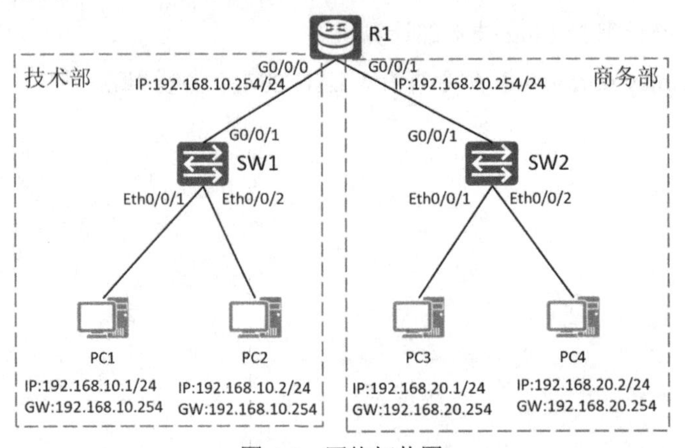

图 4-1　网络拓扑图

相关知识

1．路由、路由器及路由表

（1）路由。

在网络通信中，路由（Route）是一个网络层的术语，作为名词，它是指从某一台网络

设备出发去往某个目的地的路径；作为动词，它是指跨越一个从源主机到目的主机的网络来转发数据包。

（2）路由器。

路由器（Router）是执行路由动作的一种网络设备，它能够将数据包转发到正确的目的地，并在转发过程中选择最佳的路径。路由器工作在网络层。

（3）路由表。

路由表（Routing Table）是若干条路由信息的一个集合体。在路由表中，一条路由信息也被称为一个路由项或一个路由条目，路由设备根据路由表的路由条目做路径选择。

2. 路由器的工作原理

图 4-2 所示为某公司的网络拓扑图。路由器 R1 是该网络中正在运行的一台路由器，通过对网络设备进行配置之后，可以查看路由器 R1 的路由表。

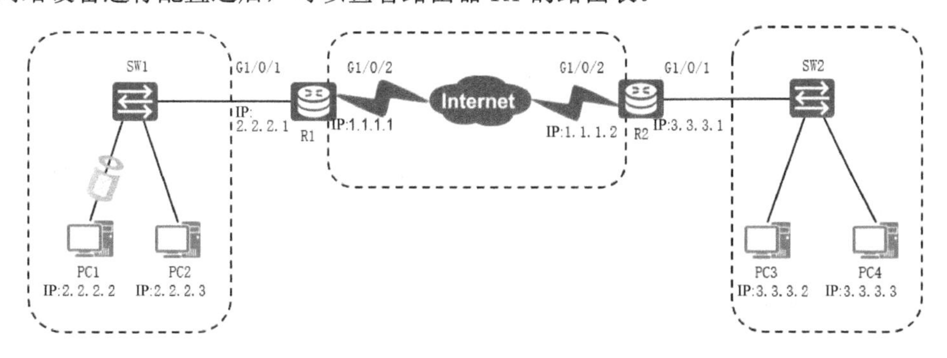

图 4-2　某公司的网络拓扑图

在路由器 R1 上执行【display ip routing-table】命令便可查看路由器 R1 的路由表，在这个路由表中，每一行就是一条路由信息（一个路由项或一个路由条目）。通常情况下，一条路由信息由 3 个要素组成：目标网络/掩码（Destination/Mask）、出接口（Interface）和下一跳（NextHop）IP 地址。

```
[R1]display ip routing-table
Route Flags: R - relay, D - download to fib
------------------------------------------------------------------------------
Destination/Mask  Proto   Pre  Cost    Flags  NextHop    Interface
2.2.2.0/24        Direct  0    0        D     2.2.2.1    GigabitEthernet1/0/1
2.2.2.1/32        Direct  0    0        D     127.0.0.1  InLoopBack0
3.3.3.0/24        Static  60   0        D     1.1.1.2    GigabitEthernet1/0/2
1.1.1.0/24        Direct  0    0        D     127.0.0.1  GigabitEthernet1/0/2
1.1.1.1/32        Direct  0    0        D     127.0.0.1  InLoopBack0
......
```

下面以 Destination/Mask 为 3.3.3.0/24 这个路由项为例，具体说明路由信息的 3 个要素。

（1）3.3.3.0 是一个网络地址，掩码长度是 24。由于路由器 R1 的路由表中存在 3.3.3.0/24 这个路由项，因此说明路由器 R1 知道自己所在的网络上存在一个网络地址为 3.3.3.0 的网络。

（2）3.3.3.0 这个路由项的出接口是 G1/0/2，其含义是，如果路由器 R1 需要将一个 IP

报文送往 3.3.3.0/24 这个目标网络，那么路由器 R1 应该把这个 IP 报文从路由器 R1 的 G1/0/2 接口发送出去。

（3）3.3.3.0 这个路由项的下一跳 IP 地址是 1.1.1.2，其含义是，如果路由器 R1 需要将一个 IP 报文送往 3.3.3.0/24 这个目标网络，那么路由器 R1 应该把这个 IP 报文从路由器 R1 的 G1/0/2 接口发送出去，并且这个 IP 报文离开路由器 R1 的 G1/0/2 接口后应该到达的下一个路由器的接口的 IP 地址是 1.1.1.2。

补充说明

① 如果目的地/掩码中的掩码长度为 32，那么目的地将是一个主机接口地址，否则目的地就是一个网络地址。通常，我们总是说一个路由项的目的地是一个网络地址（目标网络地址），而把主机接口地址视为目的地的一种特殊情况。

② 如果一个路由项的下一跳 IP 地址与出接口的 IP 地址相同，那么说明目标网络和本地接口是一个直连网络（双方在同一个网络中）。

③ 下一跳 IP 地址所对应的那个主机接口与出接口一定是位于同一个二层网络（二层广播域）中。

除了这 3 个要素，一个路由项通常还包含其他一些属性，例如，产生这个路由项的 Protocol（路由表中 Proto 列），该路由项的 Preference（路由表中 Pre 列），该条路由项的代价值（路由表中 Cost 列）等。

那么，路由器是如何基于 IP 路由表进行转发工作的呢？以图 4-2 所示的路由器 R1 的 IP 路由表为例，如果一个 IP 报文的目的 IP 地址为 3.3.3.0，那么这个 IP 报文就匹配上了 3.3.3.0/24 这个路由项，且路由表中仅有一个 3.3.3.0 的表项，因此，路由器根据此表项进行 IP 报文的转发。当一个 IP 报文同时匹配上多个路由项时，路由器将根据“最长掩码匹配”原则来确定出一条最优路由，并根据最优路由来进行 IP 报文的转发，如果没有匹配项（包括静态路由），那么路由器将丢弃该数据包。

3. 路由协议的分类

路由设备之间要想进行相互通信，就需要先通过路由协议来相互学习，以构建一个到达其他设备的路由信息表，之后才能根据路由信息表实现 IP 数据包的转发。路由协议的常见分类如下。

（1）根据不同路由算法分类，路由协议可以分为以下两种。

① 距离矢量路由协议：通过判断数据包从源主机到目的主机所经过的路由器的个数来决定选择哪条路由，如 RIP 等。

② 链路状态路由协议：不要根据路由器的数目选择路径，而需要综合考虑从源主机到目的主机间的各种情况（如带宽、延迟、可靠性、承载能力和最大传输单元等），最终选择一条最优路径，如 OSPF、IS-IS 等。

（2）根据不同的工作范围，路由协议可以分为以下两种。

① 内部网关协议（IGP）：在一个自治系统内进行路由信息交换的路由协议，如 RIP、

OSPF、ISIS 等。

② 外部网关协议（EGP）：在不同自治系统间进行路由信息交换的路由协议，如 BGP。

（3）根据手动配置或自动学习两种不同的方式建立路由表，路由协议可以分为以下两种。

① 静态路由协议：由网络管理人员手动配置路由器的路由信息。

② 动态路由协议：路由器自动学习路由信息，动态建立路由表。

4．直连路由

网络设备启动之后，当在设备上配置了接口的 IP 地址，并且接口状态为 UP 时，设备的路由表中就会出现直连路由项。

如图 3-2 所示，路由器 R1 的 GE1/0/1 接口的状态为 UP 时，路由器 R1 便可以根据 GE1/0/1 接口的 IP 地址 2.2.2.1/24 推断出 GE1/0/1 接口所在的网络地址为 2.2.2.0/24。于是，路由器 R1 便会将 2.2.2.0/24 作为一个路由项填写进自己的路由表，路由器 R1 的直连路由情况如下。

```
[R1]display ip routing-table
------------------------------------------------------------------------------
Destination/Mask  Proto   Pre  Cost    Flags  NextHop    Interface
2.2.2.0/24        Direct  0    0       D      2.2.2.1    GigabitEthernet1/0/1
2.2.2.1/32        Direct  0    0       D      127.0.0.1  InLoopBack0
1.1.1.0/24        Direct  0    0       D      127.0.0.1  GigabitEthernet1/0/2
1.1.1.1/32        Direct  0    0       D      127.0.0.1  InLoopBack0
......
```

由于这条路由是直连路由，所以其 Proto（Protocol）属性为 Direct，Cost 的值为 0。类似地，路由器 R1 还会自动发现右侧的另外一条直连路由 1.1.1.0/24。

项目规划设计

技术部使用的 IP 地址是 192.168.10.0/24 网段，商务部使用的 IP 地址是 192.168.20.0/24 网段，各计算机在部门内可以直接相互通信，若需要进行跨部门的网络通信，则需要将路由器的 IP 地址配置为各部门计算机的网关。

配置步骤如下。

（1）配置路由器接口。将路由器的 IP 地址作为各部门计算机的网关地址。

（2）配置计算机的 IP 地址及网关。实现跨部门的网络通信。

端口规划表 1 和 IP 地址规划表 1 如表 4-1 和表 4-2 所示。

表 4-1　端口规划表 1

本端设备	本端端口	对端设备	对端端口
SW1	Eth0/0/1	PC1	—
SW1	Eth0/0/2	PC2	—
SW1	G0/0/1	R1	G0/0/0
SW2	Eth0/0/1	PC3	—

续表

本端设备	本端端口	对端设备	对端端口
SW2	Eth0/0/2	PC4	—
SW2	G0/0/1	R1	G0/0/1
R1	G0/0/0	SW1	G0/0/1
R1	G0/0/1	SW2	G0/0/1

表 4-2 IP 地址规划表 1

设备	接口	IP 地址	网关
PC1	Eth0/0/1	192.168.10.1/24	192.168.10.254
PC2	Eth0/0/1	192.168.10.2/24	192.168.10.254
PC3	Eth0/0/1	192.168.20.1/24	192.168.20.254
PC4	Eth0/0/1	192.168.20.2/24	192.168.20.254
R1	G0/0/0	192.168.10.254/24	—
R1	G0/0/1	192.168.20.254/24	—

项目实施

扫一扫，
看微课

任务 4-1 配置路由器接口

任务描述

根据表 4-2 为路由器配置接口的 IP 地址。

任务实施

在 R1 的接口上进行 IP 地址配置，在接口视图下使用【ip address <ip> <netmask>】命令可以为接口配置 IP 地址及子网掩码，配置命令如下。

```
[Huawei]system-view                          //进入系统视图
[Huawei]sysname R1                           //将路由器名称更改为 R1
[R1]interface G0/0/0                         //进入 G0/0/0 接口
//配置 IP 地址为 192.168.10.254，子网掩码 24 位
[R1-GigabitEthernet0/0/0]ip address 192.168.10.254 24
[R1]interface G0/0/1
[R1-GigabitEthernet0/0/1]ip address 192.168.20.254 24
```

任务验证

在 R1 上使用【display ip interface brief】命令查看接口的 IP 地址汇总配置，配置命令如下。

```
[R1]display ip interface brief
*down: administratively down
^down: standby
(l): loopback
(s): spoofing
The number of interface that is UP in Physical is 3
The number of interface that is DOWN in Physical is 1
The number of interface that is UP in Protocol is 3
```

```
The number of interface that is DOWN in Protocol is 1

Interface                  IP Address/Mask      Physical   Protocol
GigabitEthernet0/0/0          192.168.10.254/24    up         up
GigabitEthernet0/0/1          192.168.20.254/24    up         up
GigabitEthernet0/0/2          unassigned           down       down
NULL0                       unassigned            up         up(s)
```

任务 4-2　配置计算机的 IP 地址及网关

任务描述

根据表 4-2 为各计算机配置 IP 地址。

任务实施

PC1 的 IP 地址配置结果如图 4-3 所示。同理，完成其他的 IP 地址配置。

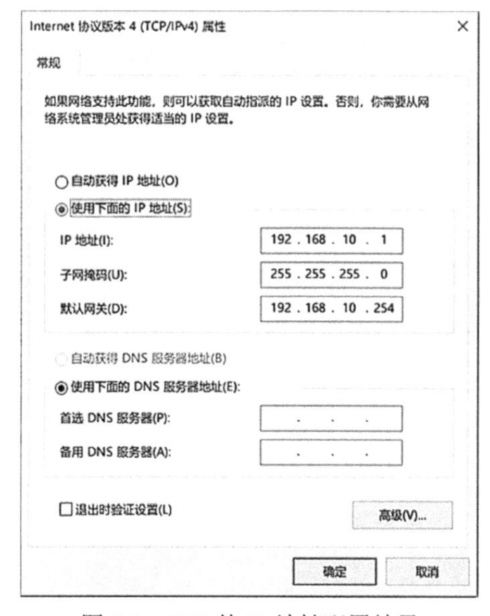

图 4-3　PC1 的 IP 地址配置结果

任务验证

（1）在 PC1 上使用【ipconfig】命令查看 IP 地址，配置命令如下。

```
PC1>ipconfig

本地连接:

   连接特定的 DNS 后缀 . . . . . . . :
   IPv4 地址 . . . . . . . . . . . . : 192.168.10.1(首选)
   子网掩码 . . . . . . . . . . . . : 255.255.255.0
   默认网关. . . . . . . . . . . . . : 192.168.10.254
```

可以看到，PC1 已经被正确配置了 IP 地址和网关。

（2）在其他计算机上同样使用【ipconfig】命令查看 IP 地址。

项目验证

（1）使用【ping】命令测试内部通信的情况。使用 PC1 Ping PC2，配置命令如下。

```
PC1>ping 192.168.10.2

Ping 192.168.10.2: 32 data bytes, Press Ctrl_C to break
From 192.168.10.2: bytes=32 seq=1 ttl=128 time=32 ms
From 192.168.10.2: bytes=32 seq=2 ttl=128 time=46 ms
From 192.168.10.2: bytes=32 seq=3 ttl=128 time=47 ms
From 192.168.10.2: bytes=32 seq=4 ttl=128 time=31 ms
From 192.168.10.2: bytes=32 seq=5 ttl=128 time=31 ms

--- 192.168.10.2 ping statistics ---
  5 packet(s) transmitted
  5 packet(s) received
  0.00% packet loss
  round-trip min/avg/max = 31/37/47 ms
```

结果显示技术部 PC1 和 PC2 内部通信正常。

（2）使用 PC1 Ping PC3，配置命令如下。

```
PC1>ping 192.168.20.1

Ping 192.168.20.1: 32 data bytes, Press Ctrl_C to break
From 192.168.20.1: bytes=32 seq=1 ttl=127 time=47 ms
From 192.168.20.1: bytes=32 seq=2 ttl=127 time=31 ms
From 192.168.20.1: bytes=32 seq=3 ttl=127 time=47 ms
From 192.168.20.1: bytes=32 seq=4 ttl=127 time=31 ms
From 192.168.20.1: bytes=32 seq=5 ttl=127 time=47 ms

--- 192.168.20.1 ping statistics ---
  5 packet(s) transmitted
  5 packet(s) received
  0.00% packet loss
  round-trip min/avg/max = 31/40/47 ms
```

结果显示技术部 PC1 和商务部 PC2 通过 R1 的直连路由实现了相互通信，ttl=127，表示经过了一次路由转发。

项目拓展

一、理论题

1．路由协议根据不同的算法可分为（　　）类。

A．2　　B．3　　C．4　　D．5

2．下列说法正确的是（　　）。

A．路由器（Router）是执行路由动作的一种网络设备，它能够将数据包转发到正确的目的地，并在转发过程中选择最佳的路径。路由器工作在数据链路层

B．在网络通信中，路由（Route）是一个网络层的术语，作为名词，它是指从某一台

网络设备出发去往某个目的地的路径；作为动词，它是指跨越一个从目的主机到源主机的网络来转发数据包

C．路由表（Routing Table）是若干条路由信息的一个集合体。在路由表中，一条路由信息也被称为一个路由项或一个路由条目，路由设备根据路由表的路由条目做路径选择

D．路由设备之间相互通信和相互学习，就能根据路由表实现 IP 数据包的转发

3．IP 路由表的组成不包括（　　）。

A．Destination　　B．Protocol　　C．Tunnel ID　　D．NextHop

二、项目实训题

1．实训题背景

A 公司新购置了一台高级路由器，将其作为公司各部门网络的网关，网络管理员小陈负责对路由器进行配置，以实现研发部和生产部计算机的相互通信。为此，小陈需要了解路由器的基础配置。实训拓扑图如图 4-4 所示。

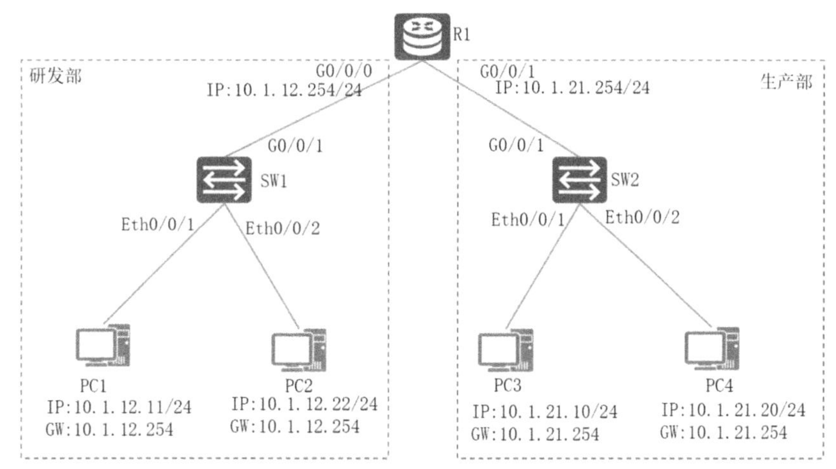

图 4-4　实训拓扑图

2．实训题规划

根据项目背景信息、实训拓扑图信息及项目规划设计完成表 4-3 和表 4-4 所示的实训题规划表。

表 4-3　端口规划表 2

本端设备	本端端口	对端设备	对端端口

表 4-4　IP 地址规划表 2

设备	接口	IP 地址	网关

3．实训题要求

（1）根据拓扑图及规划表完成研发部和生产部所有计算机的 IP 地址及网关配置。

（2）根据规划表完成路由器接口的 IP 地址配置，将 IP 地址作为各部门的网关。

（3）根据以上要求完成配置，按照以下实验验证命令并截图保存。

① 使用【display ip interface brief】命令查看路由器的接口地址信息。

② 使用【display vlan】命令查看交换机的配置信息。

③ 使用【ping】命令测试各计算机之间的相互通信情况。

项目 5

总部与分部基于静态路由协议的互联部署

项目描述

Jan16 公司有北京总部、广州分部和上海分部 3 个办公地点，各分部与总部之间使用路由器互联。北京、上海、广州的路由器分别为 R1、R2、R3。为路由器配置静态路由，使所有计算机都能够相互访问。网络拓扑图如图 5-1 所示。项目具体要求如下。

（1）路由器之间通过 VPN 互联。

（2）总部与分部之间通过静态路由互联。

（3）计算机和路由器的 IP 地址和接口信息如图 5-1 所示。

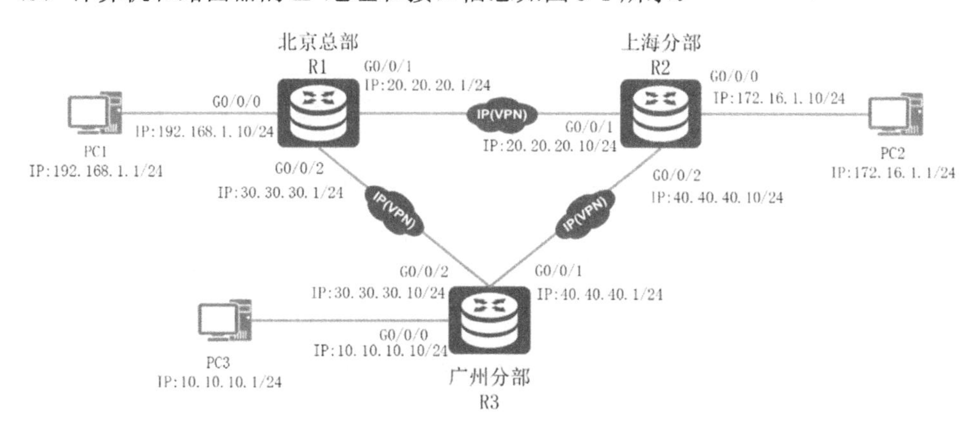

图 5-1　网络拓扑图

相关知识

网络规模的不断扩大，为路由的发展提供了良好的基础和广阔的平台。随着互联网对数据传输效率的要求越来越高，路由在网络通信过程中的作用也越来越重要。本项目将介绍与路由相关的基本概念。

5.1 路由表的生成与路由条目

1. 路由表的 3 种来源

路由器的路由表中可能有很多条路由信息，这些路由信息主要通过 3 种方式生成：设备自动发现、手动配置及通过动态路由协议生成。我们将设备自动发现的路由信息称为直连路由（Direct Route），将手动配置的路由信息称为静态路由（Static Route），将网络设备通过运行动态路由协议而得到的路由信息称为动态路由（Dynamic Route）。

（1）直连路由。

网络设备启动之后，当在设备上配置了接口的 IP 地址，并且接口状态为 UP 时，设备的路由表中就会出现直连路由项。

（2）静态路由。

静态路由是指属性为 Static 的路由信息。这条路由信息实际上就是静态路由信息，由网络管理员在路由器上手动配置。

如图 5-2 所示，路由器 R1 是可以自动发现 1.1.1.0/24 和 2.2.2.0/24 这两条直连路由的。但在路由器 R1 的路由表中，除了自动发现这两条直连路由，还出现了一个属性为 Static 的路由信息。这条路由信息实际上就是静态路由信息，管理员可以在路由器 R1 上手动配置这条路由，该路由的目的地/掩码为 3.3.3.0/24，出接口为路由器 R1 的 G1/0/2 接口，下一跳 IP 地址为路由器 R2 的 G1/0/2 接口的 IP 地址 1.1.1.2，Cost 的值可以设定为 0。在路由器 R1 上配置的这条静态路由仅仅是路由器 R1 通往路由器 R2 的路由信息，同理，路由器 R2 缺少通往路由器 R1 的 2.2.2.0/24 网络的路由信息，管理员可以在路由器 R2 上手动配置一条去往 2.2.2.0/24 的静态路由，这样就可以全网互通了。

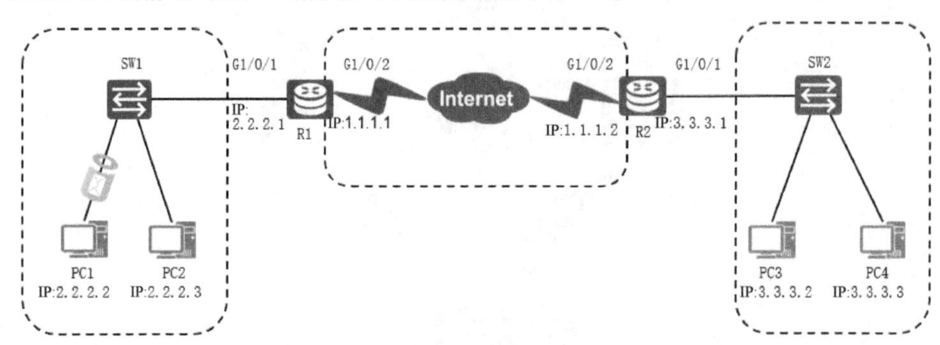

图 5-2 某公司的网络拓扑图

（3）动态路由。

网络设备可以自动学习直连路由，同时，我们还可以通过配置静态路由添加非直连网络的路由。但当非直连网络的数量众多时，配置与维护这些网络路由信息就显得不够高效，特别是在网络发生故障或网络结构发生改变时，必须进行手动修改，这在现实中是不可取的。

事实上，网络设备还可以通过运行动态路由协议来获取路由信息。网络设备通过运行路由协议而获取到的路由被称为动态路由。由于设备运行了路由协议，因此设备的路由表中的动态路由信息能够实时地反映出网络结构的变化。

2. 路由优先级

路由器可以自动发现直连路由，通过手动配置静态路由或动态路由协议等方式学习到路由信息，当路由器通过不同的方式学习到同一个目标网络的多条路由条目信息时，它会根据路由的优先级进行路由选择，优先选择值最小的路由。

事实上，我们给不同来源的路由规定了不同的优先级（Preference），并规定优先级的值越小，路由的优先级越高。这样，当存在多条相同的目标路由（来源不同）时，具有最高优先级的路由便成为最优路由，并被加入 IP 路由表中，而其他路由则处于未激活状态，不显示在 IP 路由表中。

设备上的路由优先级一般都具有默认值。不同厂家的设备对于优先级的默认值可能不同。华为 AR 路由器上的部分路由类型与优先级的默认值的对应关系如表 5-1 所示。

表 5-1　华为 AR 路由器上的部分路由类型与优先级的默认值的对应关系

路由类型	优先级的默认值
直连路由	0
OSPF	10
静态路由	60
RIP	100
BGP	255

3. 路由的开销

路由的开销（Cost）是路由的一个非常重要的属性。一条路由的开销是指到达这条路由的目的地/掩码需要付出的代价值。在同一种路由协议中发现有多条路由可以到达同一目的地/掩码时，将优先选择开销最小的路由，即只将开销最小的路由加入本协议的路由表中。

不同的路由协议对于开销的具体定义是不同的。例如，RIP 只能以“跳数（Hop Count）”作为开销。所谓跳数，就是指到达目的地/掩码需要经过的路由器的个数。

在同一种路由协议中发现有多条路由可以到达同一目的地/掩码时，如果这些路由的开销（代价）是相等的，那么开销相等的路由称为等价路由。在这种情况下，这两条路由都会被加入路由器的 RIP 路由表中。如果 RIP 路由表中的这两条路由能够被优先选择进入 IP 路由表，那么一部分流量会根据第一条路由进行转发，另一部分流量会根据第二条路由进行转发，这种情况也被称为负载分担（Load Balance）。

需要特别强调的是，不同的路由协议对于开销的具体定义是不同的，开销值大小的比较只在同一种路由协议内才有意义，不同路由协议之间的路由开销值没有可比性，也不存在换算关系。

5.2　静态路由

1. 静态路由概述

静态路由是指通过手动方式为路由器配置路由信息，可以简单地使路由器获知达到目标网络的路由。

2．静态路由的优缺点

优点：静态路由具有配置简单、路由器资源负载小、可控性强等优点。

缺点：静态路由不能动态反映网络拓扑，当网络拓扑发生变化时，网络管理员必须通过手动配置改变路由表，因此静态路由不适合在大型网络中使用。

项目规划设计

北京总部使用 192.168.1.0 网段，上海分部使用 172.16.1.0 网段，广州分部使用 10.10.10.0 网段，R1 与 R2 之间为 20.20.20.0 网段，R1 与 R3 之间为 30.30.30.0 网段，R2 与 R3 之间为 40.40.40.0 网段，所有网段均使用 24 位子网掩码。为路由器配置相应的静态路由，使所有计算机均能互访。配置步骤如下。

（1）配置路由器接口。

（2）配置路由器的静态路由。

（3）配置计算机的 IP 地址。

IP 地址规划表 1、端口规划表 1 和路由规划表 1 如表 5-2～表 5-4 所示。

表 5-2　IP 地址规划表 1

设备	接口	IP 地址	网关
R1	G0/0/0	192.168.1.10/24	—
R1	G0/0/1	20.20.20.1/24	—
R1	G0/0/2	30.30.30.1/24	—
R2	G0/0/0	172.16.1.10/24	—
R2	G0/0/1	20.20.20.10/24	—
R2	G0/0/2	40.40.40.10/24	—
R3	G0/0/0	10.10.10.10/24	—
R3	G0/0/1	40.40.40.1/24	—
R3	G0/0/2	30.30.30.10/24	—
PC1	Eth0/0/1	192.168.1.1/24	192.168.1.10
PC2	Eth0/0/1	172.16.1.1/24	172.16.1.10
PC3	Eth0/0/1	10.10.10.1/24	10.10.10.10

表 5-3　端口规划表 1

本端设备	本端端口	对端设备	对端端口
R1	G0/0/0	PC1	—
R1	G0/0/1	R2	G0/0/1
R1	G0/0/2	R3	G0/0/2
R2	G0/0/0	PC2	—
R2	G0/0/1	R1	G0/0/1
R2	G0/0/2	R3	G0/0/1
R3	G0/0/0	PC3	—
R3	G0/0/1	R2	G0/0/2
R3	G0/0/2	R1	G0/0/2

表 5-4　路由规划表 1

路由器	目的网段	下一跳 IP 地址
R1	172.16.1.0/24	20.20.20.10
R1	10.10.10.0/24	30.30.30.10
R2	192.168.1.0/24	30.30.30.1
R2	10.10.10.0/24	40.40.40.1
R3	192.168.1.0/24	30.30.30.1
R3	172.16.1.0/24	40.40.40.10

项目实施

扫一扫，
看微课

任务 5-1　配置路由器接口

任务描述

根据表 5-2 为 3 台路由器配置相应的 IP 地址。

任务实践

（1）在 R1 的接口上进行 IP 地址配置，配置命令如下。

```
[Huawei]system-view                         //进入系统视图
[Huawei]sysname R1                          //将路由器名称更改为 R1
[R1]interface G0/0/0                        //进入 G0/0/0 接口
//配置 IP 地址为 192.168.1.10，子网掩码 24 位
[R1-GigabitEthernet0/0/0]ip address 192.168.1.10 255.255.255.0
[R1]interface G0/0/1
[R1-GigabitEthernet0/0/1]ip address 20.20.20.1 255.255.255.0
[R1]interface G0/0/2
[R1-GigabitEthernet0/0/2]ip address 30.30.30.1 255.255.255.0
```

（2）在 R2 的接口上进行 IP 地址配置，配置命令如下。

```
[Huawei]system-view
[Huawei]sysname R2
[R2]interface G0/0/0
[R2-GigabitEthernet0/0/0]ip address 172.16.1.10 255.255.255.0
[R2]interface G0/0/1
[R2-GigabitEthernet0/0/1]ip address 20.20.20.10 255.255.255.0
[R2]interface G0/0/2
[R2-GigabitEthernet0/0/2]ip address 40.40.40.10 255.255.255.0
```

（3）在 R3 的接口上进行 IP 地址配置，配置命令如下。

```
[Huawei]system-view
[Huawei]sysname R3
[R3]interface G0/0/0
[R3-GigabitEthernet0/0/0]ip address 10.10.10.10 255.255.255.0
[R3]interface G0/0/1
[R3-GigabitEthernet0/0/1]ip address 40.40.40.1 255.255.255.0
[R3]interface G0/0/2
[R3-GigabitEthernet0/0/2]ip address 30.30.30.10 255.255.255.0
```

任务验证

（1）在 R1 上使用【display ip interface brief】命令查看接口的 IP 地址信息，配置命令如下。

```
[R1]display ip interface brief
*down: administratively down
^down: standby
(l): loopback
(s): spoofing
The number of interface that is UP in Physical is 4
The number of interface that is DOWN in Physical is 0
The number of interface that is UP in Protocol is 4
The number of interface that is DOWN in Protocol is 0

Interface                        IP Address/Mask      Physical   Protocol
GigabitEthernet0/0/0               192.168.1.10/24      up         up
GigabitEthernet0/0/1               20.20.20.1/24        up         up
GigabitEthernet0/0/2               30.30.30.1/24        up         up
```

可以看到，接口上已经正确配置了 IP 地址。

（2）在 R2 上使用【display ip interface brief】命令查看接口的 IP 地址信息，配置命令如下。

```
[R2]display ip interface brief
*down: administratively down
^down: standby
(l): loopback
(s): spoofing
The number of interface that is UP in Physical is 4
The number of interface that is DOWN in Physical is 0
The number of interface that is UP in Protocol is 4
The number of interface that is DOWN in Protocol is 0

Interface                        IP Address/Mask      Physical   Protocol
GigabitEthernet0/0/0               172.16.1.10/24       up         up
GigabitEthernet0/0/1               20.20.20.10/24       up         up
GigabitEthernet0/0/2               40.40.40.10/24       up         up
```

可以看到，接口上已经正确配置了 IP 地址。

（3）在 R3 上使用【display ip interface brief】命令查看接口的 IP 地址信息，配置命令如下。

```
[R3]display ip interface brief
*down: administratively down
^down: standby
(l): loopback
(s): spoofing
The number of interface that is UP in Physical is 4
The number of interface that is DOWN in Physical is 0
The number of interface that is UP in Protocol is 4
The number of interface that is DOWN in Protocol is 0
```

```
Interface                    IP Address/Mask      Physical   Protocol
GigabitEthernet0/0/0           10.10.10.10/24       up         up
GigabitEthernet0/0/1           40.40.40.1/24        up         up
GigabitEthernet0/0/2           30.30.30.10/24       up         up
```

可以看到，接口上已经正确配置了 IP 地址。

任务 5-2　配置路由器的静态路由

任务描述

按照表 5-4 为 3 台路由器配置静态路由。

任务实施

（1）在 R1 上配置目的网段为 PC2 所在网段的静态路由。

在路由器上配置静态路由时，需要先进入系统视图，然后执行【ip route-static ip-address {mask | mask-length} [……]】命令，其中，“ip-address{mask|mask-length}”表示目的地/掩码；“nexthop-address”表示下一跳 IP 地址。配置命令如下。

```
//配置静态路由，指定下一跳地址为 20.20.20.10
[R1]ip route-static 172.16.1.0 24 20.20.20.10
```

（2）配置目的网段为 PC3 所在网段的静态路由，配置命令如下。

```
[R1]ip route-static 10.10.10.0 24 30.30.30.10
```

（3）采取同样的方式在 R2 上配置目的网段为 PC1 和 PC3 所在网段的静态路由，配置命令如下。

```
[R2]ip route-static 192.168.1.0 24 20.20.20.1
[R2]ip route-static 10.10.10.0 24 40.40.40.1
```

（4）采取同样的方式在 R3 上配置目的网段为 PC1 和 PC2 所在网段的静态路由，配置命令如下。

```
[R3]ip route-static 192.168.1.0 24 30.30.30.1
[R3]ip route-static 172.16.1.0 24 40.40.40.10
```

任务验证

（1）在 R1 上使用【display ip routing-table】命令查看路由表配置信息，配置命令如下。

```
[R1]display ip routing-table
Route Flags: R - relay, D - download to fib
------------------------------------------------------------------------------
Routing Tables: Public
        Destinations : 15        Routes : 15
Destination/Mask    Proto   Pre  Cost      Flags NextHop         Interface
10.10.10.0/24  Static  60   0          RD   30.30.30.10     GigabitEthernet0/0/2
……
172.16.1.0/24  Static  60   0          RD   20.20.20.10     GigabitEthernet0/0/1
```

可以看到 R1 上已经正确配置了两条静态路由。

（2）在 R2 上使用【display ip routing-table】命令查看路由表配置信息，配置命令如下。

```
[R2]display ip routing-table
Route Flags: R - relay, D - download to fib
```

```
-------------------------------------------------------------------------------
Routing Tables: Public
        Destinations : 15       Routes : 15
Destination/Mask    Proto   Pre  Cost       Flags NextHop         Interface
10.10.10.0/24  Static  60   0          RD  40.40.40.1      GigabitEthernet0/0/2
......
192.168.1.0/24 Static  60   0          RD   20.20.20.1      GigabitEthernet0/0/1
```

可以看到 R2 上已经正确配置了两条静态路由。

（3）在 R3 上使用【display ip routing-table】命令查看路由表配置信息，配置命令如下。

```
[R3]display ip routing-table
Route Flags: R - relay, D - download to fib
-------------------------------------------------------------------------------
Routing Tables: Public
        Destinations : 15       Routes : 15
Destination/Mask    Proto   Pre  Cost       Flags NextHop         Interface
......
172.16.1.0/24  Static  60   0          RD  40.40.40.10     GigabitEthernet0/0/1
192.168.1.0/24 Static  60   0          RD   30.30.30.1      GigabitEthernet0/0/2
```

可以看到 R3 上已经正确配置了两条静态路由。

任务 5-3　配置计算机的 IP 地址

任务描述

根据表 5-2 为各计算机配置 IP 地址。

任务实施

PC1 的 IP 地址配置结果和 PC2 的 IP 地址配置结果如图 5-3 和图 5-4 所示。同理，完成其他计算机的 IP 地址配置。

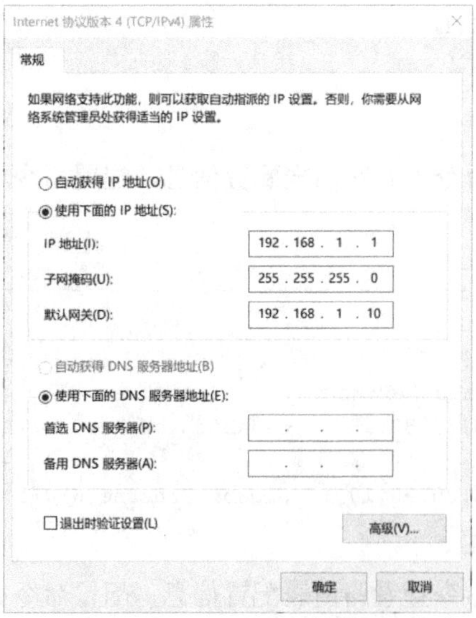

图 5-3　PC1 的 IP 地址配置结果

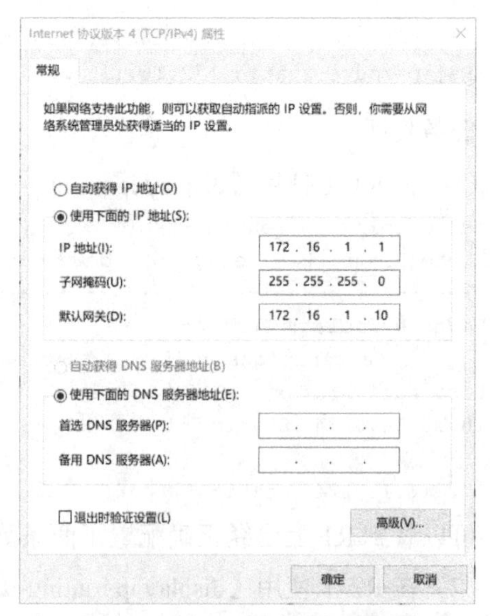

图 5-4　PC2 的 IP 地址配置结果

任务验证

（1）在 PC1 上使用【ipconfig /all】命令查看 IP 地址，配置命令如下。

```
PC1>ipconfig /all

本地连接:

   连接特定的 DNS 后缀 . . . . . . . . . :
   描述. . . . . . . . . . . . . . . . . : Realtek USB GbE Family Controller
   物理地址. . . . . . . . . . . . . . . : 54-89-98-CA-03-58
   DHCP 已启用 . . . . . . . . . . . . . : 否
   自动配置已启用. . . . . . . . . . . . : 是
   IPv4 地址 . . . . . . . . . . . . . : 192.168.1.1(首选)
   子网掩码 . . . . . . . . . . . . . . : 255.255.255.0
   默认网关. . . . . . . . . . . . . . . : 192.168.1.10
   TCPIP 上的 NetBIOS . . . . . . . . . : 已启用
```

可以看到，PC1 已经被正确配置了 IP 地址。

（2）在其他计算机上同样使用【ipconfig/all】命令查看 IP 地址。

项目验证

扫一扫，
看微课

（1）使用 PC1 Ping PC2，配置命令如下。

```
PC>ping 172.16.1.1
Ping 172.16.1.1: 32 data bytes, Press Ctrl_C to break
From 172.16.1.1: bytes=32 seq=1 ttl=126 time=15 ms
From 172.16.1.1: bytes=32 seq=2 ttl=126 time=16 ms
From 172.16.1.1: bytes=32 seq=3 ttl=126 time=16 ms
From 172.16.1.1: bytes=32 seq=4 ttl=126 time=15 ms
From 172.16.1.1: bytes=32 seq=5 ttl=126 time=16 ms

--- 172.16.1.1 ping statistics ---
  5 packet(s) transmitted
  5 packet(s) received
  0.00% packet loss
  round-trip min/avg/max = 15/15/16 ms
```

结果显示 PC1 通过静态路由（2 跳）实现了和 PC2 的通信。

（2）使用 PC1 Ping PC3，配置命令如下。

```
PC>ping 10.10.10.1
Ping 10.10.10.1: 32 data bytes, Press Ctrl_C to break
From 10.10.10.1: bytes=32 seq=1 ttl=126 time=15 ms
From 10.10.10.1: bytes=32 seq=2 ttl=126 time=32 ms
From 10.10.10.1: bytes=32 seq=3 ttl=126 time=15 ms
From 10.10.10.1: bytes=32 seq=4 ttl=126 time=16 ms
From 10.10.10.1: bytes=32 seq=5 ttl=126 time=15 ms

--- 10.10.10.1 ping statistics ---
  5 packet(s) transmitted
  5 packet(s) received
  0.00% packet loss
  round-trip min/avg/max = 15/18/32 ms
```

结果显示 PC1 通过静态路由（2 跳）实现了和 PC3 的通信。

项目拓展

一、理论题

1.（多选）路由表中的路由有（　　）来源。

A．直连路由　　B．静态路由　　C．动态路由　　D．手动路由

2. 不同类型的路由优先级值不同，直连路由的优先级的默认值和静态路由的优先级的默认值分别为（　　）。

A．100，60　　B．0，60　　C．60，100　　D．0，10

3. 动态路由的开销与静态路由的开销相比，（　　）。

A．动态路由的开销大　　B．静态路由的开销大

C．两者开销一样　　D．两者均无开销

4. 关于下列配置命令，描述正确的是（　　）。

```
ip route-static 192.168.10.0 255.255.255.0 20.1.1.1
```

A．此命令配置了一条到达 20.1.1.1 网络的路由

B．此命令配置了一条到达 192.168.10.0 网络的路由

C．该路由的优先级为 100

D．如果路由器通过其他协议学习到和此路由相同的网络的路由，那么路由器将会优先选择此路由

二、项目实训题

1. 实训题背景

Jan16 公司有广州总部、重庆分部和深圳分部 3 个办公地点，各分部与总部之间使用路由器互联。广州、重庆、深圳的路由器分别为 R1、R2、R3。为路由器配置静态路由，使所有计算机都能够相互访问。实训拓扑图如图 5-5 所示。

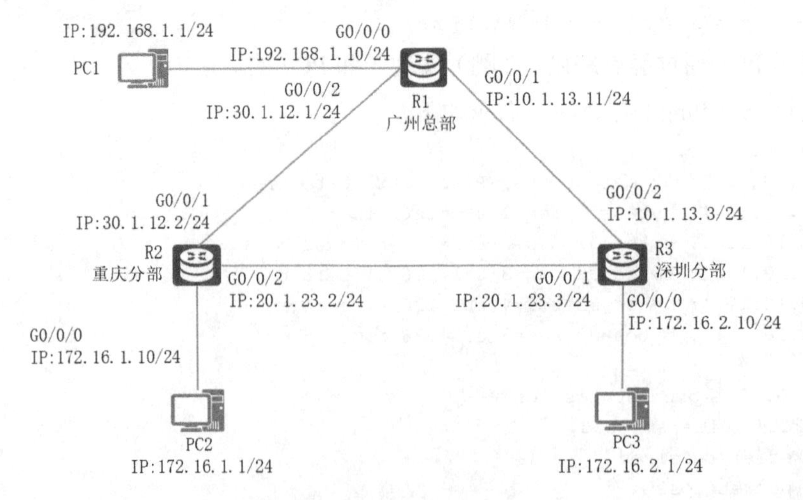

图 5-5　实训拓扑图

2．实训题规划

根据项目背景信息、实训拓扑图信息及项目规划设计完成表 5-5～表 5-7 所示的实训题规划表。

表 5-5　IP 地址规划表 2

设备	接口	IP 地址	网关

表 5-6　端口规划表 2

本端设备	本端端口	对端设备	对端端口

表 5-7　路由规划表 2

路由器	目的网段	下一跳 IP 地址

3．实训题要求

（1）根据拓扑图及规划表为各路由器的接口配置相应的 IP 地址。

（2）根据拓扑图及规划表为总部和分部的计算机配置相应的 IP 地址。

（3）根据路由规划表完成总部和分部的静态路由配置，实现总部和分部之间的互通。

（4）根据以上要求完成配置，按照以下实验验证命令并截图保存。

① 在各路由器上使用【display ip interface brief】命令查看各路由器接口的 IP 地址信息。

② 在各计算机上使用【ipconfig /all】命令查看各计算机的 IP 地址配置。

③ 在各路由器上使用【display ip routing-table】命令查看静态路由信息。

④ 使用【ping】命令测试各计算机之间的连通性。

项目 6

总部与分部基于默认路由和浮动路由协议的高可用互联链路部署

项目描述

Jan16 公司有北京总部和上海分部 2 个办公地点，分部与总部之间使用路由器互联。北京和上海的路由器分别为 R1 和 R2，为路由器配置默认路由和浮动路由，以提高链路的可用性，使所有计算机都能够相互访问。网络拓扑图如图 6-1 所示。项目具体要求如下。

（1）路由器之间通过 VPN 互联，北京总部通常使用主链路同分部互联。

（2）配置浮动路由时，可以通过备份链路互联。

（3）计算机和路由器的 IP 地址和接口信息如图 6-1 所示。

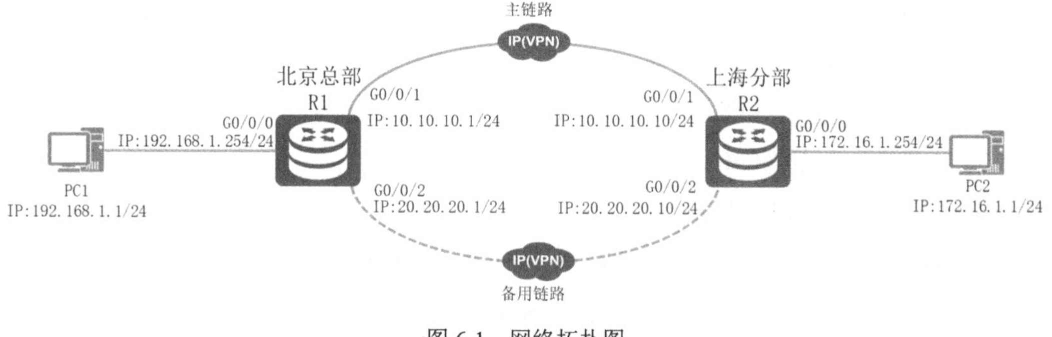

图 6-1　网络拓扑图

相关知识

1. 默认路由概述

我们把静态路由中目的地/掩码为 0.0.0.0/0 的路由称为默认路由（Default Route）。计算机或路由器的 IP 路由表中可能存在默认路由，也可能不存在默认路由。如果网络设备的 IP 路由表中存在默认路由，那么当一个待发送或待转发的 IP 报文不能匹配 IP 路由表中的任何非默认路由时，该 IP 报文就会根据默认路由来进行发送或转发。如果网络设备的 IP 路由表中不存在默认路由，那么当一个待发送或待转发的 IP 报文不能匹配 IP 路由表中的任何路由时，该 IP 报文就会被直接丢弃。

2. 浮动路由

（1）浮动静态路由的概念。

浮动路由的全称为浮动静态路由（Floating Static Route），是一种特殊的静态路由，通过配置去往相同的目标网络但优先级不同的静态路由，以保证在网络中优先级较高的路由工作。而一旦主路由失效，备份路由就会接替主路由，以增强网络的可靠性。

（2）负载均衡的概念。

当有多条可选路径前往同一目标网络时，可以通过配置相同优先级和开销的静态路由实现负载均衡，使得数据的传输均衡地分配到多条路径上，从而实现数据分流、减轻单条路径负载的效果。而当其中某一条路径失效时，其他路径仍然能够正常传输数据，起到了冗余作用。仅在负载均衡的条件下，路由器才会同时显示两条去往同一目标网络的路由条目。

项目规划设计

北京总部使用 192.168.1.0 网段，上海分部使用 172.16.1.0 网段，R1、SW1 与 R2 之间为 10.10.10.0 网段，R1、SW2 与 R2 之间为 20.20.20.0 网段，所有网段均使用 24 位子网掩码。为路由器配置相应的默认路由及浮动路由，在配置浮动路由优先级时，将 10.10.10.0 网段配置为主链路，将备份 20.20.20.0 网段配置为备份链路，最终实现总部计算机与分部计算机的互通。

配置步骤如下。

（1）配置路由器接口。

（2）配置路由器的默认路由。

（3）配置路由器的浮动路由。

（4）配置计算机的 IP 地址。

IP 地址规划表 1、接口规划表 1 和路由规划表 1 如表 6-1～表 6-3 所示。

表 6-1　IP 地址规划表 1

设备	接口	IP 地址	网关
R1	G0/0/0	192.168.1.254/24	—
R1	G0/0/1	10.10.10.1/24	—
R1	G0/0/2	20.20.20.1/24	—
R2	G0/0/0	172.16.1.254/24	—
R2	G0/0/1	10.10.10.10/24	—
R2	G0/0/2	20.20.20.10/24	—
PC1	Eth0/0/1	192.168.1.1/24	192.168.1.254
PC2	Eth0/0/1	172.16.1.1/24	172.16.1.254

表 6-2　接口规划表 1

本端设备	本端接口	对端设备	对端接口
R1	G0/0/0	PC1	Eth0/0/1
R1	G0/0/1	R2	G0/0/1
R1	G0/0/2	R2	G0/0/2
R2	G0/0/0	PC2	Eth0/0/1
R2	G0/0/1	R1	G0/0/1
R2	G0/0/2	R1	G0/0/2
PC1	Eth0/0/1	R1	G0/0/0
PC2	Eth0/0/1	R2	G0/0/0

表 6-3　路由规划表 1

路由器	目的网段	优先级	下一跳 IP 地址
R1	0.0.0.0/0	60（默认）	10.10.10.10
R1	0.0.0.0/0	100	20.20.20.10
R2	0.0.0.0/0	60（默认）	10.10.10.1
R2	0.0.0.0/0	100	20.20.20.1

项目实施

扫一扫，
看微课

任务 6-1　配置路由器接口

任务描述

根据表 6-1 为两台路由器的接口配置 IP 地址。

任务实施

（1）在 R1 的接口上进行 IP 地址配置，配置命令如下。

```
[Huawei]system-view                             //进入系统视图
[Huawei]sysname R1                              //将路由器名称更改为 R1
[R1]interface G0/0/0                            //进入 G0/0/0 端口
//配置 IP 地址为 192.168.1.254，子网掩码 24 位
[R1-GigabitEthernet0/0/0]ip address 192.168.1.254 255.255.255.0
[R1]interface G0/0/1
[R1-GigabitEthernet0/0/1]ip address 10.10.10.1 255.255.255.0
[R1]interface G0/0/2
[R1-GigabitEthernet0/0/2]ip address 20.20.20.1 255.255.255.0
```

（2）在 R2 的接口上进行 IP 地址配置，配置命令如下。

```
[Huawei]system-view
[Huawei]sysname R2
[R2]interface G0/0/0
[R2-GigabitEthernet0/0/0]ip address 172.16.1.254 255.255.255.0
[R2]interface G0/0/1
[R2-GigabitEthernet0/0/1]ip address 10.10.10.10 255.255.255.0
[R2]interface G0/0/2
[R2-GigabitEthernet0/0/2]ip address 20.20.20.10 255.255.255.0
```

任务验证

（1）在 R1 上使用【display ip interface brief】命令查看接口的 IP 地址信息，配置命令如下。

```
[R1]display ip interface brief
*down: administratively down
^down: standby
(l): loopback
(s): spoofing
The number of interface that is UP in Physical is 4
The number of interface that is DOWN in Physical is 0
The number of interface that is UP in Protocol is 4
The number of interface that is DOWN in Protocol is 0

Interface                    IP Address/Mask      Physical   Protocol
GigabitEthernet0/0/0           192.168.1.254/24     up         up
GigabitEthernet0/0/1           10.10.10.1/24        up         up
GigabitEthernet0/0/2           20.20.20.1/24        up         up
```

可以看到，接口上已经正确配置了 IP 地址。

（2）在 R2 上使用【display ip interface brief】命令查看接口的 IP 地址信息，配置命令如下。

```
[R2]display ip interface brief
*down: administratively down
^down: standby
(l): loopback
(s): spoofing
The number of interface that is UP in Physical is 4
The number of interface that is DOWN in Physical is 0
The number of interface that is UP in Protocol is 4
The number of interface that is DOWN in Protocol is 0

Interface                    IP Address/Mask      Physical   Protocol
GigabitEthernet0/0/0           172.16.1.10/24       up         up
GigabitEthernet0/0/1           20.20.20.10/24       up         up
GigabitEthernet0/0/2           40.40.40.10/24       up         up
```

可以看到，接口上已经正确配置了 IP 地址。

任务 6-2　配置路由器的默认路由

任务描述

根据项目规划设计为两台路由器配置默认路由。

任务实施

（1）在 R1 上配置默认路由，配置命令如下。

```
//配置默认路由，指定下一跳 IP 地址为 10.10.10.10
[R1]ip route-static 0.0.0.0 0.0.0.0 10.10.10.10
```

（2）在 R2 上配置默认路由，配置命令如下。

```
[R2]ip route-static 0.0.0.0 0.0.0.0 10.10.10.1
```

任务验证

（1）在 R1 上使用【display ip routing-table】命令查看路由表配置信息，配置命令如下。

```
[R1]display ip routing-table
Route Flags: R - relay, D - download to fib
------------------------------------------------------------------------------
Routing Tables: Public
         Destinations : 14       Routes : 14

Destination/Mask    Proto   Pre  Cost      Flags NextHop         Interface

0.0.0.0/0         Static60  0 RD  10.10.10.10    GigabitEthernet0/0/1
省略部分内容……
```

可以看到配置的路由已经生效。

（2）在 R2 上使用【display ip routing-table】命令查看路由表配置信息，配置命令如下。

```
[R2]display ip routing-table
Route Flags: R - relay, D - download to fib
------------------------------------------------------------------------------
Routing Tables: Public
 Destinations : 14       Routes : 14

Destination/Mask    Proto   Pre  Cost      Flags NextHop         Interface

0.0.0.0/0          Static 60  0  RD  10.10.10.1    GigabitEthernet0/0/1
省略部分内容……
```

可以看到配置的路由已经生效。

任务 6-3　配置路由器的浮动路由

任务描述

根据项目规划设计为两台路由器配置浮动路由，并按要求将路由优先级配置为 100。

任务实施

（1）在 R1 上配置浮动路由。

在路由器上配置浮动路由时，可以通过修改【ip route-static ip-address {mask | mask-length} {nexthop-address | interface-type interface-number [nexthop-address]} [preference preference]】命令中的“preference preference”选项来实现，该选项表示路由的优先级，若不配置，则使用默认优先级 60。当存在两条相同目的地/掩码但优先级不同的静态路由时，即为浮动路由。配置命令如下。

```
//配置默认路由，指定下一跳 IP 地址为 20.20.20.10，路由优先级为 100
[R1]ip route-static 0.0.0.0 0.0.0.0 20.20.20.10 preference 100
```

（2）在 R2 上配置浮动路由，配置命令如下。

```
[R2]ip route-static 0.0.0.0 0.0.0.0 20.20.20.1 preference 100
```

任务验证

（1）在 R1 上使用【display ip routing-table protocol static】命令查看路由表的配置信息，配置命令如下。

```
[R1]display ip routing-table protocol static
Route Flags: R - relay, D - download to fib
------------------------------------------------------------------------------
Public routing table : Static
        Destinations : 1        Routes : 2       Configured Routes : 2

Static routing table status : <Active>
        Destinations : 1        Routes : 1

Destination/Mask    Proto   Pre  Cost      Flags NextHop         Interface

       0.0.0.0/0   Static  60   0          RD   10.10.10.10     GigabitEthernet0/0/1

Static routing table status : <Inactive>
        Destinations : 1        Routes : 1

Destination/Mask    Proto   Pre  Cost      Flags NextHop         Interface

       0.0.0.0/0   Static  100  0          R    20.20.20.10     GigabitEthernet0/0/2
```

可以看到 R1 上已经正确配置了浮动路由。

（2）在 R2 上使用【display ip routing-table protocol static】命令查看路由表的配置信息，配置命令如下。

```
[R2]display ip routing-table protocol static
Route Flags: R - relay, D - download to fib
------------------------------------------------------------------------------
Public routing table : Static
        Destinations : 1        Routes : 2       Configured Routes : 2
Static routing table status : <Active>
        Destinations : 1        Routes : 1

Destination/Mask    Proto   Pre  Cost      Flags NextHop         Interface

       0.0.0.0/0   Static  60   0          RD   10.10.10.1      GigabitEthernet0/0/1

Static routing table status : <Inactive>
        Destinations : 1        Routes : 1

Destination/Mask    Proto   Pre  Cost      Flags NextHop         Interface

       0.0.0.0/0   Static  100  0          R    20.20.20.1      GigabitEthernet0/0/2
```

可以看到 R2 上已经正确配置了浮动路由。

任务 6-4　配置计算机的 IP 地址

任务描述

根据表 6-1 为两台计算机配置 IP 地址。

任务实施

PC1 的 IP 地址配置结果如图 6-2 所示。同理，完成 PC2 的 IP 地址配置，如图 6-3 所示。

Internet 协议版本 4 (TCP/IPv4) 属性

常规

如果网络支持此功能，则可以获取自动指派的 IP 设置。否则，你需要从网络系统管理员处获得适当的 IP 设置。

○自动获得 IP 地址(O)
◉使用下面的 IP 地址(S):
IP 地址(I): 192 . 168 . 1 . 1
子网掩码(U): 255 . 255 . 255 . 0
默认网关(D): 192 . 168 . 1 . 254
自动获得 DNS 服务器地址(B)
◉使用下面的 DNS 服务器地址(E):
首选 DNS 服务器(P):
备用 DNS 服务器(A):
☐退出时验证设置(L)　高级(V)...
确定　取消

图 6-2　PC1 的 IP 地址配置结果

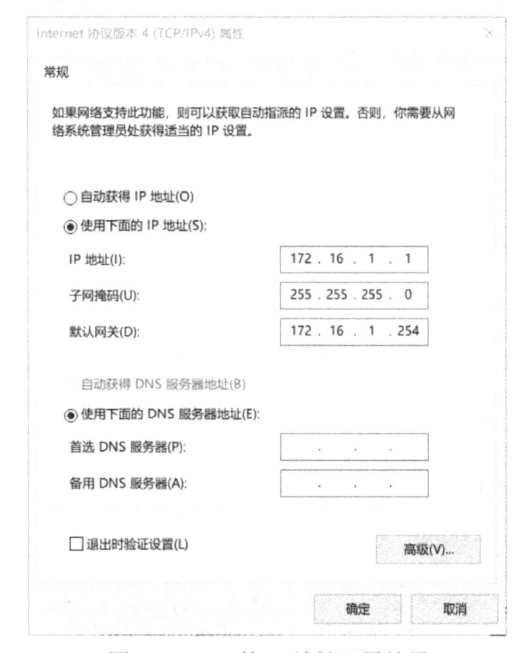

图 6-3　PC2 的 IP 地址配置结果

任务验证

（1）在 PC1 上使用【ipconfig /all】命令查看 IP 地址，配置命令如下。

```
PC1>ipconfig /all

本地连接:

   连接特定的 DNS 后缀 . . . . . . . . . :
   描述. . . . . . . . . . . . . . . . : Realtek USB GbE Family Controller
   物理地址. . . . . . . . . . . . . . : 54-89-98-CA-03-58
   DHCP 已启用 . . . . . . . . . . . . : 否
   自动配置已启用. . . . . . . . . . . : 是
   IPv4 地址 . . . . . . . . . . . . . : 192.168.1.1(首选)
   子网掩码 . . . . . . . . . . . . . . : 255.255.255.0
   默认网关. . . . . . . . . . . . . . :
   TCPIP 上的 NetBIOS . . . . . . . . : 已启用
```

可以看到，PC1 已经被配置了 IP 地址。

（2）在其他计算机上同样使用【ipconfig/all】命令查看 IP 地址。

项目验证

（1）通过【ping】命令测试 PC1 与 PC2 间的通信。使用 PC1 Ping PC2，配置命令如下。

```
PC>ping 172.16.1.1

Ping 172.16.1.1: 32 data bytes, Press Ctrl_C to break
From 172.16.1.1: bytes=32 seq=1 ttl=126 time=31 ms
From 172.16.1.1: bytes=32 seq=2 ttl=126 time=31 ms
From 172.16.1.1: bytes=32 seq=3 ttl=126 time=31 ms
From 172.16.1.1: bytes=32 seq=4 ttl=126 time=47 ms
From 172.16.1.1: bytes=32 seq=5 ttl=126 time=47 ms

--- 172.16.1.1 ping statistics ---
  5 packet(s) transmitted
  5 packet(s) received
  0.00% packet loss
  round-trip min/avg/max = 31/37/47 ms
```

结果显示可以 Ping 通。

（2）使用【tracert】命令查看此时 PC1 与 PC2 之间的通信所经过的网关，配置命令如下。

```
PC1>tracert 172.16.1.1

traceroute to 172.16.1.1, 8 hops max
(ICMP), press Ctrl+C to stop
 1  192.168.1.254   <1 ms  16 ms  15 ms
 2  10.10.10.10   32 ms  46 ms  47 ms
 3  172.16.1.1   47 ms  31 ms  47 ms
```

结果显示，PC1 与 PC2 使用主链路（静态路由链路）进行相互通信。

（3）将路由器的主链路（R1 的 G0/0/1 与 R2 的 G0/0/1 互联链路）断开，通过【ping】命令测试 PC1 与 PC2 间的通信。

使用 PC1 Ping PC2，配置命令如下。

```
PC1>ping 172.16.1.1

Ping 172.16.1.1: 32 data bytes, Press Ctrl_C to break
From 172.16.1.1: bytes=32 seq=1 ttl=126 time=46 ms
From 172.16.1.1: bytes=32 seq=2 ttl=126 time=47 ms
From 172.16.1.1: bytes=32 seq=3 ttl=126 time=47 ms
From 172.16.1.1: bytes=32 seq=4 ttl=126 time=47 ms
From 172.16.1.1: bytes=32 seq=5 ttl=126 time=47 ms

--- 172.16.1.1 ping statistics ---
  5 packet(s) transmitted
  5 packet(s) received
  0.00% packet loss
  round-trip min/avg/max = 46/46/47 ms
```

结果显示仍然可以 Ping 通。

（4）使用【tracert】命令查看此时 PC1 与 PC2 之间的通信所经过的网关，配置命令

如下。

```
PC1>tracert 172.16.1.1

traceroute to 172.16.1.1, 8 hops max
(ICMP), press Ctrl+C to stop
 1  192.168.1.254   <1 ms  15 ms  16 ms
 2  20.20.20.10   31 ms  47 ms  47 ms
 3  172.16.1.1   47 ms  31 ms  47 ms
```

结果显示，计算机间使用备份链路（浮动路由）进行相互通信。

项目拓展

一、理论题

1．静态路由协议的开销值是（　　）。

A．1　　B．2　　C．0　　D．3

2．在路由表中，0.0.0.0/0 代表（　　）。

A．静态路由　　B．动态路由　　C．主机路由　　D．默认路由

3．公司网络管理员计划通过配置浮动路由实现路由备份，正确的实现方法是（　　）。

A．为主用静态路由和备份静态路由配置不同的协议优先级值

B．配置相同目标、相同下一跳 IP 地址即可

C．为主用静态路由和备份静态路由配置不同的开销值

D．为主用静态路由和备份静态路由配置不同的标签值

4．（多选）路由器选择最优路由的原则包括（　　）。

A．Preference　　B．Cost

C．Destination/Mask　　D．NextHop

5．（多选）在小型网络中，通过静态路由实现路由负载均衡的必备操作是（　　）。

A．配置两条或多条到达同一目标的静态路由

B．配置多条静态路由

C．配置两条或多条到达同一目标的静态路由，下一跳 IP 地址不同

D．配置两条或多条到达同一目标的静态路由，出接口不同

二、项目实训题

1．实训题背景

Jan16 公司有广州总部和深圳分部两个办公地点，广州总部使用 192.168.1.0 网段，深圳分部使用 172.16.1.0 网段，R1 和 R2 主链路之间为 10.1.12.0/24 网段，R1 和 R2 备份链路之间为 10.1.21.0/24 网段，所有网段均使用 24 位子网掩码。为路由器配置相应的默认路由及浮动路由，在配置浮动路由优先级时，配置 10.1.21.0/24 网段为主链路，配置 10.1.12.0/24 网段为备份链路，最终实现总部计算机与分部计算机的互通。实训拓扑图如图 6-4 所示。

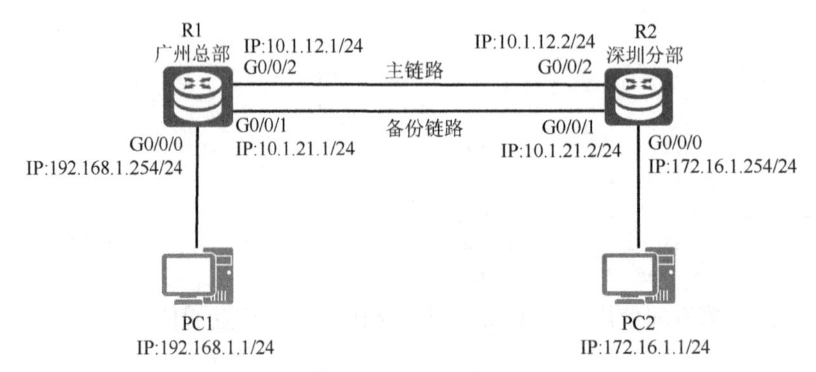

图 6-4　实训拓扑图

2．实训规划表

根据项目背景信息、实训拓扑图信息及项目规划设计完成表 6-4～表 6-6 所示的实训题规划表。

表 6-4　IP 地址规划表 2

设备	接口	IP 地址	网关

表 6-5　接口规划表 2

本端设备	本端接口	对端设备	对端接口

表 6-6　路由规划表 2

路由器	目的网段	优先级	下一跳 IP 地址

3．实训要求

（1）根据表 6-4 完成各路由器接口的 IP 地址配置。

（2）根据表 6-4 完成计算机的 IP 地址配置。

（3）根据表 6-6 完成静态路由配置。

（4）为实现双链路或多链路之间的路由备份，在各路由器上配置浮动路由，以实现备份。

（5）根据以上要求完成配置，按照以下实验验证命令并截图保存。

① 在 R1 和 R2 上使用【display ip interface brief】命令查看路由器接口的 IP 地址信息。

② 在 R1 和 R2 上使用【display ip routing-table】命令查看路由表配置信息。

③ 在 R1 和 R2 上使用【display ip routing-table protocol static】命令查看静态路由表配置信息。

④ 在计算机上使用【ping】命令测试总部和分部计算机之间的通信。

⑤ 使用【tracert】命令查看此时 PC1 与 PC2 之间的通信所经过的网关。

⑥ 使用【shutdown】命令断开路由器互联的主链路，测试 PC1 与 PC2 之间的通信。

⑦ 完成第⑥步后，再次使用【tracert】命令查看此时 PC1 与 PC2 之间的通信所经过的网关。

项目 7

总部与多个分部基于单区域 OSPF 协议的互联部署

项目描述

Jan16 公司有北京总部、广州分部和上海分部 3 个办公地点，各分部与总部之间使用路由器互联。公司要求通过配置单区域 OSPF 动态路由，实现公司之间的相互访问。网络拓扑图如图 7-1 所示。项目具体要求如下。

（1）R1、R2 和 R3 通过 VPN 互联。

（2）R1、R2 和 R3 之间的网络通过单区域 OSPF 动态路由实现互联。

（3）拓扑测试计算机和路由器的 IP 地址与接口信息如图 7-1 所示。

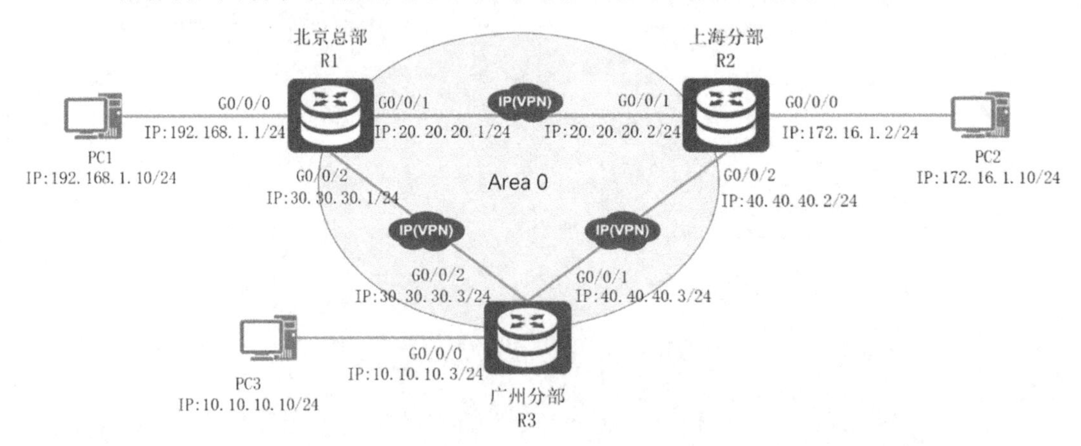

图 7-1　网络拓扑图

相关知识

通过对项目 5 和项目 6 的学习我们知道，静态路由是网络管理员手动配置的路由信息。当网络的拓扑结构或链路的状态发生变化时，需要手动修改路由表中相关的静态路由信息。

随着网络规模的日益扩大，静态路由不但使网络管理员难以全面地了解整个网络的拓扑结构，而且大范围调整路由信息的难度大、复杂度高。而 OSPF 协议的工作方式与静态路由存在本质上的不同，运行 OSPF 协议的路由器会通过启用 OSPF 的接口来寻找同样运行了 OSPF 协议的路由器，以实现路由信息的自动学习，从而避免了静态路由手动调整路由信息的问题。为此，本节将主要介绍 OSPF 的概念、OSPF 区域和链路状态及 LSA 等内容。

1. OSPF 的概念

开放式最短路径优先（Open Shortest Path First，OSPF）是由 IETF 组织开发的开放性标准协议，它是一个链路状态内部网关路由协议，运行 OSPF 协议的路由器会将自己拥有的链路状态信息通过启用了 OSPF 协议的接口发送给其他 0SPF 设备，同一个 OSPF 区域中的每台设备都会参与链路状态信息的创建、发送、接收与转发，直到这个区域中的所有 OSPF 设备都获得了相同的链路状态信息为止。

2. OSPF 区域

一个 OSPF 网络可以被划分成多个区域（Area）。如果一个 OSPF 网络只包含一个区域，那么这样的 OSPF 网络被称为单区域 OSPF 网络。如果一个 OSPF 网络包含了多个区域，那么这样的 OSPF 网络被称为多区域 OSPF 网络。

在 OSPF 网络中，每一个区域都有一个编号，这个编号称为区域 ID（Area ID）。Area ID 是一个 32 位的二进制数，一般用十进制数来表示。Area ID 为 0 的区域称为骨干区域（Backbone Area），其他区域都称为非骨干区域。单区域 OSPF 网络只包含一个区域，这个区域必须是骨干区域。在多区域 OSPF 网络中，除骨干区域外，还有若干个非骨干区域，一般来说，每一个非骨干区域都需要与骨干区域直连，当非骨干区域没有与骨干区域直连时，要采用虚拟链路（Virtual Link）技术从逻辑上实现非骨干区域与骨干区域的直连。也就是说，非骨干区域之间的通信必须要通过骨干区域中转才能实现。

OSPF 区域结构如图 7-2 所示。OSPF 网络共有 4 个区域，其中，Area 0 为骨干区域，Area 1、Area 2 和 Area 3 为非骨干区域。需要注意的是，R1、R2 和 R3 同时属于骨干区域和非骨干区域，而其他路由器只属于一个区域。

在 OSPF 网络中，如果一台路由器的所有接口都属于同一个区域，那么该路由器被称为内部路由器（Internal Router），如 Area 0 区域中的 R8 和 R9，Area 1 区域中的 R4 和 R5，Area 3 区域中的 R7。

在 OSPF 网络中，如果一台路由器包含属于 Area 0 的接口，那么该路由器被称为骨干路由器（Backbone Router）。图 7-2 所示的网络中共有 5 个骨干路由器，分别是 R1、R2、R3、R8 和 R9。

在 OSPF 网络中，如果一台路由器的一部分接口属于 Area 0，另一部分接口属于其他区域，那么该路由器被称为区域边界路由器（Area Border Router，ABR）。图 7-2 所示的网络中共有 3 个 ABR，分别是 R1、R2 和 R3。

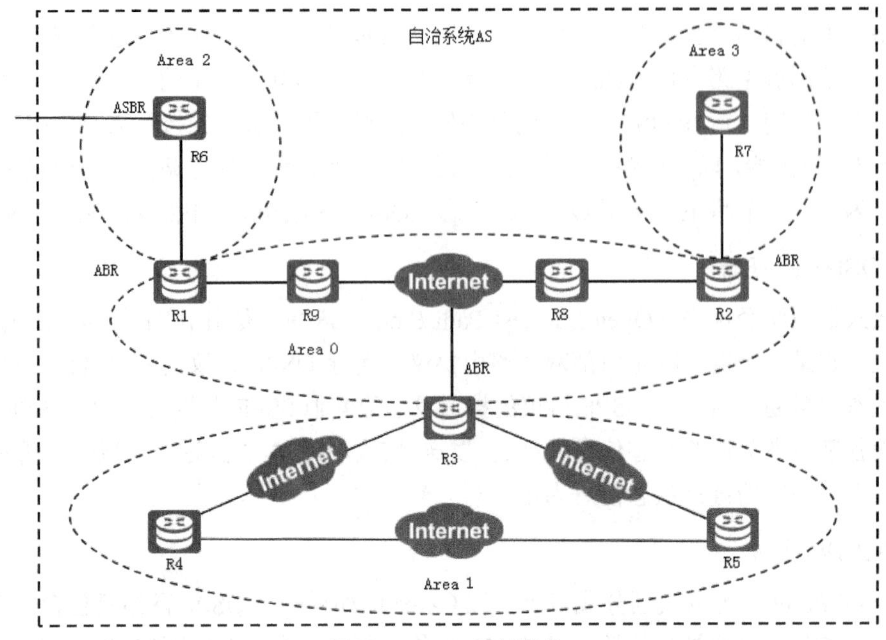

图 7-2　OSPF 区域结构

在 OSPF 网络中，如果一台路由器是与本 OSPF 网络（自治系统）之外的网络相连的，并且可以将外部网络（以下简称“外网”）的路由信息引入本 OSPF 网络中，那么这样的路由器被称为自治系统边界路由器（Autonomous System Boundary Router，ASBR）。图 7-2 所示的网络中的 ASBR 是 R6。

3. 链路状态及 LSA

OSPF 是一种基于链路状态的路由协议，链路状态也指路由器的接口状态，其核心思想是，每台路由器都将自己的各个接口的接口状态（链路状态）共享给其他路由器。在此基础上，每台路由器都可以依据自身的接口状态和其他路由器的接口状态计算出去往各个目的地的路由。路由器的链路状态包含了该接口的 IP 地址及子网掩码等信息。

链路状态通告（Link-State Advertisement，LSA）是链路状态信息的主要载体，链路状态信息主要包含在 LSA 中并通过 LSA 的通告（泛洪）来实现共享。需要说明的是，不同类型的 LSA 所包含的内容、功能、通告的范围也是不同的，LSA 的类型主要包括 Type-1 LSA（Router LSA）、Type-2 LSA（Network LSA）、Type-3 LSA（Network Summary LSA）、Type-4 LSA（ASBR Summary LSA）等。

4. OSPF 消息中的报文

如图 7-3 所示，OSPF 协议报文直接被封装在 IP 报文中，IP 报文头部中的协议字段值必须为 89。

如图 7-4 所示，OSPF 协议报文有 5 种类型，分别是 Hello 报文、DD 报文（Database Description Packet）、LSR 报文（Link-State Request Packet）、LSU 报文（Link-State Update Packet）和 LSAck（Link-State Acknowledgement Packet）报文。

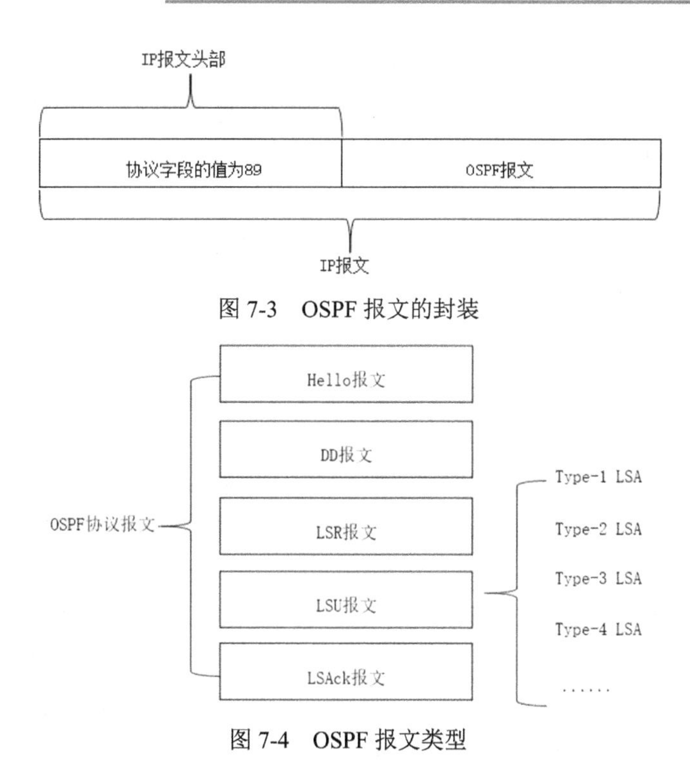

图 7-3　OSPF 报文的封装

图 7-4　OSPF 报文类型

OSPF 报文中的 Hello 报文所携带的信息是指路由器某一接口所发送的 Hello 报文携带的如下信息。

① OSPF 的版本号。

② 接口所属路由器的 Router-ID。

③ 接口所属区域的 Area-ID。

④ 接口的密钥信息。

⑤ 接口的认证类型。

⑥ 接口 IP 地址的子网掩码。

⑦ 接口的 HelloInterval（发送报文的间隔时间）。

⑧ 接口的 RouterDeadInterval。

⑨ 接口所连二层网络的 DR 和 BDR。

OSPF 报文中的 DD 报文用于描述自己的链路状态数据库 LSDB 并进行数据库的同步；LSR 报文用于请求相邻路由器 LSDB 中的一部分数据；LSU 报文的功能是向对端路由器发送多条 LSA 用于更新；LSAck 报文是指路由器在接收到 LSU 报文后所发出的确认应答报文。

5．Router ID

Router ID 是 OSPF 区域中路由器的唯一标识，一台 OSPF 路由器的 Router ID 是按照以下方式生成的。

（1）如果网络管理员手动配置了路由器的 Router ID，那么路由器将使用该 Router ID。

（2）如果网络管理员没有配置路由器的 Router ID，但在路由器上创建了逻辑接口（如环回接口），那么路由器会选择这台路由器上所有逻辑接口的 IPv4 地址中数值最大的 IPv4

地址并将其作为 Router ID（不论该接口是否参与了 OSPF 协议）。

（3）如果（1）和（2）都没有设置，那么路由器会选择所有活动物理接口的 IPv4 地址中数值最大的 IPv4 地址并将其作为 Router ID（不论该接口是否参与了 OSPF 协议）。

Router ID 一旦选定，只要 OSPF 进程没有重启，路由器的 Router ID 就不会改变，不论接口是否有变化。Router ID 的变化会对 OSPF 网络产生影响，因此，通常情况下网络管理员都会采用手动方式配置 Router ID。

6. OSPF 的网络类型

OSPF 所支持的网络类型是指 OSPF 能够支持的二层网络类型，根据数据链路层协议类型将网络分为下列 4 种类型。

（1）广播（Broadcast）类型：当链路层协议是 Ethernet 或 FDDI 时，OSPF 默认的网络类型是 Broadcast。在该类型的网络中，通常以组播形式（224.0.0.5 和 224.0.0.6）发送协议报文。

（2）NBMA（Non-Broadcast Multi-Access）类型：链路层协议是帧中继、ATM 或 X.25 时，OSPF 默认的网络类型是 NBMA。在该类型的网络中，通常以单播形式发送协议报文。

（3）点到多点（Point-to-MultiPoint，P2MP）类型：点到多点必须是由其他的网络类型强制更改的。常用做法是将非全连通的 NBMA 改为点到多点的网络。在该类型的网络中，通常以组播形式（224.0.0.5）发送协议报文。

（4）点对点（Point-to-Point Protocol，PPP）类型：当链路层协议是 PPP、HDLC 和 LAPB 时，OSPF 默认的网络类型是 P2P。在该类型的网络中，通常以组播形式（224.0.0.5）发送协议报文。

7. 邻居关系与邻接关系

在 OSPF 协议中，如果两台路由器的相邻接口位于同一个二层网络中，那么这两台路由器存在相邻关系，但相邻关系并不等同于邻居（Neighbor）关系，更不等同于邻接（Adjacency）关系。

（1）邻居关系。

在 OSPF 协议中，每台路由器的接口都会周期性地向外发送 Hello 报文。如果相邻的两台路由器之间发送给对方的 Hello 报文完全一致，那么这两台路由器就会成为彼此的邻居路由器，它们之间才存在邻居关系。

（2）邻接关系。

在 P2P 或 P2MP 的二层网络类型中，两台互为邻居关系的路由器一定会同步彼此的 LSDB，当这两台路由器成功地完成了 LSDB 的同步后，它们之间便建立起了邻接关系。

如果两台路由器存在邻接关系，那么它们之间一定存在邻居关系。如果两台路由器存在邻居关系，那么它们之间可能存在邻接关系，也可能不存在邻接关系。

8. OSPF 网络的 DR 与 BDR

（1）DR 与 BDR 概述。

指定路由器（Designate Router，DR）和备份指定路由器（Backup Designate Router，

BDR）适用于广播（Broadcast）网络或非广播多路访问（NBMA）网络，选举 DR 和 BDR 是为了产生针对这两种网络的 Type-2 LSA，同时可减少多路访问（Multi-Access，MA）环境下不必要的 OSPF 报文发送，从而提高链路带宽的利用率。BDR 的作用是当 DR 出现故障时迅速替代 DR 的角色。

在广播型网络或 NBMA 网络中，DR 会与其他路由器（包括 BDR）建立邻接关系，BDR 也会与其他路由器（包括 DR）建立邻接关系，其他路由器之间不会建立邻接关系，互为邻接关系的路由器之间可以交互所有信息。例如，如图 7-5 所示，该二层网络为广播型网络，包含 6 台路由器和 1 台以太网交换机（图 7-5 中的虚线代表邻接关系，后同）。在这个以太网中，如果任何两个邻居路由器之间都建立邻接关系，那么这些路由器共构成 $n(n-1)/2=5\times(5-1)/2=10$ 个邻接关系，其中，n 为路由器的个数。

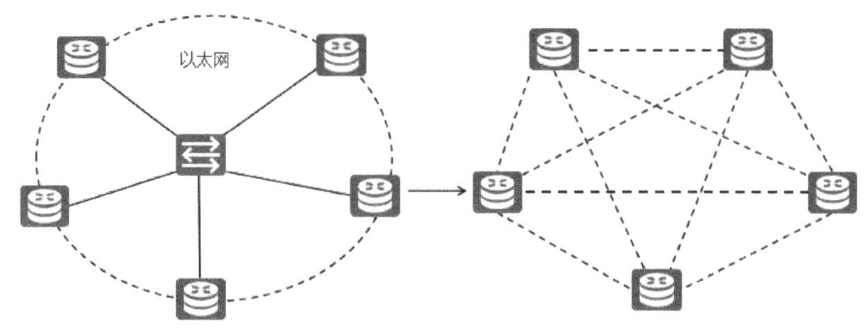

图 7-5　一个广播型网络

如图 7-6 所示，当 DR 和 BDR 被选举出来之后，邻接关系的数量会从原来的 10 个减少为 7 个，显然，以太网中的路由器数量越多，邻接关系数量减少的效果越明显。

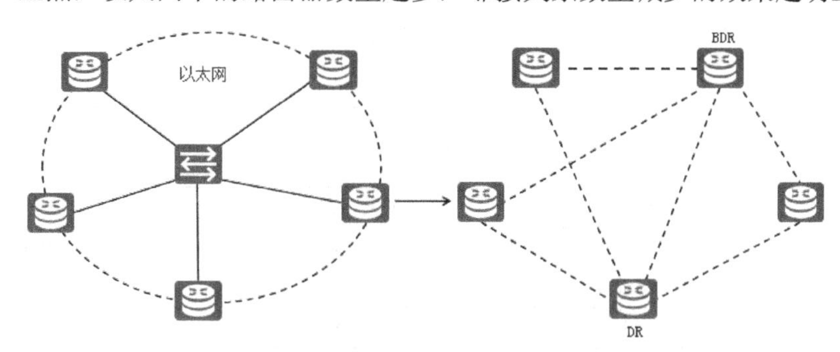

图 7-6　DR/BDR 减少邻接关系的数量

（2）DR 与 BDR 的选举规则。

由于路由器在一个广播型网络或 NBMA 网络中，因此路由器之间会通过 Hello 报文进行交互。Hello 报文中包含了路由器的 Router ID 和优先级，路由器的优先级的取值范围是 0～255，取值越大代表优先级越高，根据 Router ID 和优先级，进行 DR 与 BDR 的选举规则如下。

① 优先级最大的路由器将成为 DR。

② 如果优先级相等，那么 Router ID 值最大的路由器将成为 DR。

③ BDR 的选举规则与 DR 的选举规则完全相同，BDR 的选举发生在 DR 的选举之后，在同一个网络中，DR 和 BDR 不能是同一台路由器。

如果 DR 和 BDR 都存在，那么在 DR 出现故障后，BDR 将迅速代替 DR 的角色。如果只存在 DR 而没有 BDR，那么在 DR 出现故障后将选举新的 DR，这就需要耗费一定的时间。如果一台路由器的优先级为 0，那么它不参加 DR 或 BDR 的选举。

项目规划设计

北京总部使用 192.168.1.0 网段，上海分部使用 172.16.1.0 网段，广州分部使用 10.10.10.0 网段，R1 与 R2 之间为 20.20.20.0 网段，R1 与 R3 之间为 30.30.30.0 网段，R2 与 R3 之间为 40.40.40.0 网段，所有网段均使用 24 位子网掩码。为路由器配置单区域 OSPF 动态路由，使所有计算机均能互相访问。

配置步骤如下。

（1）配置路由器接口。

（2）部署单区域 OSPF 网络。

（3）配置计算机的 IP 地址。

IP 地址规划表 1 和接口规划表 1 如表 7-1 和表 7-2 所示。

表 7-1　IP 地址规划表 1

设备	接口	IP 地址	网关
R1	G0/0/0	192.168.1.1/24	—
R1	G0/0/1	20.20.20.1/24	—
R1	G0/0/2	30.30.30.1/24	—
R2	G0/0/0	172.16.1.2/24	—
R2	G0/0/1	20.20.20.2/24	—
R2	G0/0/2	40.40.40.2/24	—
R3	G0/0/0	10.10.10.3/24	—
R3	G0/0/1	40.40.40.3/24	—
R3	G0/0/2	30.30.30.3/24	—
PC1	Eth0/0/1	192.168.1.10/24	192.168.1.1
PC2	Eth0/0/1	172.16.1.10/24	172.16.1.2
PC3	Eth0/0/1	10.10.10.10/24	10.10.10.3

表 7-2　接口规划表 1

本端设备	本端接口	对端设备	对端接口
R1	G0/0/0	PC1	—
R1	G0/0/1	R2	G0/0/1
R1	G0/0/2	R3	G0/0/2
R2	G0/0/0	PC2	—
R2	G0/0/1	R1	G0/0/1
R2	G0/0/2	R3	G0/0/1
R3	G0/0/0	PC3	—
R3	G0/0/1	R2	G0/0/2
R3	G0/0/2	R1	G0/0/2

项目实施

扫一扫，
看微课

任务 7-1　配置路由器接口

任务描述

根据表 7-1 为 3 台路由器的相应接口上配置 IP 地址。

任务实施

（1）在 R1 的接口上进行 IP 地址配置，配置命令如下。

```
[Huawei]system-view                                  //进入系统视图
[Huawei]sysname R1                                   //将路由器名称更改为 R1
[R1]interface G0/0/0                                 //进入 G0/0/0 接口
//配置 IP 地址为 192.168.1.1，子网掩码 24 位
[R1-GigabitEthernet0/0/0]ip address 192.168.1.1 255.255.255.0
[R1]interface G0/0/1
[R1-GigabitEthernet0/0/1]ip address 20.20.20.1 255.255.255.0
[R1]interface G0/0/2
[R1-GigabitEthernet0/0/2]ip address 30.30.30.1 255.255.255.0
```

（2）在 R2 的接口上进行 IP 地址配置，配置命令如下。

```
[Huawei]system-view
[Huawei]sysname R2
[R2]interface G0/0/0
[R2-GigabitEthernet0/0/0]ip address 172.16.1.2 255.255.255.0
[R2]interface G0/0/1
[R2-GigabitEthernet0/0/1]ip address 20.20.20.2 255.255.255.0
[R2]interface G0/0/2
[R2-GigabitEthernet0/0/2]ip address 40.40.40.2 255.255.255.0
```

（3）在 R3 的端口上进行 IP 地址配置，配置命令如下。

```
[Huawei]system-view
[Huawei]sysname R3
[R3]interface G0/0/0
[R3-GigabitEthernet0/0/0]ip address 10.10.10.3 255.255.255.0
[R3]interface G0/0/1
[R3-GigabitEthernet0/0/1]ip address 40.40.40.3 255.255.255.0
[R3]interface G0/0/2
[R3-GigabitEthernet0/0/2]ip address 30.30.30.3 255.255.255.0
```

任务验证

（1）在 R1 上使用【display ip interface brief】命令查看接口的 IP 地址信息，配置命令如下。

```
[R1]display ip interface brief
*down: administratively down
^down: standby
(l): loopback
(s): spoofing
The number of interface that is UP in Physical is 4
The number of interface that is DOWN in Physical is 0
```

```
The number of interface that is UP in Protocol is 4
The number of interface that is DOWN in Protocol is 0

Interface                         IP Address/Mask      Physical   Protocol
GigabitEthernet0/0/0               192.168.1.1/24       up         up
GigabitEthernet0/0/1               20.20.20.1/24        up         up
GigabitEthernet0/0/2               30.30.30.1/24        up         up
```

可以看到，接口上已经正确配置了 IP 地址。

（2）在 R2 上使用【display ip interface brief】命令查看接口的 IP 地址信息，配置命令如下。

```
[R2]display ip interface brief
*down: administratively down
^down: standby
(l): loopback
(s): spoofing
The number of interface that is UP in Physical is 4
The number of interface that is DOWN in Physical is 0
The number of interface that is UP in Protocol is 4
The number of interface that is DOWN in Protocol is 0

Interface                         IP Address/Mask      Physical   Protocol
GigabitEthernet0/0/0               172.16.1.2/24        up         up
GigabitEthernet0/0/1               20.20.20.2/24        up         up
GigabitEthernet0/0/2               40.40.40.2/24        up         up
```

可以看到，接口上已经正确配置了 IP 地址。

（3）在 R3 上使用【display ip interface brief】命令查看接口的 IP 地址信息，配置命令如下。

```
[R3]display ip interface brief
*down: administratively down
^down: standby
(l): loopback
(s): spoofing
The number of interface that is UP in Physical is 4
The number of interface that is DOWN in Physical is 0
The number of interface that is UP in Protocol is 4
The number of interface that is DOWN in Protocol is 0

Interface                         IP Address/Mask      Physical   Protocol
GigabitEthernet0/0/0               10.10.10.3/24        up         up
GigabitEthernet0/0/1               40.40.40.3/24        up         up
GigabitEthernet0/0/2               30.30.30.3/24        up         up
```

可以看到，接口上已经正确配置了 IP 地址。

任务 7-2　部署单区域 OSPF 网络

任务描述

根据项目规划设计，创建并运行 OSPF，创建区域并进入 OSPF 区域视图，指定运行

OSPF 协议的接口和接口所属的区域。

任务实施

（1）在 R1 上配置 OSPF 路由。

① 首先进入系统视图，然后执行【OSPF[process-id|router-id router-id]】命令以启用 OSPF 进程，并进入 OSPF 视图。

② 执行 OSPF 命令时，若不输入 OSPF 进程编号（proccess-id）的值，则进程编号的默认取值为 1。

③ 在 OSPF 视图中，需要根据网络规划指定运行 OSPF 协议的接口及这些接口所在的区域。执行【area area-id】命令并创建区域，进入区域视图后执行【network address wildcard-mask】命令指定 OSPF 协议的接口，其中，wildcard-mask 为通配符掩码，addresss 与 wildcard-mask 合在一起时，表示的是一个由若干个 IP 地址组成的集合，这个集合中的任何一个 IP 地址都满足且只需要满足条件：如果 wildcard-mask 中某一个比特位的取值为 0，那么该 IP 地址中的对应比特位的取值必须与 addresss 中对应的比特位的取值相同。配置命令如下。

```
[R1]ospf 1                                  //创建进程号为 1 的 OSPF 进程
[R1-ospf-1]area 0                           //进入 OSPF 区域 0，区域未创建时，OSPF 进程会自动创建
[R1-ospf-1-area-0.0.0.0]network 192.168.1.0 0.0.0.255 //宣告网段 192.168.1.0/24
[R1-ospf-1-area-0.0.0.0]network 20.20.20.0 0.0.0.255
[R1-ospf-1-area-0.0.0.0]network 30.30.30.0 0.0.0.255
```

（2）在 R2 上配置 OSPF 路由，配置命令如下。

```
[R2]ospf 1
[R2-ospf-1]area 0
[R2-ospf-1-area-0.0.0.0]network 172.16.1.0 0.0.0.255
[R2-ospf-1-area-0.0.0.0]network 20.20.20.0 0.0.0.255
[R2-ospf-1-area-0.0.0.0]network 40.40.40.0 0.0.0.255
```

（3）在 R3 上配置 OSPF 路由，配置命令如下。

```
[R3]ospf 1
[R3-ospf-1]area 0
[R3-ospf-1-area-0.0.0.0]network 10.10.10.0 0.0.0.255
[R3-ospf-1-area-0.0.0.0]network 40.40.40.0 0.0.0.255
[R3-ospf-1-area-0.0.0.0]network 30.30.30.0 0.0.0.255
```

任务验证

（1）在 R1 上使用【display ospf interface】命令查看 OSPF 的配置，配置命令如下。

```
[R1]display ospf interface

  OSPF Process 1 with Router ID 192.168.1.1
   Interfaces

 Area: 0.0.0.0          (MPLS TE not enabled)
 IP Address      Type        State    Cost    Pri   DR             BDR
 192.168.1.1     Broadcast    DR       1       1    192.168.1.1     0.0.0.0
```

```
20.20.20.1      Broadcast    DR       1       1     20.20.20.1      20.20.20.2
30.30.30.1      Broadcast    DR       1       1     30.30.30.1      30.30.30.3
```

可以看到，R1 在 3 个接口上都运行了 OSPF。“Type”为以太网默认的广播网类型。“State”为该接口当前的状态，显示为 DR 状态。

（2）在 R2 上使用【display ospf interface】命令查看 OSPF 的配置，配置命令如下。

```
[R2]display ospf interface

    OSPF Process 1 with Router ID 172.16.1.2
        Interfaces

 Area: 0.0.0.0          (MPLS TE not enabled)
 IP Address      Type         State    Cost    Pri   DR              BDR
 172.16.1.2      Broadcast    DR       1       1     172.16.1.2      0.0.0.0
 20.20.20.2      Broadcast    BDR      1       1     20.20.20.1      20.20.20.2
40.40.40.2      Broadcast    DR       1       1     40.40.40.2      40.40.40.3
```

可以看到，R2 在 3 个接口上都运行了 OSPF。

（3）在 R3 上使用【display ospf interface】命令查看 OSPF 的配置，配置命令如下。

```
[R3]display ospf interface

    OSPF Process 1 with Router ID 10.10.10.3
        Interfaces

 Area: 0.0.0.0          (MPLS TE not enabled)
 IP Address      Type         State    Cost    Pri   DR              BDR
 10.10.10.3      Broadcast    DR       1       1     10.10.10.3      0.0.0.0
 40.40.40.3      Broadcast    BDR      1       1     40.40.40.2      40.40.40.3
 30.30.30.3      Broadcast    BDR      1       1     30.30.30.1      30.30.30.3
```

可以看到，R3 在 3 个接口上都运行了 OSPF。

（4）在 R1 上使用【display ospf peer】命令查看 OSPF 邻居关系建立情况，配置命令如下。

```
[R1]display ospf peer

    OSPF Process 1 with Router ID 192.168.1.1
        Neighbors

 Area 0.0.0.0 interface 20.20.20.1(GigabitEthernet0/0/1)'s neighbors
 Router ID: 172.16.1.2        Address: 20.20.20.2
   State: Full  Mode:Nbr is  Slave  Priority: 1
   DR: 20.20.20.1  BDR: 20.20.20.2  MTU: 0
   Dead timer due in 32  sec
   Retrans timer interval: 5
   Neighbor is up for 00:06:46
   Authentication Sequence: [ 0 ]

   Neighbors
```

```
Area 0.0.0.0 interface 30.30.30.1(GigabitEthernet0/0/2)'s neighbors
Router ID: 10.10.10.3       Address: 30.30.30.3
  State: Full  Mode:Nbr is  Slave  Priority: 1
  DR: 30.30.30.1  BDR: 30.30.30.3  MTU: 0
  Dead timer due in 36  sec
  Retrans timer interval: 5
  Neighbor is up for 00:06:27
  Authentication Sequence: [ 0 ]
```

可以看到，R1 通过 G0/0/1 接口与 R2 建立了邻居关系，通过 G0/0/2 接口与 R3 建立了邻居关系。

（5）在 R1 上使用【display ip routing-table protocol ospf】命令查看 OSPF 协议的路由信息，配置命令如下。

```
[R1]display ip routing-table protocol ospf
Route Flags: R - relay, D - download to fib
------------------------------------------------------------------------------
Public routing table : OSPF
        Destinations : 3        Routes : 4

OSPF routing table status : <Active>
        Destinations : 3        Routes : 4

Destination/Mask    Proto   Pre  Cost      Flags NextHop         Interface

10.10.10.0/24  OSPF    10   2           D   30.30.30.3      GigabitEthernet0/0/2
40.40.40.0/24  OSPF    10   2           D   20.20.20.2      GigabitEthernet0/0/1
               OSPF    10   2           D   30.30.30.3      GigabitEthernet0/0/2
172.16.1.0/24  OSPF    10   2           D   20.20.20.2      GigabitEthernet0/0/1

OSPF routing table status : <Inactive>
        Destinations : 0        Routes : 0
```

可以看到，“Destination/Mask”标识了目的网段的前缀及掩码，“Proto”标识的此路由信息是通过 OSPF 协议获取的，“Pre”标识了路由优先级，“Cost”标识了开销值，“NextHop”标识了下一跳 IP 地址，“Interface”标识了此前缀的出接口。

任务 7-3 配置计算机的 IP 地址

任务描述

根据表 7-1 为各计算机配置 IP 地址。

任务实施

PC1 的 IP 地址配置结果和 PC2 的 IP 地址配置结果如图 7-7 和图 7-8 所示。同理，完成 PC3 的 IP 地址配置。

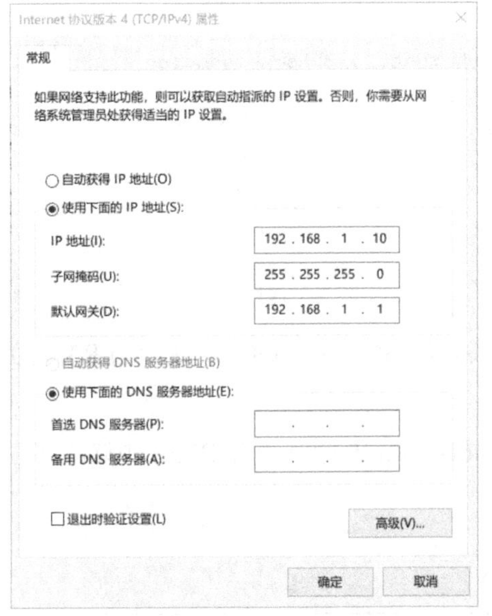

图 7-7　PC1 的 IP 地址配置结果

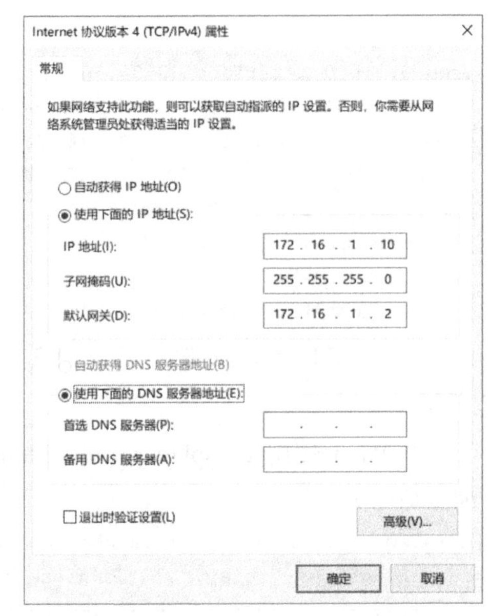

图 7-8　PC2 的 IP 地址配置结果

任务验证

（1）在 PC1 上使用【ipconfig /all】命令查看 IP 地址，配置命令如下。

```
PC1>ipconfig /all

本地连接:

   连接特定的 DNS 后缀 . . . . . . . :
   描述. . . . . . . . . . . . . . . : Realtek USB GbE Family Controller
   物理地址. . . . . . . . . . . . . : 54-89-97-CA-03-58
   DHCP 已启用 . . . . . . . . . . . : 否
   自动配置已启用. . . . . . . . . . : 是
   IPv4 地址 . . . . . . . . . . . . : 192.168.1.1(首选)
   子网掩码  . . . . . . . . . . . . : 255.255.255.0
   默认网关. . . . . . . . . . . . . :
   TCPIP 上的 NetBIOS  . . . . . . . : 已启用
```

可以看到，PC1 已经配置了 IP 地址。

（2）在其他计算机上同样使用【ipconfig/all】命令查看 IP 地址。

项目验证

扫一扫，
看微课

通过【ping】命令测试各部门的内部通信情况。

（1）使用 PC1 Ping PC2，配置命令如下。

```
PC>ping 172.16.1.10

Ping 172.16.1.10: 32 data bytes, Press Ctrl_C to break
From 172.16.1.10: bytes=32 seq=1 ttl=126 time=16 ms
From 172.16.1.10: bytes=32 seq=2 ttl=126 time=31 ms
From 172.16.1.10: bytes=32 seq=3 ttl=126 time=31 ms
```

```
From 172.16.1.10: bytes=32 seq=4 ttl=126 time=32 ms
From 172.16.1.10: bytes=32 seq=5 ttl=126 time=31 ms

--- 172.16.1.10 ping statistics ---
  5 packet(s) transmitted
  5 packet(s) received
  0.00% packet loss
  round-trip min/avg/max = 16/28/32 ms
```

结果显示，北京总部和上海分部之间通过 OSPF 路由学习，实现了相互通信。

（2）使用 PC1 Ping PC3，配置命令如下。

```
PC1>ping 10.10.10.10

Ping 10.10.10.10: 32 data bytes, Press Ctrl_C to break
From 10.10.10.10: bytes=32 seq=1 ttl=126 time=16 ms
From 10.10.10.10: bytes=32 seq=2 ttl=126 time=31 ms
From 10.10.10.10: bytes=32 seq=3 ttl=126 time=16 ms
From 10.10.10.10: bytes=32 seq=4 ttl=126 time=31 ms
From 10.10.10.10: bytes=32 seq=5 ttl=126 time=31 ms

--- 10.10.10.10 ping statistics ---
  5 packet(s) transmitted
  5 packet(s) received
  0.00% packet loss
  round-trip min/avg/max = 16/25/31 ms
```

结果显示，北京总部和广州分部之间通过 OSPF 路由学习，实现了相互通信。

项目拓展

一、理论题

1．OSPF 默认的开销基于（　　）。

A．跳数　　B．带宽　　C．流量　　D．效率

2．（多选）指定路由器（Designate Router，DR）和备份指定路由器（Backup Designate Router，BDR）适用于（　　）。

A．广播网络　　B．非广播多路访问网络

C．组播网络　　D．单播网络

3．两台路由器建立 OSPF 邻居关系建立之后，可以使用（　　）命令查看对端是否成为 DR 设备。

A．display ospf interface　　B．display current-configuration

C．display ospf peer　　D．display ip routing-table

4．（多选）在 OSPF 协议中，如果想使两台路由器成为邻居，那么其建立条件是（　　）。

A．Router ID 相同　　B．Area ID 相同

C．IP 网段相同　　D．设备接口 ID 相同

5．OSPF 协议完成邻接关系的建立之后，通过（　　）消息类型维护 OSPF 邻居关系。

A．Link State Request　　B．Link State Ack

C．Database Description　　D．Hello

二、项目实训题

1．实训题背景

现在公司的网络中有 3 台路由器，公司要求通过动态路由协议 OSPF 实现各计算机之间的相互通信。实训拓扑图如图 7-9 所示。

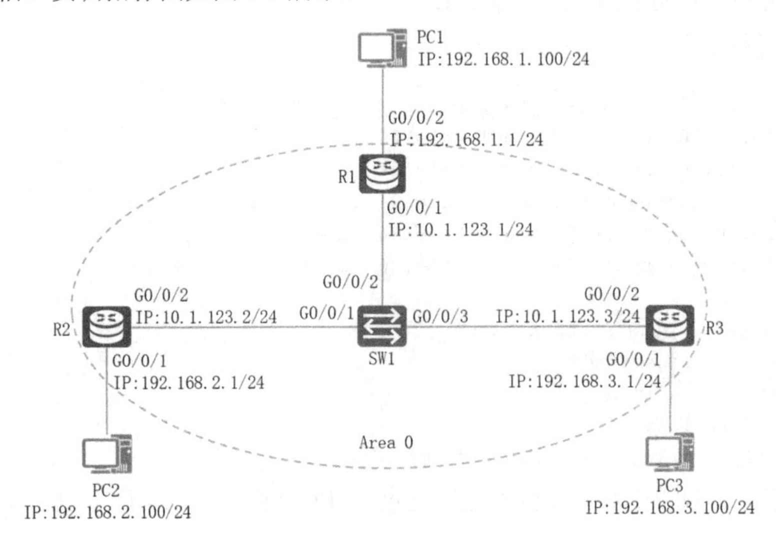

图 7-9　实训拓扑图

2．实训规划表

根据项目背景信息、实训拓扑图信息及项目规划设计完成表 7-3 和表 7-4 所示的实训题规划表。

表 7-3　IP 地址规划表 2

设备	接口	IP 地址	网关

表 7-4　接口规划表 2

本端设备	本端接口	对端设备	对端接口

3．实训要求

（1）根据表 7-3 完成各路由器接口的 IP 地址及计算机的 IP 地址配置。

（2）在各路由器上创建并运行 OSPF，创建区域并进入 OPSF 区域视图，指定运行 OSPF 协议的接口和接口所属的区域。

（3）根据以上要求完成配置，按照以下实验验证命令并截图保存。

① 在各路由器上使用【display ip interface brief】命令查看接口的 IP 地址信息。

② 在各路由器上使用【display ospf interface】命令查看 OSPF 的配置。

③ 在 R1 上使用【display ospf peer brief】命令查看 R1 的邻居信息表。

④ 在 PC1 上使用【ping】命令测试它与其他计算机的通信。

项目 8

多部门 VLAN 基于单臂路由的互联部署

项目描述

Jan16 公司的财务部和技术部有多台计算机，它们使用一台二层交换机进行互联，为方便管理和隔离广播，在交换机上为两个部门划分了 VLAN10 和 VLAN20。现因业务需要，两个部门之间需要实现相互通信。网络拓扑图如图 8-1 所示。项目具体要求如下。

（1）公司将使用一台路由器连接交换机，并通过 R1 的单臂路由功能实现两个部门间的相互通信。

（2）计算机和路由器的 IP 地址与接口信息如图 8-1 所示。

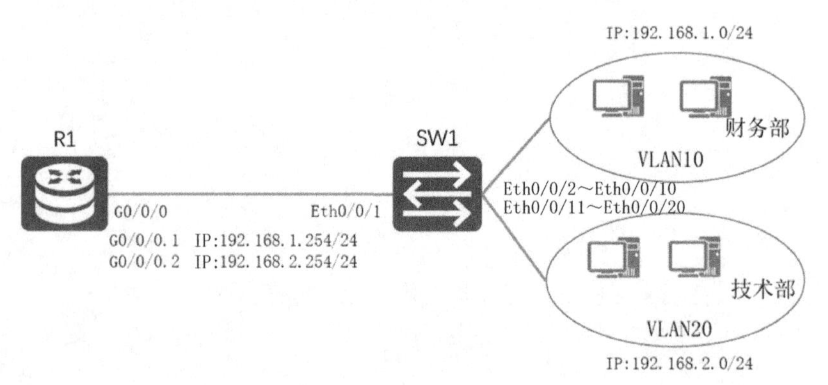

图 8-1 网络拓扑图

相关知识

通过前面的学习，我们应该已经清楚了 VLAN 的概念。我们知道，属于同一个 VLAN 的计算机之间是可以进行二层通信的，但属于不同 VLAN 的计算机之间无法进行二层通信。为此，本项目将介绍 VLAN 间路由技术。

VLAN 虽然可以减少网络中的广播，提高网络安全性能，但无法实现网络内部的所有主机之间的相互通信，我们可以通过路由器或三层交换机来实现属于不同 VLAN 的计算机之间的三层通信，这就是 VLAN 间路由。

1．VLAN 间二层通信的局限性

如图 8-2 所示，VLAN 隔离了二层广播域，即隔离了各个 VLAN 之间的任何二层流量，因此，不同 VLAN 之间的用户不能进行二层通信。

由于不同 VLAN 之间的主机是无法实现二层通信的，因此必须通过三层路由才能将报文从一个 VLAN 转发到另外一个 VLAN，实现跨 VLAN 通信。实现 VLAN 间通信的方法主要有 3 种：多臂路由、单臂路由和三层交换。

2．多臂路由与单臂路由

（1）多臂路由。

如图 8-3 所示，在路由器上为每个 VLAN 分配一个单独的接口，并将这些接口连接到二层交换机上。当 VLAN 间的主机需要通信时，数据会经由路由器进行路由，并被转发到目标 VLAN 内的主机，这样就可以实现 VLAN 之间的相互通信。然而，随着每个交换机上 VLAN 数量的增加，这样做必然需要大量的路由器接口，而路由器的接口数量是极其有限的。并且，某些 VLAN 之间的主机可能不需要频繁进行通信，如果这样配置的话，那么会导致路由器的接口利用率很低。因此，在实际应用中一般不会采用多臂路由来解决 VLAN 间的通信问题。

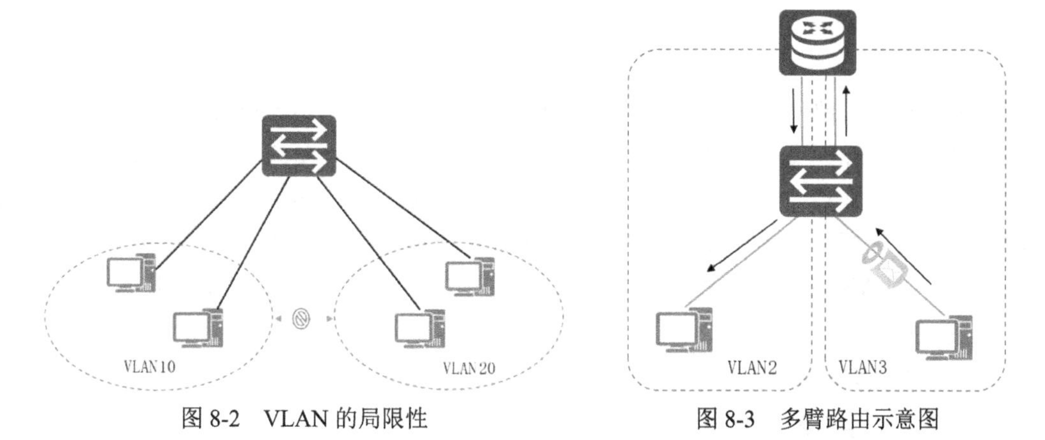

图 8-2　VLAN 的局限性　　图 8-3　多臂路由示意图

（2）单臂路由。

如图 8-4 所示，交换机和路由器之间仅使用一条物理链路连接。在交换机上，把连接到路由器的端口配置成 Trunk 模式的端口，并允许相关 VLAN 的帧通过。在路由器上创建子接口（Sub-Interface），逻辑上把连接路由器的物理链路分成了多条链路（每个子接口对应一个 VLAN）。这些子接口的 IP 地址各不相同，每个子接口的 IP 地址应该被配置为该子接口所对应 VLAN 的默认网关地址。因为子接口是一个逻辑上的概念，所以子接口也常常被称为虚接口。配置子接口时，需要注意以下几点。

① 必须为每个子接口分配一个 IP 地址。该 IP 地址与子接口所属的 VLAN 位于同一个网段。

② 需要在子接口上配置 802.1Q 封装。

③ 在子接口上执行【arp broadcast enable】命令，启用子接口的 ARP 广播功能。如图 8-4 所示，PC1 发送数据给 PC2 时，路由器 R1 会通过 G0/0/1.1 子接口收到此数据，并查找路由表，将数据从 G0/0/1.2 子接口发送给 PC2，这样就实现了 VLAN2 和 VLAN3 之间的主机通信。

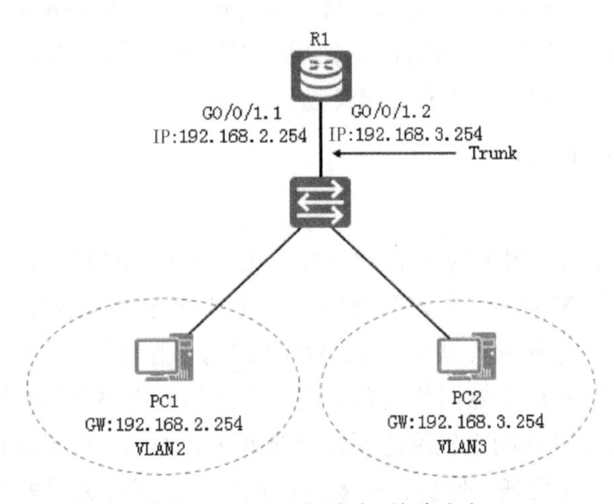

图 8-4　VLAN 间路由-单臂路由

项目规划设计

财务部和技术部分别属于 VLAN10 和 VLAN20，使用 192.168.1.0/24 和 192.168.2.0/24 网段。二层交换机的 VLAN 之间是无法通信的，可以通过增加一台路由器并配置相应 VLAN 子接口的方式实现 VLAN 间的通信。现需要在 R1 上创建子接口并将其绑定到相应的 VLAN，VLAN 内部的计算机配置网关指向子接口的 IP 地址即可。同时，R1 和 SW1 之间的通道需要传输多个 VLAN 的数据，故需要将 SW1 连接路由器的端口配置为 Trunk 模式。

配置步骤如下。

（1）配置交换机端口。

（2）配置路由器的单臂路由。

（3）配置计算机的 IP 地址。

IP 地址规划表 1 和端口规划表 1 如表 8-1 和表 8-2 所示。

表 8-1　IP 地址规划表 1

设备	接口	IP 地址	网关
R1	G0/0/0.1	192.168.1.254	—
R1	G0/0/0.2	192.168.2.254	—
财务部 PC1	Eth0/0/1	192.168.1.1	192.168.1.10
技术部 PC2	Eth0/0/1	192.168.2.1	192.168.2.10

表 8-2　端口规划表 1

本端设备	本端端口	对端设备	对端端口
R1	G0/0/0	SW1	Eth0/0/1
SW1	Eth0/0/1	R1	G0/0/0
SW1	Eth0/0/2	财务部 PC1	—
SW1	Eth0/0/11	技术部 PC2	—

项目实施

扫一扫，
看微课

任务 8-1　配置交换机端口

任务描述

根据图 8-1 对交换机的端口进行配置。

任务实施

在 SW1 上为各部门创建相应的 VLAN，将端口划分到相应的 VLAN，配置命令如下。

```
[Huawei]system-view                         //进入系统视图
[Huawei]sysname SW1                         //将交换机名称更改为 SW1
[SW1]vlan batch 10 20                       //批量创建 VLAN10、VLAN20
//将端口 Eth0/0/2~Eth0/0/10 组成一个端口组
[SW1] port-group group-member Eth0/0/2 to Eth0/0/10
[SW1-port-group]port link-type access       //在端口组视图下批量修改端口类型为 Access 模式
[SW1-port-group]port default vlan 10        //在端口组视图下将端口批量指定给对应的 VALN10
[SW1-port-group]quit                        //退出端口组视图
//将端口 Eth0/0/11~Eth0/0/20 组成一个端口组
[SW1] port-group group-member Eth0/0/11 to Eth0/0/20
[SW1-port-group]port link-type access       //在端口组视图下批量修改端口类型为 Access 模式
[SW1-port-group]port default vlan 20        //在端口组视图下将端口批量指定给对应的 VALN20
[SW1-port-group]quit                        //退出端口组视图
[SW1]interface Eth0/0/1                     //进入 Eth0/0/1 端口
[SW1-Ethernet0/0/1]port link-type trunk //将端口类型转换为 Trunk 模式
[SW1-Ethernet0/0/1]port trunk allow-pass vlan 10 20 //端口允许 VLAN10、VLAN20 通过
```

任务验证

在 SW1 上使用【display port vlan】命令检查 VLAN 和端口的配置情况，配置命令如下。

```
[SW1]display port vlan
Port                    Link Type    PVID  Trunk VLAN List
-------------------------------------------------------------------------------
Ethernet0/0/1            trunk         1     - 1 10 20
Ethernet0/0/2            access        10    -
Ethernet0/0/3            access        10    -
Ethernet0/0/4            access        10    -
Ethernet0/0/5            access        10    -
Ethernet0/0/6            access        10    -
Ethernet0/0/7            access        10    -
```

```
Ethernet0/0/8          access      10    -
Ethernet0/0/9          access      10    -
Ethernet0/0/10         access      10    -
Ethernet0/0/11         access      20    -
Ethernet0/0/12         access      20    -
省略部分内容……
```

可以看到,Eth0/0/1 的端口类型为 Trunk 模式,允许 VLAN1(默认)、VLAN10 和 VLAN20 通过。Eth0/0/2～Eth0/0/10 的端口类型为 Access 模式，端口 PVID 为 10。

任务 8-2　配置路由器的单臂路由

任务描述

根据表 8-1 为路由器各接口配置 IP 地址。

任务实施

在 R1 的以太网接口上建立子接口，分别新建两个子接口，为两个子接口配置 IP 地址并将其作为 VLAN 的网关，同时启动 802.1Q。

【interface g0/0/0.1】命令用来创建子接口，g0/0/0.1 代表物理接口 g0/0/0 内的逻辑接口通道。【dot1q termination vid】命令用来配置子接口 dot1q 封装的单层 VLAN ID。默认情况下，子接口没有配置 dot1q 封装的单层 VLAN ID。本命令执行成功后，终结子接口对报文的处理如下：接收报文时，剥掉报文中携带的 Tag 后进行三层转发。转发出去的报文是否携带 Tag 由出接口决定。发送报文时，将相应的 VLAN 信息添加到报文中再发送。【arp broadcast enable】命令用来启用子接口的 ARP 广播功能。默认情况下，终结子接口没有启用 ARP 广播功能。禁用子接口不能转发广播报文时，在收到广播报文后它将直接丢弃该报文。为了允许终结子接口能转发广播报文，可以在子接口上执行【arp broadcast enable】命令。配置命令如下。

```
<Huawei>system-view                                  //进入系统视图
[Huawei]sysname R1                                   //将路由器名称更改为 R1
[R1]interface G0/0/0.1                               //创建并进入 G0/0/0.1 子接口
[R1-GigabitEthernet0/0/0.1]dot1q termination vid 10  //配置子接口中的 VLAN ID 为 10
//配置 IP 地址为 192.168.1.254，子网掩码 24 位
[R1-GigabitEthernet0/0/0.1]ip address 192.168.1.254 24
[R1-GigabitEthernet0/0/0.1]arp broadcast enable      //开启 ARP 广播功能
[R1-GigabitEthernet0/0/0.1]quit                      //退出当前视图
[R1]interface G0/0/0.2
[R1-GigabitEthernet0/0/0.2]dot1q termination vid 20
[R1-GigabitEthernet0/0/0.2]ip address 192.168.2.254 24
[R1-GigabitEthernet0/0/0.2]arp broadcast enable
```

任务验证

（1）在 R1 上使用【display ip interface brief】命令查看子接口的 IP 地址信息，配置命令如下。

```
[R1]display ip interface brief
*down: administratively down
```

```
^down: standby
(l): loopback
(s): spoofing
The number of interface that is UP in Physical is 4
The number of interface that is DOWN in Physical is 2
The number of interface that is UP in Protocol is 3
The number of interface that is DOWN in Protocol is 3

Interface                    IP Address/Mask     Physical   Protocol
GigabitEthernet0/0/0           unassigned          up         down
GigabitEthernet0/0/0.1         192.168.1.254/24     up         up
GigabitEthernet0/0/0.2         192.168.2.254/24     up         up
GigabitEthernet0/0/1           unassigned          down       down
GigabitEthernet0/0/2           unassigned          down       down
NULL0                        unassigned          up         up(s)
```

可以看到，G0/0/0.1 和 G0/0/0.2 接口均被配置了 IP 地址。

（2）在 R1 上使用【display ip routing-table】命令查看路由表的配置信息，配置命令如下。

```
[R1]display ip routing-table
Route Flags: R - relay, D - download to fib
------------------------------------------------------------------------------
Routing Tables: Public
       Destinations : 10       Routes : 10

Destination/Mask    Proto   Pre  Cost    Flags NextHop         Interface


127.0.0.0/8         Direct  0    0         D   127.0.0.1       InLoopBack0
127.0.0.1/32        Direct  0    0         D   127.0.0.1       InLoopBack0
127.255.255.255/32  Direct  0    0         D   127.0.0.1       InLoopBack0
192.168.1.0/24      Direct  0    0         D   192.168.1.254   GigabitEthernet0/0/0.1
192.168.1.254/32    Direct  0    0         D   127.0.0.1       GigabitEthernet0/0/0.1
192.168.1.255/32    Direct  0    0         D   127.0.0.1       GigabitEthernet0/0/0.1
192.168.2.0/24      Direct  0    0         D   192.168.2.254   GigabitEthernet0/0/0.2
192.168.2.254/32    Direct  0    0         D   127.0.0.1       GigabitEthernet0/0/0.2
192.168.2.255/32    Direct  0    0         D   127.0.0.1       GigabitEthernet0/0/0.2
255.255.255.255/32  Direct  0    0         D   127.0.0.1       InLoopBack0
```

可以看到，G0/0/0.1 和 G0/0/0.2 接口的直连路由均已经生效。

任务 8-3　配置计算机的 IP 地址

任务描述

根据表 8-1 为各计算机配置 IP 地址。

任务实施

财务部 PC1 的 IP 地址配置结果如图 8-5 所示。同理，完成技术部 PC2 的 IP 地址配置，结果如图 8-6 所示。

图 8-5　财务部 PC1 的 IP 地址配置结果

图 8-6　技术部 PC2 的 IP 地址配置结果

任务验证

（1）在财务部 PC1 上使用【ipconfig】命令查看 IP 地址，配置命令如下。

```
PC1>ipconfig     //显示本机 IP 地址配置的信息

本地连接:

   连接特定的 DNS 后缀 . . . . . . . :
   IPv4 地址 . . . . . . . . . . . . : 192.168.1.1(首选)
   子网掩码  . . . . . . . . . . . . : 255.255.255.0
   默认网关. . . . . . . . . . . . . :
```

可以看到，PC1 已经被配置了 IP 地址。

（2）在其他计算机上同样使用【ipconfig】命令查看 IP 地址。

扫一扫，
看微课

项目验证

通过【ping】命令测试各部门的内部通信情况。使用财务部 PC1 Ping 技术部 PC2，配置命令如下。

```
PC>ping 192.168.2.1

Ping 192.168.2.1: 32 data bytes, Press Ctrl_C to break
From 192.168.2.1: bytes=32 seq=1 ttl=127 time=78 ms
From 192.168.2.1: bytes=32 seq=2 ttl=127 time=78 ms
From 192.168.2.1: bytes=32 seq=3 ttl=127 time=78 ms
From 192.168.2.1: bytes=32 seq=4 ttl=127 time=79 ms
From 192.168.2.1: bytes=32 seq=5 ttl=127 time=78 ms

--- 192.168.2.1 ping statistics ---
  5 packet(s) transmitted
```

```
5 packet(s) received
0.00% packet loss
round-trip min/avg/max = 78/78/79 ms
```

结果显示，财务部 PC1 通过路由器的单臂路由功能实现与技术部 PC2 的相互通信。

项目拓展

一、理论题

1.（多选）实现 VLAN 间通信的方法主要有（　　）。

A．多臂路由技术　　B．单臂路由技术

C．三层交换技术　　D．二层交换技术

2．在部署单臂路由时，需要在交换机上将连接到路由器的端口配置成（　　）类型的端口，并允许相关 VLAN 的帧通过。

A．Access　　B．Trunk

C．Hybrid　　D．TCP

3．如图 8-7 所示，两台主机通过单臂路由实现 VLAN 间通信，当 R1 的 G0/0/0.1 子接口收到 PC1 发送给 PC2 的数据帧时，R1 将执行的操作是（　　）。

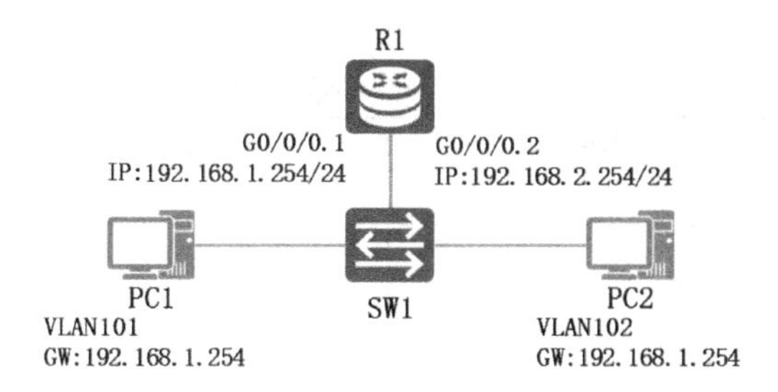

图 8-7　项目拓扑图

A．R1 将数据帧通过 G0/0/0.2 子接口直接转发出去

B．R1 删除 VLAN 标签 101 后，将数据帧由 G0/0/0.2 接口发送出去

C．R1 将丢弃该数据帧

D．R1 先删除 VLAN 标签 101，然后添加 VLAN 标签 102，最后将数据帧由 G0/0/0.2 接口发送出去

二、项目实训题

1．实训题背景

企业内部网络（以下简称“内网”）通常会通过划分不同的 VLAN 来隔离不同部门之间的二层通信，并确保各部门间的信息安全。但由于业务需要，部分部门之间需要跨 VLAN 实现通信，网络管理员决定借助路由器，通过单臂路由技术实现部门之间的通信。实训拓扑图如图 8-8 所示。

2．实训规划

根据项目背景信息、实训拓扑图信息及项目规划设计完成表 8-3 和表 8-4 所示的实训题规划表。

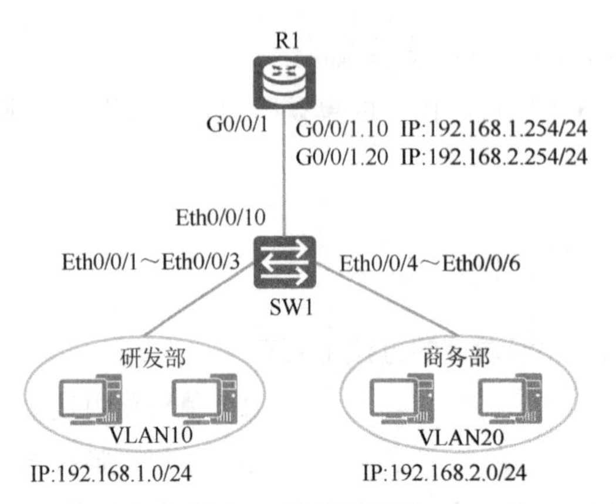

图 8-8　实训拓扑图

表 8-3　IP 地址规划表 2

设备	接口	IP 地址	网关

表 8-4　端口规划表 2

本端设备	本端端口	对端设备	对端端口

3．实训要求

（1）根据图 8-8 在 SW1 上为各部门创建相应的 VLAN，将端口划分到相应的 VLAN。

（2）根据表 8-3 完成路由器接口的 IP 地址配置。

（3）根据表 8-3 完成各部门计算机的 IP 地址配置。

（4）根据以上要求完成配置，按照以下实验验证命令并截图保存。

① 在 SW1 上使用【display port vlan】命令检查 VLAN 和端口的配置情况。

② 在路由器上使用【display ip interface brief】命令检查接口的 IP 地址配置情况。

③ 使用【ping】命令测试各部门计算机之间的通信。

项目 9

多部门 VLAN 基于三层交换的互联部署

项目描述

Jan16 公司现有财务部和技术部两个部门，它们使用一台三层交换机进行互联。为方便管理，要求为各部门创建相应的 VLAN，并实现 VLAN 间通信。网络拓扑图如图 9-1 所示。项目具体要求如下。

（1）SW1 为财务部创建了 VLAN10，为技术部创建了 VLAN20。

（2）财务部的 4 台计算机连接在 G0/0/1～G0/0/4 端口，技术部的 9 台计算机连接在 G0/0/5～G0/0/10 端口。

（3）启用交换机的三层路由功能，实现部门间的相互通信。

（4）拓扑测试计算机和交换机的接口信息如图 9-1 所示。

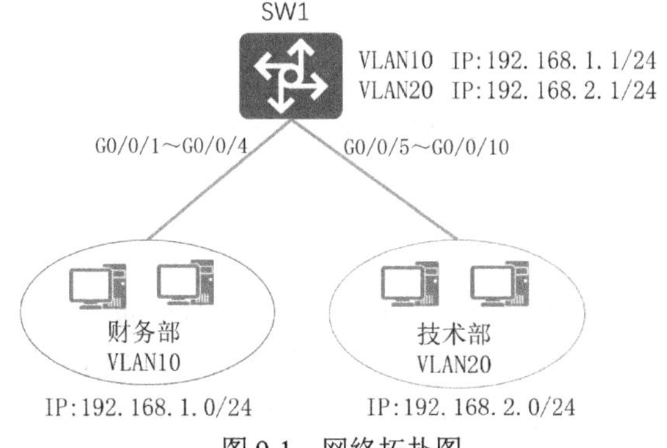

图 9-1　网络拓扑图

相关知识

三层交换

相对于多臂路由，单臂路由可以节约路由器的接口资源，但当 VLAN 数量较多、VLAN

间的通信流量很大时，单臂链路所能提供的带宽就有可能无法支撑这些通信流量了。而三层交换设备较好地解决了接口数量和交换带宽问题。

三层交换技术是在交换机中引入路由模块而取代“路由器+二层交换机”的网络技术，这种集成了三层数据包转发功能的交换机被称为三层交换机。三层交换机中每个 VLAN 对应一个 IP 网段，VLAN 之间还是隔离的，但不同 IP 网段之间的访问就要跨越 VLAN，它需要使用三层转发引擎提供的 VLAN 间路由功能来实现。该第三层转发引擎相当于传统组网中的路由器，当需要与其他 VLAN 通信时，要在三层交换引擎上分配一个路由接口（逻辑接口 VLANIF），将其作为 VLAN 的网关。

三层交换机本身提供了路由功能，因此它不需要借助路由器来转发不同 VLAN 间的流量。三层交换机本身就拥有大量的高速端口，它可以直接连接大量的终端设备。因此，一台三层交换机就可以实现将终端隔离在不同的 VLAN 中，同时为这些终端提供 VLAN 间路由的功能。

如图 9-2 所示，在三层交换机上配置 VLANIF 接口来实现 VLAN 间路由。如果网络上有多个 VLAN，那么需要给每个 VLAN 配置一个 VLANIF 接口，并给每个 VLANIF 接口配置一个 IP 地址。用户设置的默认网关就是三层交换机中 VLANIF 接口的 IP 地址。

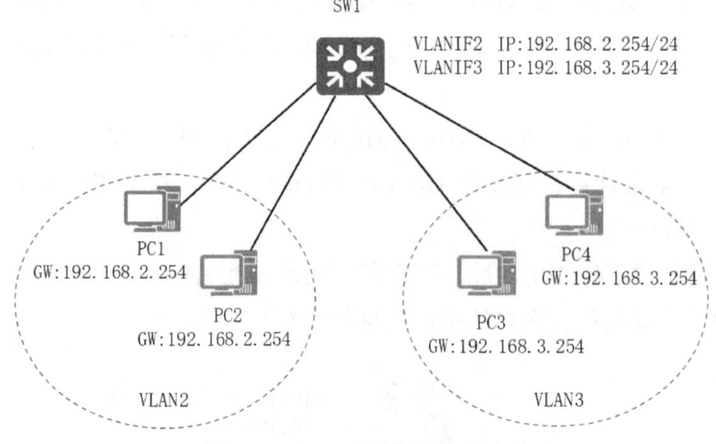

图 9-2 VLAN 间路由-三层交换

项目规划设计

三层交换机可以通过创建VLANIF的方式实现VLAN间的通信。在交换机中创建的VLAN10和 VLAN20，分别用于财务部计算机和技术部计算机接入，VLAN10 使用 192.168.1.0/24 网段，VLAN20 使用 192.168.2.0/24 网段。在交换机中创建 VLAN10 和 VLAN20 的 VLANIF 接口，并配置对应的 IP 地址作为计算机的网关，即可实现 VLAN 间的通信。

配置步骤如下。

（1）在交换机上创建 VLAN。

（2）将端口划分到相应的 VLAN。

（3）配置 VLANIF 接口的 IP 地址。

（4）配置计算机的 IP 地址。

VLAN 规划表 1、端口规划表 1 和 IP 地址规划表 1 如表 9-1～表 9-3 所示。

表 9-1　VLAN 规划表 1

VLAN ID	IP 地址段	用途
VLAN10	192.168.1.0/24	财务部
VLAN20	192.168.2.0/24	技术部

表 9-2　端口规划表 1

本端设备	本端端口	端口类型	所属 VLAN	对端设备
SW1	G0/0/1	Access	VLAN10	财务部 PC1
SW1	G0/0/5	Access	VLAN20	技术部 PC2

表 9-3　IP 地址规划表 1

设备	接口	IP 地址	网关
SW1	VLANIF10	192.168.1.1/24	—
SW1	VLANIF20	192.168.2.1/24	—
财务部 PC1	Eth0/0/1	192.168.1.10/24	192.168.1.1
技术部 PC2	Eth0/0/1	192.168.2.10/24	192.168.2.1

项目实施

扫一扫，看微课

任务 9-1　在交换机上创建 VLAN

任务描述

根据表 9-1 在交换机上创建 VLAN。

任务实施

在 SW1 上为各部门创建相应的 VLAN，配置命令如下。

```
[Huawei]system-view     //进入系统视图
[Huawei]sysname SW1     //将交换机名称更改为 SW1
[SW1]vlan 10            //创建 VLAN10
[SW1]vlan 20            //创建 VLAN20
```

任务验证

在 SW1 上使用【display vlan】命令查看 VLAN 信息，配置命令如下。

```
 <SW1>display vlan
The total number of vlans is : 3
--------------------------------------------------------------------------------
U: Up;         D: Down;         TG: Tagged;         UT: Untagged;
MP: Vlan-mapping;               ST: Vlan-stacking;
#: ProtocolTransparent-vlan;    *: Management-vlan;
--------------------------------------------------------------------------------

VID  Type    Ports
```

```
--------------------------------------------------------------------------------
1    common  UT:GE0/0/2(D)     GE0/0/3(D)     GE0/0/4(D)      GE0/0/6(D)
                GE0/0/7(D)     GE0/0/8(D)     GE0/0/9(D)      GE0/0/10(D)
                GE0/0/11(D)    GE0/0/12(D)    GE0/0/13(D)     GE0/0/14(D)
                GE0/0/15(D)    GE0/0/16(D)    GE0/0/17(D)     GE0/0/18(D)
                GE0/0/19(D)    GE0/0/20(D)    GE0/0/21(D)     GE0/0/22(D)
                GE0/0/23(D)    GE0/0/24(D)

10   common  UT:GE0/0/1(U)

20   common  UT:GE0/0/5(U)


VID  Status  Property     MAC-LRN Statistics Description
--------------------------------------------------------------------------------

1    enable  default      enable  disable    VLAN 0001
10   enable  default      enable  disable    VLAN 0010
20   enable  default      enable  disable    VLAN 0020
```

可以看到，SW1 上已经创建了 VLAN10 和 VLAN20。

任务 9-2　将端口划分到相应的 VLAN

任务描述

根据表 9-2 对交换机上对应的端口进行配置。

任务实施

将各部门计算机所使用的端口类型转换为 Access 模式，并设置端口的 PVID，将端口划分到相应的 VLAN，配置命令如下。

```
[SW1]interface GigabitEthernet 0/0/1                  //进入 G0/0/1 端口
[SW1-GigabitEthernet0/0/1]port link-type access       //修改端口类型为 Access 模式
[SW1-GigabitEthernet0/0/1]port default vlan 10        //配置端口的默认 VALN 为 VLAN10
[SW1]interface GigabitEthernet 0/0/5
[SW1-GigabitEthernet0/0/5]port link-type access
[SW1-GigabitEthernet0/0/5]port default vlan 20
```

任务验证

配置完成后，在 SW1 上使用【display port vlan】命令检查 VLAN 和端口配置情况，配置命令如下。

```
[SW1]display port vlan
Port                        Link Type    PVID  Trunk VLAN List
-------------------------------------------------------------------------------
GigabitEthernet0/0/1           access       10    -
GigabitEthernet0/0/2           access       1    -
GigabitEthernet0/0/3           access       1    -
GigabitEthernet0/0/4           access       1    -
GigabitEthernet0/0/5           access       20    -
```

```
GigabitEthernet0/0/6          access     1    -
GigabitEthernet0/0/7          access     1    -
GigabitEthernet0/0/8          access     1    -
GigabitEthernet0/0/9          access     1    -
GigabitEthernet0/0/10         access     1    -
GigabitEthernet0/0/11         hybrid     1    -
GigabitEthernet0/0/12         hybrid     1    -
省略部分内容……
```

可以看到，G0/0/1 端口的 PVID 为 10，G0/0/5 端口的 PVID 为 20。

任务 9-3 配置 VLANIF 接口的 IP 地址

任务描述

根据表 9-3 在交换机上创建逻辑接口并配置 IP 地址。

任务实施

在 SW1 上进行 VLAN 配置，配置命令如下。

```
[SW1]interface Vlanif 10                 //创建 VLANIF 接口并进入 VLANIF 接口视图
[SW1-Vlanif10]ip add 192.168.1.1 24      //配置 IP 地址为 192.168.1.1，子网掩码 24 位
[SW1]interface Vlanif 20
[SW1-Vlanif20]ip add 192.168.2.1 24
```

任务验证

在 SW1 上使用【display ip interface brief】命令查看 IP 地址配置信息，配置命令如下。

```
[SW1]display ip interface brief
*down: administratively down
^down: standby
(l): loopback
(s): spoofing
The number of interface that is UP in Physical is 3
The number of interface that is DOWN in Physical is 2
The number of interface that is UP in Protocol is 3
The number of interface that is DOWN in Protocol is 2

Interface                      IP Address/Mask      Physical   Protocol
MEth0/0/1                      unassigned           down       down
NULL0                          unassigned           up         up(s)
Vlanif1                        unassigned           down       down
Vlanif10                       192.168.1.1/24       up         up
Vlanif20                       192.168.2.1/24       up         up
```

可以看到，VLANIF10 和 VLANIF20 均已被配置了 IP 地址。

任务 9-4 配置计算机的 IP 地址

任务描述

根据表 9-3 为各计算机配置 IP 地址。

任务实施

财务部 PC1 的 IP 地址配置结果如图 9-3 所示。同理，完成技术部 PC2 的 IP 地址配置，如图 9-4 所示。

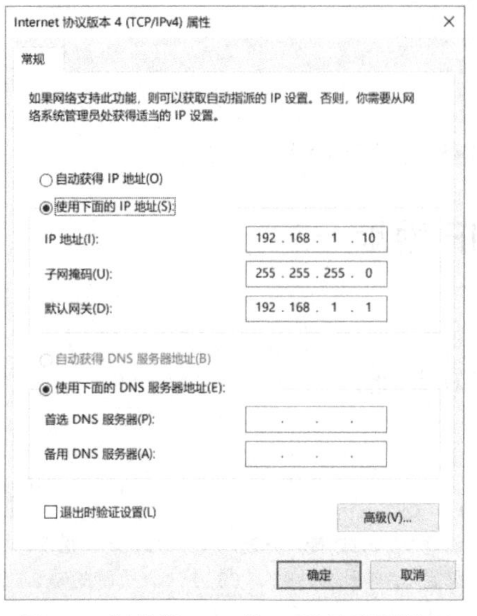

图 9-3　财务部 PC1 的 IP 地址配置结果

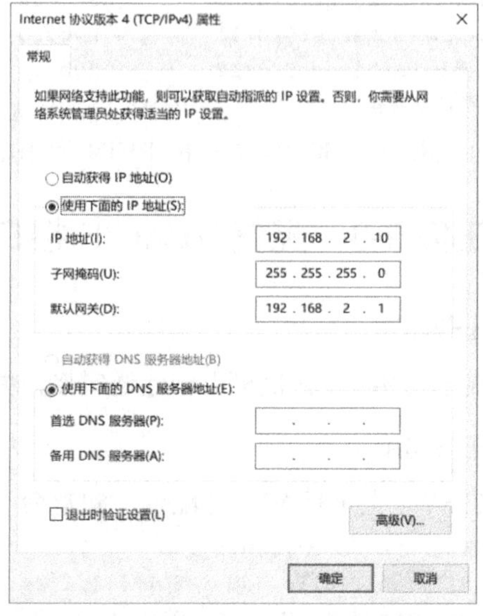

图 9-4　技术部 PC2 的 IP 地址配置结果

任务验证

（1）在财务部 PC1 上使用【ipconfig /all】命令查看 IP 地址，配置命令如下。

```
PC1>ipconfig /all

本地连接:

  连接特定的 DNS 后缀 . . . . . . . . . :
  描述. . . . . . . . . . . . . . . . . : Realtek USB GbE Family Controller
  物理地址. . . . . . . . . . . . . . . : 54-89-98-CA-03-58
  DHCP 已启用 . . . . . . . . . . . . . : 否
  自动配置已启用. . . . . . . . . . . . : 是
  IPv4 地址 . . . . . . . . . . . . . . : 192.168.1.10(首选)
  子网掩码 . . . . . . . . . . . . . . : 255.255.255.0
  默认网关. . . . . . . . . . . . . . . : 192.168.1.1
  TCPIP 上的 NetBIOS . . . . . . . . . : 已启用
```

可以看到，PC1 已配置了 IP 地址。

（2）在其他计算机上同样使用【ipconfig /all】命令查看 IP 地址。

项目验证

扫一扫，
看微课

（1）通过【ping】命令测试跨部门通信的情况。使用财务部 PC1 Ping 技术部 PC2，配置命令如下。

```
PC1>ping 192.168.2.10
```

```
Ping 192.168.2.10: 32 data bytes, Press Ctrl_C to break
From 192.168.2.10: bytes=32 seq=1 ttl=127 time=47 ms
From 192.168.2.10: bytes=32 seq=2 ttl=127 time=32 ms
From 192.168.2.10: bytes=32 seq=3 ttl=127 time=31 ms
From 192.168.2.10: bytes=32 seq=4 ttl=127 time=47 ms
From 192.168.2.10: bytes=32 seq=5 ttl=127 time=46 ms

--- 192.168.2.10 ping statistics ---
  5 packet(s) transmitted
  5 packet(s) received
  0.00% packet loss
  round-trip min/avg/max = 31/40/47 ms
```

结果显示，财务部VLAN和技术部VLAN通过交换机的三层交换功能实现了相互通信。

（2）使用技术部PC2 Ping财务部PC1，配置命令如下。

```
PC2>ping 192.168.1.10

Ping 192.168.1.10: 32 data bytes, Press Ctrl_C to break
From 192.168.1.10: bytes=32 seq=1 ttl=127 time=47 ms
From 192.168.1.10: bytes=32 seq=2 ttl=127 time=46 ms
From 192.168.1.10: bytes=32 seq=3 ttl=127 time=47 ms
From 192.168.1.10: bytes=32 seq=4 ttl=127 time=63 ms
From 192.168.1.10: bytes=32 seq=5 ttl=127 time=62 ms

--- 192.168.1.10 ping statistics ---
  5 packet(s) transmitted
  5 packet(s) received
  0.00% packet loss
  round-trip min/avg/max = 46/53/63 ms
```

结果显示，技术部VLAN和财务部VLAN通过交换机的三层交换功能实现了相互通信。

项目拓展

一、理论题

1．使用【vlan batch 10 20】命令和【vlan batch 10 to 20】命令分别能创建的VLAN数量是（　　）。

A．11和11　　B．2和11　　C．2和2　　D．11和2

2．三层交换机是根据（　　）对数据包进行转发的。

A．MAC地址　　B．IP地址　　C．端口号　　D．应用协议

3．以下设备中可以转发不同VLAN间通信的是（　　）。

A．二层交换机　　B．三层交换机

C．网络集线器　　D．生成树网桥

二、项目实训

1．实训题背景

在企业网络中，通过使用三层交换机可以简便地实现VLAN间通信。企业的网络管理

员需要在三层交换机上配置 VLANIF 接口的三层功能，才能实现如图 9-5 所示的 VLAN 间通信。

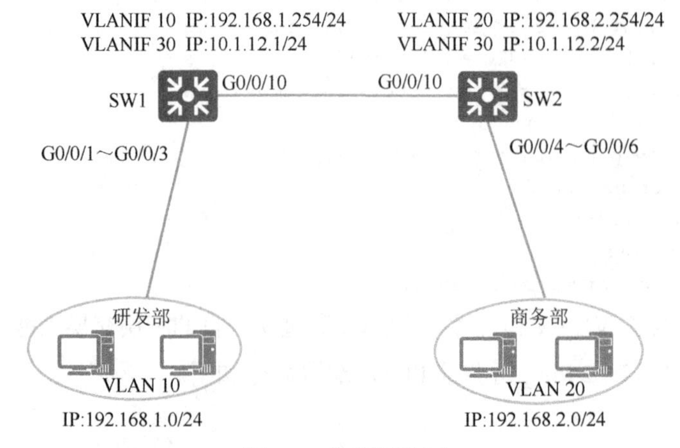

图 9-5 实训拓扑图

2．实训规划

根据项目背景信息、实训拓扑图信息及项目规划设计完成表 9-4～表 9-6 所示的实训题规划表。

表 9-4 VLAN 规划表 2

VLAN ID	IP 地址段	用途

表 9-5 端口规划表 2

本端设备	本端端口	端口类型	所属 VLAN	对端设备

表 9-6 IP 地址规划表 2

设备	接口	IP 地址	网关

3．实训要求

（1）根据图 9-5 及表 9-4～表 9-6 在 SW1 和 SW2 上创建 VLAN 信息，并将端口划分到相应的 VLAN。

（2）根据表 9-6 创建逻辑接口 VLANIF 并配置 IP 地址信息。

（3）根据表 9-6 配置各部门计算机的 IP 地址。

（4）各部门计算机不属于同一个网段，需要在三层交换机上配置静态路由。

（5）根据以上要求完成配置，按照以下实验验证命令并截图保存。

① 在交换机上使用【display port vlan】命令检查 VLAN 和端口的配置情况。

② 在交换机上使用【display ip interface brief】命令检查逻辑接口的 IP 地址配置情况。

③ 在交换机上使用【display ip routing-table】命令检查静态路由配置情况。

④ 在各部门计算机上使用【ping】命令测试计算机之间的通信。

项目 10

基于端口安全的开发部网络组建

项目描述

Jan16 公司的开发部为重要部门，该部门的所有员工都使用指定的计算机工作，为防止员工和访客使用个人计算机接入网络，将使用基于端口安全的策略组建开发部网络。网络拓扑图如图 10-1 所示。项目具体要求如下。

（1）开发部采用华为可网管交换机作为接入设备。

（2）出于数据安全的考虑，需要在交换机的端口上绑定指定计算机的 MAC 地址，防止非法计算机的接入。

（3）计算机的 IP 地址、MAC 地址和接入交换机的端口信息如图 10-1 所示。

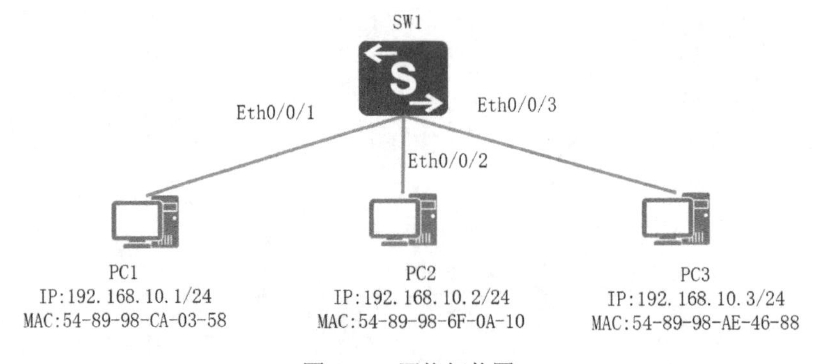

图 10-1　网络拓扑图

相关知识

1. ARP

IP 数据包通过以太网发送，但以太网设备并不能识别 IP 地址，以太网设备是以 MAC 地址传输的。因此，必须把目的 IP 地址转换成目的 MAC 地址。在以太网中，一个主机要和另一个主机进行直接通信，就必须要知道目的主机的 MAC 地址。

ARP（Address Resolution Protocol，地址解析协议）是网络层的协议，用于将 IP 地址解

析为对应的 MAC 地址。

2．ARP 的工作原理

每个主机都会在自己的 ARP 缓冲区中建立一个 ARP 列表，以记录 IP 地址和 MAC 地址之间的对应关系。

主机（网络接口）在新加入网络（也可能只是 MAC 地址发生变化，接口重启等）时，会发送 ARP 报文，将自己的 IP 地址与 MAC 地址的映射关系广播给其他主机。

网络上的主机接收到 ARP 报文时，会更新自己的 ARP 缓冲区，将新的映射关系更新到自己的 ARP 表中。具体工作过程如下。

（1）当源主机需要将一个数据包发送到目的主机时，会检查自己的 ARP 列表中是否存在该 IP 地址对应的 MAC 地址，若有，则直接将数据包发送到这个 MAC 地址；若没有，则向本地网段发起一个 ARP 请求的广播包，查询此目的主机对应的 MAC 地址。此 ARP 请求数据包中包括源主机的 IP 地址、硬件地址，以及目的主机的 IP 地址。

（2）网络中所有的主机都收到这个 ARP 请求后，会检查数据包中的目的 IP 地址是否和自己的 IP 地址一致。若不相同，则忽略此数据包；若相同，则该主机首先将发送端的 MAC 地址和 IP 地址添加到自己的 ARP 列表中，如果 ARP 列表中已经存在该 IP 地址的信息，那么将其覆盖，然后给源主机发送一个 ARP 响应数据包，告诉对方自己是它需要查找的 MAC 地址。

（3）源主机收到这个 ARP 响应数据包后，将得到的目的主机的 IP 地址和 MAC 地址添加到自己的 ARP 列表中，并利用此信息开始进行数据的传输。如果源主机一直没有收到 ARP 响应数据包，那么表示 ARP 查询失败。

3．ARP 报头结构

ARP 的报头结构如表 10-1 所示。

表 10-1　ARP 的报头结构

<table>
<tr><th colspan="2">硬件类型</th><th>协议类型</th></tr>
<tr><td>硬件地址长度</td><td>协议长度</td><td>操作类型</td></tr>
<tr><td colspan="3">源硬件地址（0～3 字节）</td></tr>
<tr><td colspan="2">源硬件地址（4～5 字节）</td><td>源 IP 地址（0～1 字节）</td></tr>
<tr><td colspan="2">源 IP 地址（2～3 字节）</td><td>目的硬件地址（0～1 字节）</td></tr>
<tr><td colspan="3">目的硬件地址（2～5 字节）</td></tr>
<tr><td colspan="3">目的 IP 地址（0～3 字节）</td></tr>
</table>

硬件类型：指明了发送方想知道的硬件接口类型，以太网的值为 1。

协议类型：指明了发送方提供的高层协议类型，IP 为 0800（16 进制）。

硬件地址长度和协议长度：指明了硬件地址和高层协议地址的长度，这样 ARP 报文就可以在任意硬件和任意协议的网络中使用。

操作类型：用来表示这个报文的类型，ARP 请求为 1，ARP 响应为 2，RARP 请求为 3，RARP 响应为 4。

源硬件地址（0～3 字节）：源主机硬件地址的前 3 字节。

源硬件地址（4～5 字节）：源主机硬件地址的后 3 字节。

源 IP 地址（0～1 字节）：源主机 IP 地址的前 2 字节。

源 IP 地址（2～3 字节）：源主机 IP 地址的后 2 字节。

目的硬件地址（0～1 字节）：目的主机硬件地址的前 2 字节。

目的硬件地址（2～5 字节）：目的主机硬件地址的后 4 字节。

目的 IP 地址（0～3 字节）：目的主机的 IP 地址。

4．端口安全

在对接入用户的安全性要求较高的网络中，可以配置端口安全功能，将端口学习到的 MAC 地址转换为安全 MAC 地址，端口学习到的最大 MAC 地址数量达到上限后不再学习新的 MAC 地址，只允许学习到 MAC 地址的设备通信。或者通过手动配置将端口和 MAC 地址一一对应。这样可以阻止其他非信任用户通过本端口和交换机通信，提高设备与网络的安全性。

端口安全一般应用在接入层设备，通过配置端口安全可以防止仿冒用户从其他端口发起攻击。在接入层交换机的每个端口都开启端口安全功能，并绑定接入用户的 MAC 地址与 VLAN 信息，当有非法用户通过已配置端口安全的端口接入网络时，交换机会查找对应的 MAC 地址映射表，若发现非法用户的 MAC 地址与表中的不符，则将数据包丢弃。

项目规划设计

MAC 地址是计算机的唯一物理标识，可以在交换机对应的端口上进行绑定，非绑定的 MAC 地址将无法接入网络中。查看 MAC 地址的方法有如下几种。

（1）在计算机中执行【ipconfig /all】命令即可查看本机的 MAC 地址。

（2）在计算机中执行【ARP -a】命令可以查看邻近计算机的 MAC 地址和 IP 地址。

（3）在交换机上执行【display mac-address】命令可以查看对应端口上的 MAC 地址。

在进行端口绑定时，需要查看两个信息，一个是计算机的 MAC 地址，另一个是计算机接入的端口。因此，可以先从计算机上查看本机的 MAC 地址，然后从交换机上查看 MAC 地址对应的端口，最后进行 MAC 地址和端口的绑定。配置步骤如下。

（1）登记交换机端口需要绑定的计算机 MAC 地址。

（2）开启交换机端口的端口安全功能并绑定终端的 MAC 地址。

端口规划表 1 和 IP 地址规划表 1 如表 10-2 和表 10-3 所示。

表 10-2　端口规划表 1

本端设备	本端端口	对端设备
SW1	E0/0/1	PC1
SW1	E0/0/2	PC2
SW1	E0/0/3	PC3

表 10-3　IP 地址规划表 1

设备	IP 地址	MAC 地址
PC1	192.168.10.1/24	54-89-98-CA-03-58
PC2	192.168.10.2/24	54-89-98-6F-0A-10
PC3	192.168.10.3/24	54-89-98-AE-46-88

项目实施

任务 10-1　登记交换机端口需要绑定的计算机 MAC 地址

任务描述

扫一扫，看微课

根据表 10-2 为 PC1、PC2 及 PC3 配置好相应的 IP 地址后，查看 MAC 地址。

任务实施

（1）PC1 的 IP 地址配置结果如图 10-2 所示。同理，完成其他计算机的 IP 地址配置。

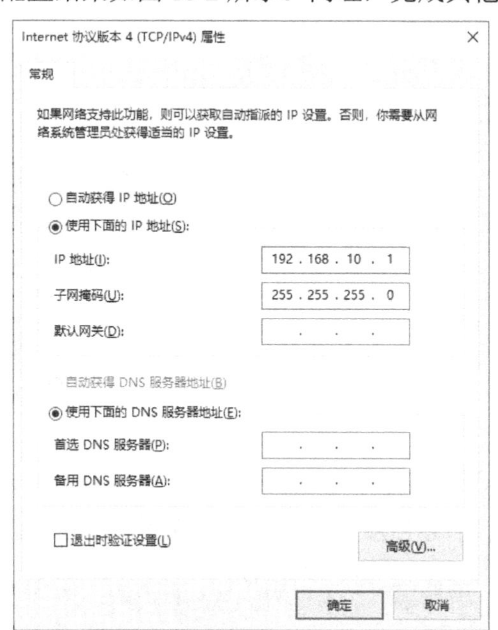

图 10-2　PC1 的 IP 地址配置结果

（2）在 PC1 上使用【ipconfig /all】命令查看 IP 地址，配置命令如下。

```
PC1>ipconfig /all      //显示本机 TCP/IP 配置的详细信息

本地连接:

   连接特定的 DNS 后缀 . . . . . . . :
   描述. . . . . . . . . . . . . . . : Realtek USB GbE Family Controller
   物理地址. . . . . . . . . . . . . : 54-89-98-CA-03-58
   DHCP 已启用 . . . . . . . . . . . : 否
```

```
  自动配置已启用. . . . . . . . . . . . : 是
  IPv4 地址 . . . . . . . . . . . .  : 192.168.10.1(首选)
  子网掩码  . . . . . . . . . . . . . : 255.255.255.0
  默认网关. . . . . . . . . . . . . . :
  TCPIP 上的 NetBIOS  . . . . . . . . : 已启用
```

（3）在 PC2 上使用【ipconfig /all】命令查看 IP 地址，配置命令如下。

```
PC2> ipconfig /all      //显示本机 TCP/IP 配置的详细信息

本地连接:

  连接特定的 DNS 后缀 . . . . . . . . :
  描述. . . . . . . . . . . . . . .  : Realtek USB GbE Family Controller
  物理地址. . . . . . . . . . . . . . : 54-89-98-6F-0A-10
  DHCP 已启用 . . . . . . . . . . . . : 否
  自动配置已启用. . . . . . . . . . . . : 是
  IPv4 地址 . . . . . . . . . . . .  : 192.168.10.2(首选)
  子网掩码  . . . . . . . . . . . . . : 255.255.255.0
  默认网关. . . . . . . . . . . . . . :
  TCPIP 上的 NetBIOS  . . . . . . . . : 已启用
```

（4）在 PC3 上使用【ipconfig /all】命令查看 IP 地址，配置命令如下。

```
PC3> ipconfig /all      //显示本机 TCP/IP 配置的详细信息

本地连接:

  连接特定的 DNS 后缀 . . . . . . . . :
  描述. . . . . . . . . . . . . . .  : Realtek USB GbE Family Controller
  物理地址. . . . . . . . . . . . . . : 54-89-98-AE-46-88
  DHCP 已启用 . . . . . . . . . . . . : 否
  自动配置已启用. . . . . . . . . . . . : 是
  IPv4 地址 . . . . . . . . . . . .  : 192.168.10.3(首选)
  子网掩码  . . . . . . . . . . . . . : 255.255.255.0
  默认网关. . . . . . . . . . . . . . :
  TCPIP 上的 NetBIOS  . . . . . . . . : 已启用
```

任务验证

待 PC1、PC2 和 PC3 相互通信后，在 SW1 上使用【display mac-address】命令查看交换机与计算机之间连接的端口对应的 MAC 地址，配置命令如下。

```
<Huawei>system-view             //进入系统视图
[Huawei]sysname SW1             //将交换机名称更改为 SW1
[SW1]
[SW1]display mac-address        //查看 MAC 地址映射表项
MAC address table of slot 0:
-------------------------------------------------------------------------------
MAC Address    VLAN/      PEVLAN CEVLAN Port          Type      LSP/LSR-ID
               VSI/SI                                           MAC-Tunnel
-------------------------------------------------------------------------------
5489-98ca-0358 1            -      -    Eth0/0/1      dynamic   0/-
5489-986f-0a10 1            -      -    Eth0/0/2      dynamic   0/-
5489-98ae-4688 1            -      -    Eth0/0/3      dynamic   0/-
-------------------------------------------------------------------------------
Total matching items on slot 0 displayed = 3
```

可以看到，交换机在 Eth0/0/1~Eth0/0/3 端口均动态学习到了 MAC 地址。

任务 10-2　开启交换机端口的端口安全功能并绑定终端的 MAC 地址

任务描述

在交换机端口上打开端口安全功能，将 MAC 地址绑定到对应的端口中并在 VLAN1 上有效。

任务实施

在 SW1 上进入对应的端口并开启端口安全功能，将 MAC 地址绑定到对应的端口中，使其在 VLAN1 上生效。

执行【port-security enable】命令配置端口安全功能后，该端口学习到的 MAC 地址变为安全动态 MAC。【port-security mac-address sticky】命令用来开启端口 MAC 地址绑定功能。执行【port-security mac-address sticky】命令后，可以执行【port-security mac-address sticky mac-address vlan vlan-id】命令，手动配置一条 MAC 地址绑定表项。配置命令如下。

```
[SW1]interface Eth0/0/1                                         //进入 Eth0/0/1 端口
[SW1-Ethernet0/0/1]port-security enable                         //开启端口安全功能
[SW1-Ethernet0/0/1]port-security mac-address sticky             //开启端口 MAC 地址绑定功能
//配置端口绑定的 MAC 地址为 5489-98ca-0358，VLAN 为 1
[SW1-Ethernet0/0/1]port-security mac-address sticky 5489-98ca-0358 vlan 1
[SW1-Ethernet0/0/1]quit                                         //退出
[SW1]interface Eth0/0/2
[SW1-Ethernet0/0/2]port-security enable
[SW1-Ethernet0/0/2]port-security mac-address sticky
[SW1-Ethernet0/0/2]port-security mac-address sticky 5489-986f-0a10 vlan 1
[SW1-Ethernet0/0/2]quit
[SW1]interface Eth0/0/3
[SW1-Ethernet0/0/3]port-security enable
[SW1-Ethernet0/0/3]port-security mac-address sticky
[SW1-Ethernet0/0/3]port-security mac-address sticky 5489-98ae-4688 vlan 1
[SW1-Ethernet0/0/3]quit
```

任务验证

在 SW1 上使用【display mac-address】命令查看交换机与计算机之间连接的端口的类型是否变为 sticky，配置命令如下。

```
[SW1]display mac-address    //查看 MAC 地址映射表项
MAC address table of slot 0:
-------------------------------------------------------------------------------
MAC Address    VLAN/      PEVLAN CEVLAN Port          Type      LSP/LSR-ID
               VSI/SI                                           MAC-Tunnel
-------------------------------------------------------------------------------
5489-98ae-4688 1          -      -      Eth0/0/3      sticky    -
5489-98ca-0358 1          -      -      Eth0/0/1      sticky    -
5489-986f-0a10 1          -      -      Eth0/0/2      sticky    -
```

```
--------------------------------------------------------------------------------
Total matching items on slot 0 displayed = 3
```

可以看到，各 MAC 地址映射表项的类型已变为 sticky。

项目验证

扫一扫，
看微课

1．测试计算机的互通性

（1）使用【ping】命令测试内部的通信情况。使用 PC1 Ping PC2，配置命令如下。

```
PC1>ping 192.168.10.2

Ping 192.168.10.2: 32 data bytes, Press Ctrl_C to break
From 192.168.10.2: bytes=32 seq=1 ttl=128 time=32 ms
From 192.168.10.2: bytes=32 seq=2 ttl=128 time=46 ms
From 192.168.10.2: bytes=32 seq=3 ttl=128 time=47 ms
From 192.168.10.2: bytes=32 seq=4 ttl=128 time=31 ms
From 192.168.10.2: bytes=32 seq=5 ttl=128 time=31 ms

--- 192.168.10.2 ping statistics ---
  5 packet(s) transmitted
  5 packet(s) received
  0.00% packet loss
  round-trip min/avg/max = 31/37/47 ms
```

结果显示 PC1 和 PC2 可以相互通信。

（2）使用 PC1 Ping PC3，配置命令如下。

```
PC1>ping 192.168.10.3

Ping 192.168.10.3: 32 data bytes, Press Ctrl_C to break
From 192.168.10.3: bytes=32 seq=1 ttl=128 time=47 ms
From 192.168.10.3: bytes=32 seq=2 ttl=128 time=31 ms
From 192.168.10.3: bytes=32 seq=3 ttl=128 time=47 ms
From 192.168.10.3: bytes=32 seq=4 ttl=128 time=31 ms
From 192.168.10.3: bytes=32 seq=5 ttl=128 time=47 ms

--- 192.168.10.3 ping statistics ---
  5 packet(s) transmitted
  5 packet(s) received
  0.00% packet loss
  round-trip min/avg/max = 31/40/47 ms
```

结果显示 PC1 和 PC3 可以相互通信。

2．更换计算机，测试互通性

（1）将 PC3 更换为 PC4，两台计算机的 IP 地址相同、MAC 地址不同，将它们连接到交换机的 Eth0/0/3 端口上。

（2）查看 PC4 的 MAC 地址，配置命令如下。

```
PC4>ipconfig /all
```

```
本地连接:

   连接特定的 DNS 后缀 . . . . . . . :
   描述. . . . . . . . . . . . . . . : Realtek USB GbE Family Controller
   物理地址. . . . . . . . . . . . . : 54-89-98-87-61-7A
   DHCP 已启用 . . . . . . . . . . . : 否
   自动配置已启用. . . . . . . . . . : 是
   IPv4 地址 . . . . . . . . . . . . : 192.168.10.3(首选)
   子网掩码  . . . . . . . . . . . . : 255.255.255.0
   默认网关. . . . . . . . . . . . . :
   TCPIP 上的 NetBIOS  . . . . . . . : 已启用
```

结果显示，PC4 的 MAC 地址为 54-89-98-87-61-7A。

（3）使用 PC1 Ping PC4，配置命令如下。

```
PC1>ping 192.168.10.3

Ping 192.168.10.3: 32 data bytes, Press Ctrl_C to break
From 192.168.10.1: Destination host unreachable
From 192.168.10.1: Destination host unreachable
From 192.168.10.1: Destination host unreachable
From 192.168.10.1: Destination host unreachable
From 192.168.10.1: Destination host unreachable
```

结果显示，更换计算机后，交换机 Eth0/0/3 端口绑定的 MAC 地址和记录的 MAC 地址不同，交换机按规则不允许其对外通信。

项目拓展

一、理论题

1．下列选项中不是交换机端口安全的基本功能的是（　　）。

A．限制交换机端口的最大连接数

B．数据包过滤

C．端口的安全地址绑定

D．VLAN 绑定

2．在 VRP 平台使用【ping】命令时，如果需要指定一个 IP 地址作为回显请求报文的源 IP 地址，那么应该使用的参数是（　　）。

A．-d　　B．-a　　C．-s　　D．-n

3．ARP 协议是（　　）协议。

A．网络层　　B．核心层

C．数据链路层　　D．应用层

4．（多选）端口安全技术中的安全 MAC 地址类型有（　　）。

A．安全静态 MAC 地址　　B．安全动态 MAC 地址

C．Sticky MAC 地址　　D．Protect MAC 地址

二、项目实训题

1．实训背景

Jan16 公司有研发部、商务部、资料部 3 个部门，资料部为重要部门，该部门的所有员工都使用指定的计算机访问资料部 Server 获取资料，为防止员工和访客使用个人计算机接入网络，网络管理员将在公司部署端口安全技术，以提高资料部的网络安全性。实训拓扑图如图 10-3 所示。

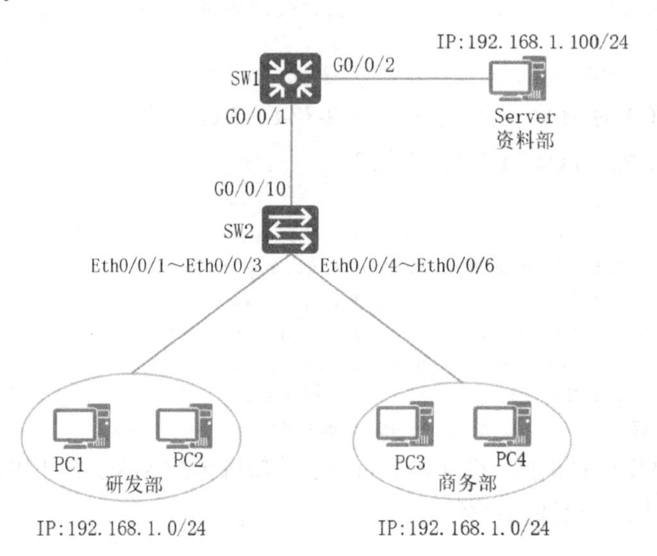

图 10-3　实训拓扑图

2．实训规划

根据项目背景信息、实训拓扑图信息及项目规划设计完成表 10-4 和表 10-5 所示的实训题规划表。

表 10-4　端口规划表 2

本端设备	本端端口	对端设备

表 10-5　IP 地址规划表 2

设备	IP 地址	MAC 地址

3．实训要求

（1）根据图 10-3、表 10-4 和表 10-5 完成各部门计算机的 IP 地址配置。

（2）在 SW1 的 G0/0/1 端口下开启端口安全功能，将研发部 PC1 的 MAC 地址和商务部 PC3 的 MAC 地址绑定到 G0/0/1 端口。

（3）根据以上要求完成配置，按照以下实验验证命令并截图保存。

① 在各计算机上使用【ipconfig /all】命令查看 IP 地址。

② 在 SW1 上使用【display mac-address】命令查看安全 MAC 地址映射表，确认类型是否变为 sticky。

③ 在计算机上使用【ping】命令测试已完成 MAC 地址绑定的计算机和 Server 之间的通信情况。

④ 在计算机上使用【ping】命令测试未执行 MAC 地址绑定的计算机和 Server 之间的通信情况。

项目 11

总部与分部基于PAP认证的安全互联部署

项目描述

Jan16 公司因业务发展需要建立了分部，租用了专门的线路用于总部与分部的互联。为保障通信线路的数据安全，需要在路由器上配置安全认证。网络拓扑图如图 11-1 所示。项目具体要求如下。

（1）公司总部路由器 R1 使用 S4/0/0 接口与分部路由器 R2 互联。

（2）R1 的 S4/0/0 接口上使用点对点协议（Point-to-Point Protocol，PPP）并启用 PAP 认证，用于分部的安全接入。

（3）全网通过 OSPF 协议互联。

（4）计算机和路由器的 IP 地址与接口信息如图 11-1 所示。

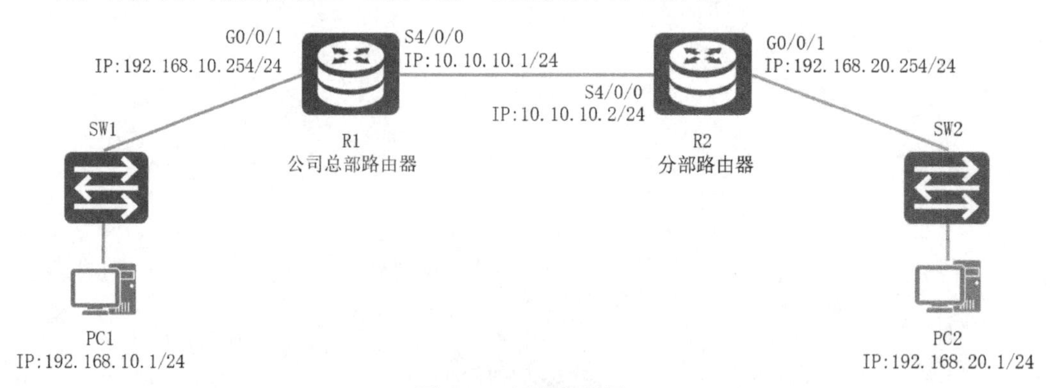

图 11-1　网络拓扑图

相关知识

PPP 是基于物理链路上传输网络层的报文而设计的，它的校验、认证和连接协商机制有效解决了串行线路网际协议（SLIP）的无容错控制机制、无授权和协议运行单一的问题。

PPP 的可靠性和安全性较高，且支持各类网络层协议，可以运行在不同类型的接口和链路上。

11.1 PPP 的基本概念

PPP 也称 P2P，是目前 TCP/IP 网络中最重要的点对点数据链路层协议。

PPP 主要被设计用来在支持全双工的同异步链路上进行点对点的数据传输。PPP 是一个适用于调制解调器、点对点专线、HDLC 比特串行线路和其他物理层的多协议帧机制，它支持错误检测、选项商定、头部压缩等机制，在当今的网络中得到了普遍应用。

如图 11-2 所示，PPP 主要工作在串行接口和串行链路上，常见的利用 MODEM 进行拨号上网就是其典型应用。

图 11-2 PPP 在点对点数据传输中的应用

PPP 在物理上可使用各种不同的传输介质，包括双绞线、光纤及无线传输介质，在数据链路层提供了一套解决链路建立、维护、拆除和上层协议协商、认证等问题的方案。PPP 支持同步串行连接、异步串行连接、综合业务数字网连接、HSSI 连接等连接类型。PPP 具有以下特性。

① 能够控制数据链路的建立。

② 能够对 IP 地址进行分配和使用。

③ 允许同时采用多种网络层协议。

④ 能够配置和测试数据链路。

⑤ 能够进行错误检测。

⑥ 有协商选项，能够对网络层的地址和数据压缩等进行协商。

PPP 还包含了若干个附属协议，这些附属协议也称成员协议，PPP 的成员协议主要包括链路控制协议（LCP）和网络控制协议（NCP）。

（1）LCP。

LCP（Link Control Protocol，链路控制协议）主要用于数据链路连接的建立、拆除和监控；LCP 主要完成 MTU（最大传输单元）、质量协议、认证协议、魔术字、协议域压缩、地址和控制域压缩协商等参数的协商。

（2）NCP。

NCP（Network Control Protocol，网络控制协议）主要用于协商在该链路上所传输的数据包的格式与类型，建立和配置不同网络层协议。

11.2 PPP 帧格式

PPP 帧的格式如图 11-3 所示，关于 PPP 帧格式中各字段的含义描述如下。

1B	1B	1B	2B	<1500B	2B	1B
标识字段（Flag）	地址字段（Address）	控制字段（Control）	协议字段（Protocol）	信息字段（Informatica）	帧校验序列（FCS）	标识字段（Flag）

图 11-3　PPP 帧的格式

（1）标识字段。

该字段的长度为 8bit，标识一个物理帧的起始和结束。PPP 帧都是以 01111110（0X7E）开始的。

（2）地址字段。

该字段的长度为 8bit，固定值为 11111111（0XFF），该字段并非一个 MAC 地址，它表明主从端的状态都为接收状态，可以理解为“所有的接口”。

PPP 帧的传输是在一条单一的 PPP 链路上固定地从此接口传输到对端接口上的，因此 PPP 帧不像以太帧那样包含了源 MAC 地址和目的 MAC 地址的信息。事实上，PPP 接口根本就不需要属于自己的 MAC 地址，MAC 地址对于 PPP 接口来说毫无意义。

（3）控制字段。

该字段的长度为 8bit，固定值为 00000011（0X03）。该字段并没有什么特别的作用，表明为无序号帧。

（4）协议字段。

该字段的长度为 16bit，用于描述在信息字段中使用的是哪类分组，针对 LCP、NCP、IP、IPX、AppleTalk 及其他协议，定义了相应的代码。例如，当 Protocol 字段的取值为 0xc021 时，表明信息字段是一个 LCP 报文；当 Protocol 字段的取值为 0x0021 时，表明信息字段是一个 IP 报文。

（5）信息字段。

该字段是 PPP 帧的载荷数据，其长度是可变的。信息字段包含协议字段中指定协议的数据包。数据字段的默认最大长度（不包括协议字段）称为最大接收单元（Maximum Receive Unit，MRU），MRU 的默认值为 1500 字节。

（6）帧校验序列。

该字段的长度为 16bit，其作用是对 PPP 帧进行差错校验。

11.3　PPP 的链路建立过程

PPP 的链路建立是通过一系列的协商完成的。其中，链路控制协议除了用于建立、拆除和监控 PPP 数据链路，还主要进行数据链路层特性的协商，如 MTU、认证方式等；网络控制协议主要用于协商在该数据链路上所传输的数据的格式和类型，如 IP 地址。

在建立 PPP 链路之前要进行一系列的协商过程。PPP 的链路建立过程大致可以分为如下几个阶段：Dead（链路不可用）阶段、Establish（链路建立）阶段、Authenticate（认证）阶段、Network-Layer Protocol（网络层协议）阶段、Link Terminate（链路终止）阶段。PPP 的链路建立过程图如图 11-4 所示。

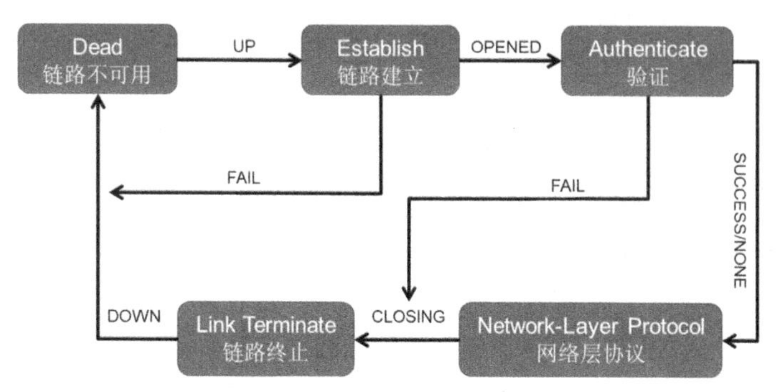

图 11-4 PPP 的链路建立过程图

（1）Dead 阶段。

链路必须从这个阶段开始和结束。当一个外部事件（如一个载波信号或网络管理员配置）检测到物理层可用时，PPP 就会进入 Establish 阶段。在 Dead 阶段，LCP 状态机有两个状态：Initial 和 Starting。从这个阶段迁移到 Establish 阶段会给 LCP 状态机发送一个 UP 事件。当断开连接后，链路会自动地回到这个阶段。一般情况下，这个阶段是很短的，仅仅只是检测到设备在线。

（2）Establish 阶段。

该阶段的 PPP 链路将进行 LCP 参数协商，协商内容包括最大接收单元（MRU）、认证方式、魔术字（Magic Number）等选项。LCP 参数协商成功后会进入 OPENED 状态，表示底层链路已经建立。

（3）Authenticate 阶段。

某些链路可能要求对端认证自己之后才允许网络层协议数据包在链路上传输，在默认值中认证是不要求的。如果某个应用要求对端采用特定的认证协议进行认证，那么必须在链路建立阶段发出使用这种协议的请求。只有当认证通过时才可以进入网络层协议阶段，如果认证不通过，那么应该继续认证而不是转到链路终止阶段。在这个阶段只允许链路控制协议、认证协议和链路质量检测的数据包进行传输，其他的数据包都应被丢弃。

（4）Network-Layer Protocol 阶段。

该阶段的 PPP 链路将进行 NCP 协商。通过协商来选择和配置一个网络层协议及其相关参数。只有相应的网络层协议协商成功后，才可以通过这条 PPP 链路发送报文。NCP 协商成功后，PPP 链路将保持通信状态。

（5）Link Terminate 阶段。

PPP 终止链路的原因可能是载波信号的丢失、认证不通过、链路质量不好、定时器超时或网络管理员关闭链路。PPP 通过交换终止链路的数据包来关闭链路，当交换结束时，应用就会告知物理层拆除连接从而强行终止链路。但认证失败时，发出终止请求的一方必须等到收到终止应答或者重启计数器超过最大终止计数次数时才断开连接。收到终止请求的一方必须等对方先断开连接，而且在发送终止应答之后必须等至少一次重启计数器超时之后才能断开连接，之后 PPP 回到链路不可用状态。

11.4　PPP 的身份认证

PPP 包含了通信双方身份认证的安全性协议，即在网络层协商 IP 地址之前，必须先通过身份认证。PPP 的身份认证有两种方式：CHAP 和 PAP。

PAP（Password Authentication Protocol，密码认证协议）是两次握手协议，它通过用户名和密码来进行用户的认证，其过程如下。

（1）当开始认证阶段时，被认证方会将自己的用户名和密码发送到认证方，认证方根据本端的用户数据库（或 Radius 服务器）认证用户名和密码是否正确。

（2）若用户名和密码正确，则发送 Ack 报文通知对端进入下一个阶段进行协商，否则发送 Nak 报文通知对端认证失败。

此时，并不直接将链路关闭。只有当认证失败的次数足够多时才关闭链路，来防止因网络误传、网络干扰等因素造成的不必要的 LCP 重新协商的过程。因为 PAP 是在网络上以明文的方式传送用户名和密码的，所以安全性不高。PAP 的认证过程如图 11-5 所示。

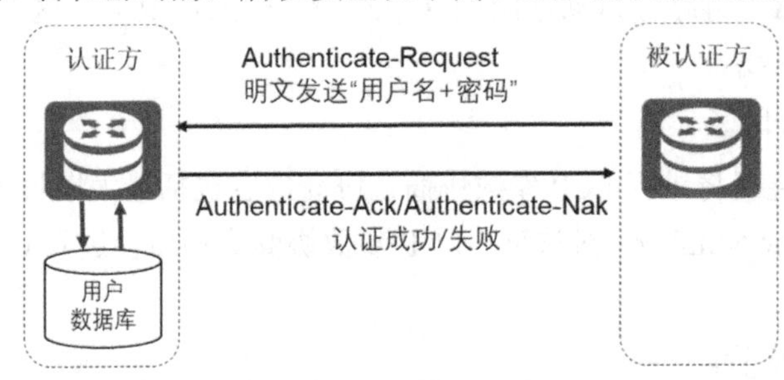

图 11-5　PAP 的认证过程

项目规划设计

串行链路默认采用 PPP 封装协议，可以通过 PAP 认证使链路的建立更安全。PAP 认证通过用户名和密码进行认证。公司总部路由器 R1 为认证方，我们需要在 AAA 视图下添加名为 Jan16 的 Local-user 用户，密码为 123456，并将 S4/0/0 接口设置为 PAP 的认证方式；分部路由器 R2 为被认证方，我们需要在 S4/0/0 接口上配置 PAP 的认证方式，并添加与认证方一致的用户名和密码，即可实现链路的认证接入。

配置步骤如下。

（1）配置路由器接口。

（2）搭建 OSPF 网络。

（3）配置 PPP 的 PAP 认证。

（4）对端配置 PAP 认证。

（5）配置计算机的 IP 地址。

IP 地址规划表 1 和接口规划表 1 如表 11-1 和表 11-2 所示。

表 11-1　IP 地址规划表 1

设备	接口	IP 地址	网关
R1	G0/0/1	192.168.10.254/24	—
R1	S4/0/0	10.10.10.1/24	—
R2	G0/0/1	192.168.20.254/24	—
R2	S4/0/0	10.10.10.2/24	—
PC1	—	192.168.10.1/24	192.168.10.254
PC2	—	192.168.20.1/24	192.168.20.254

表 11-2　接口规划表 1

本端设备	本端接口	对端设备	对端接口
R1	G0/0/0	PC1	—
R1	S4/0/0	R2	S4/0/0
R2	G0/0/0	PC2	—
R2	S4/0/0	R2	S4/0/0

项目实施

扫一扫，看微课

任务 11-1　配置路由器接口

任务描述

根据表 11-1 配置路由器接口的 IP 地址。

任务实施

（1）对 R1 进行 IP 地址配置，配置命令如下。

```
[Huawei]system-view                                    //进入系统视图
[Huawei]sysname R1                                     //将路由器名称更改为 R1
[R1]interface G0/0/1                                   //进入 G0/0/1 接口
//配置 IP 地址为 192.168.10.254，子网掩码 24 位
[R1-GigabitEthernet0/0/1]ip add 192.168.10.254 24
[R1]interface S4/0/0
[R1-Serial4/0/0]ip add 10.10.10.1 24
```

（2）对 R2 进行 IP 地址配置，配置命令如下。

```
[Huawei]system-view
[Huawei]sysname R2
[R1]interface G0/0/1
[R1-GigabitEthernet0/0/1]ip add 192.168.20.254 24
[R1]interface S4/0/0
[R1-Serial4/0/0]ip add 10.10.10.2 24
```

任务验证

在 R2 上使用【display ip interface brief】命令查看链路状态，配置命令如下。

```
[R2]display ip interface brief
*down: administratively down
^down: standby
```

```
(l): loopback
(s): spoofing
The number of interface that is UP in Physical is 3
The number of interface that is DOWN in Physical is 3
The number of interface that is UP in Protocol is 3
The number of interface that is DOWN in Protocol is 3

Interface                    IP Address/Mask      Physical   Protocol
GigabitEthernet0/0/0           unassigned           down       down
GigabitEthernet0/0/1           192.168.20.254/24     up         up
GigabitEthernet0/0/2           unassigned           down       down
NULL0                        unassigned           up         up(s)
Serial4/0/0                    10.10.10.2/24         up         up
Serial4/0/1                    unassigned          down       down
```

可以看到，S4/0/0 接口的 Physical 和 Protocol 均为 up，表示 R1 与 R2 间的链路层协议状态正常。

任务 11-2　搭建 OSPF 网络

任务描述

根据项目规划设计在各路由器上配置 OSPF 协议。

任务实施

（1）在 R1 上配置 OSPF 路由，配置命令如下。

```
[R1]ospf 1                              //创建进程号为 1 的 OSPF 进程
[R1-ospf-1]area 0                       //进入 OSPF 区域 0，区域未创建时，OSPF 进程会自动创建
[R1-ospf-1-area-0.0.0.0]network 192.168.10.0 0.0.0.255 //宣告网段 192.168.10.0/24
[R1-ospf-1-area-0.0.0.0]network 10.10.10.0 0.0.0.25
```

（2）在 R2 上配置 OSPF 路由，配置命令如下。

```
[R2]ospf 1
[R2-ospf-1]area 0
[R2-ospf-1-area-0.0.0.0]network 192.168.20.0 0.0.0.255
[R2-ospf-1-area-0.0.0.0]network 10.10.10.0 0.0.0.255
```

任务验证

（1）在 R1 上使用【display ospf interface】命令查看 OSPF 的配置，配置命令如下。

```
[R1]display ospf interface

   OSPF Process 1 with Router ID 10.10.10.1
       Interfaces

 Area: 0.0.0.0          (MPLS TE not enabled)
 IP Address      Type         State    Cost    Pri   DR              BDR
 10.10.10.1      P2P          P-2-P    1562    1     0.0.0.0         0.0.0.0
 192.168.10.254 Broadcast  Waiting    1       1     192.168.10.254  0.0.0.0
```

可以看到，R1 在 S4/0/0（10.10.10.1）接口上的类型为 P2P，State 的类型为 P-2-P。

（2）在 R2 上使用【display ospf interface】命令查看 OSPF 的配置，配置命令如下。

```
[R2]display ospf interface

   OSPF Process 1 with Router ID 10.10.10.2
        Interfaces

 Area: 0.0.0.0          (MPLS TE not enabled)
 IP Address       Type         State    Cost    Pri   DR              BDR
 10.10.10.2       P2P          P-2-P    1562    1     0.0.0.0         0.0.0.0
 192.168.20.254  Broadcast     DR        1       1     192.168.20.254  0.0.0.0
```

可以看到，R2 在 S4/0/0（10.10.10.2）接口上的类型为 P2P，State 的类型为 P-2-P。

任务 11-3　配置 PPP 的 PAP 认证

任务描述

根据项目规划设计在 R1 上配置 PPP 的 PAP 认证。

任务实施

R1 作为认证端，需要配置本端 PPP 的认证方式为 PAP。使用【aaa】命令进入 AAA 视图，配置 PAP 认证所使用的用户名和密码。

使用【aaa】命令进入 AAA 视图，在 AAA 视图下，可以使用【local-user *name* password cipher *password*】命令创建用户并配置密码，使用【local-user Jan16 service-type {8021x|bind|ftp|http|ppp|ssh|sslvpn|telnet|terminal|web|x25-pad}】命令指定用户的类型，若指定用户的类型为 ppp，则该用户只能在 ppp 协议中生效。

在 Serial 接口视图下，可以使用【link-protocol {fr|dhlc|lapb|ppp|sdlc|x25}】命令指定接口的链路层协议类型，若指定链路层协议类型为 PPP，则认证端可以使用【ppp authentication-mode {pap|chap}】命令为 PPP 协议配置认证方式为 PAP 或 CHAP。配置命令如下。

```
[R1]aaa                                              //进入 AAA 视图
[R1-aaa]local-user Jan16 password cipher 123456      //创建本地用户 Jan16 并配置密码
[R1-aaa]local-user Jan16 service-type ppp            //配置本地用户的接入类型为 PPP 用户
[R1-aaa]interface S4/0/0                             //进入 S4/0/0 接口
[R1-Serial4/0/0]link-protocol ppp                    //配置接口封装链路层协议为 PPP
[R1-Serial4/0/0]ppp authentication-mode pap          //配置 PPP 使用 PAP 认证方式
```

任务验证

在 R1 上关闭 R1 与 R2 的互联接口一段时间后再将其打开，使 R1 与 R2 间的链路重新协商，并检查链路状态和连通性，配置命令如下。

```
[R1]interface S4/0/0
[R1-Serial4/0/0]shutdown          //关闭接口
[R1-Serial4/0/0]undo shutdown     //启动接口

[R1]display ip interface brief
*down: administratively down
^down: standby
(l): loopback
```

```
(s): spoofing
The number of interface that is UP in Physical is 3
The number of interface that is DOWN in Physical is 3
The number of interface that is UP in Protocol is 2
The number of interface that is DOWN in Protocol is 4

Interface                    IP Address/Mask     Physical   Protocol
GigabitEthernet0/0/0          unassigned           down       down
GigabitEthernet0/0/1          192.168.10.254/24    up         up
GigabitEthernet0/0/2          unassigned           down       down
NULL0                       unassigned           up         up(s)
Serial4/0/0                  10.10.10.1/24        up         down
Serial4/0/1                  unassigned           down       down

[R1]ping 10.10.10.2                 //测试连通性
  PING 10.10.10.2: 56  data bytes, press CTRL_C to break
    Request time out
    Request time out
    Request time out
    Request time out
    Request time out

  --- 10.10.10.2 ping statistics ---
    5 packet(s) transmitted
    0 packet(s) received
    100.00% packet loss
```

可以看到，现在 R1 和 R2 间无法正常通信，链路物理状态正常，但是链路层协议状态不正常，这是因为此时 PPP 链路上的 PAP 认证未通过。

任务 11-4　对端配置 PAP 认证

任务描述

根据项目规划设计在 R2 上配置 PPP 的 PAP 认证。

任务实施

R2 作为被认证端，在 S4/0/0 接口上配置以 PPP 方式认证时本地发送的 PAP 用户名和密码。

在 Serial 接口视图下，若指定链路层协议类型为 PPP，且认证端配置的认证方式为 PAP，则被认证端需要使用【ppp pap local-user name password cipher password】命令为 PPP 协议配置认证用户名和密码。配置命令如下。

```
[R2]interface S4/0/0
[R2-Serial4/0/0]link-protocol ppp
//配置本地设备被对端设备采用 PAP 方式认证时发送的用户名和密码
[R2-Serial4/0/0]ppp pap local-user Jan16 password cipher 123456
```

任务验证

在 R2 上使用【display interface S4/0/0】命令查看接口的 PPP 认证信息，配置命令如下。

```
[R2]display interface S4/0/0
Serial4/0/0 current state : UP
Line protocol current state : UP
Last line protocol up time : 2022-10-27 22:00:52 UTC-08:00
Description:
Route Port,The Maximum Transmit Unit is 1500, Hold timer is 10(sec)
Internet Address is 10.10.10.2/24
Link layer protocol is PPP
LCP opened, IPCP opened
Last physical up time   : 2022-10-27 22:00:49 UTC-08:00
Last physical down time : 2022-10-27 22:00:40 UTC-08:00
Current system time: 2022-10-27 22:01:44-08:00Interface is V35
    Last 300 seconds input rate 9 bytes/sec, 0 packets/sec
    Last 300 seconds output rate 9 bytes/sec, 0 packets/sec
    Input: 7282 bytes, 222 Packets
    Ouput: 7441 bytes, 230 Packets
    Input bandwidth utilization  : 0.11%
    Output bandwidth utilization : 0.11%
```

可以看到，Link layer protocol is PPP、LCP opened 及 IPCP opened，表示 PPP 协商成功。

任务 11-5　配置计算机的 IP 地址

任务描述

根据表 11-1 为各计算机配置 IP 地址。

任务实施

PC1 的 IP 地址配置结果如图 11-6 所示。同理，完成 PC2 的 IP 地址配置，如图 11-7 所示。

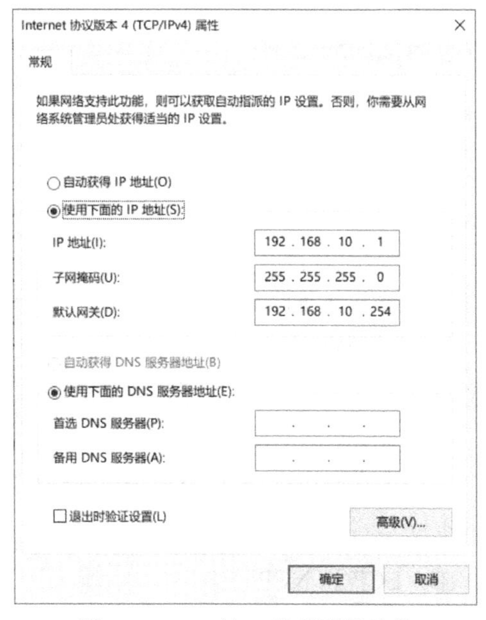

图 11-6　PC1 的 IP 地址配置结果

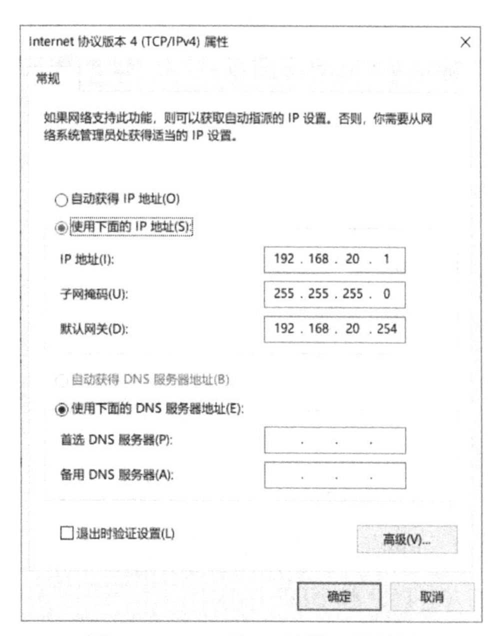

图 11-7　PC2 的 IP 地址配置结果

任务验证

在 PC1 上使用【ipconfig】命令查看 IP 地址，配置命令如下。

```
PC1>ipconfig     //显示本机的 IP 地址配置信息

本地连接:

   连接特定的 DNS 后缀 . . . . . . . . :
   IPv4 地址 . . . . . . . . . . . . : 192.168.10.1(首选)
   子网掩码 . . . . . . . . . . . . : 255.255.255.0
   默认网关. . . . . . . . . . . . . : 192.168.10.254
```

可以看到，PC1 上已经配置了 IP 地址。

项目验证

扫一扫，
看微课

使用 PC1 Ping PC2，配置命令如下。

```
PC>ping 192.168.20.1

Ping 192.168.20.1: 32 data bytes, Press Ctrl_C to break
From 192.168.20.1: bytes=32 seq=1 ttl=126 time=63 ms
From 192.168.20.1: bytes=32 seq=2 ttl=126 time=78 ms
From 192.168.20.1: bytes=32 seq=3 ttl=126 time=62 ms
From 192.168.20.1: bytes=32 seq=4 ttl=126 time=47 ms
From 192.168.20.1: bytes=32 seq=5 ttl=126 time=63 ms

--- 192.168.20.1 ping statistics ---
  5 packet(s) transmitted
  5 packet(s) received
  0.00% packet loss
  round-trip min/avg/max = 47/62/78 ms
```

结果显示，PC1 通过 R1 和 R2 的转发实现与 PC2 的通信。

项目拓展

一、理论题

1．PPP 的意思是（　　）。

A．点对点协议　　　　B．包含多种附属协议的协议

C．一种网络层协议　　　　D．一种物理层协议

2．（多选）PPP 主要被设计用来在支持全双工的（　　）上进行点对点之间的数据传输。

A．同步链路　　B．异步链路　　C．数字链路　　D．光纤链路

3．PPP 的成员协议主要包括（　　）两个协议。

A．TCP 和 UDP　　　　B．LCP 和 NCP

C．IP 和 ARP　　　　D．ICMP 和 IGMP

4．PAP 身份认证采用（　　）认证方式进行认证。

A．密文认证　　B．不认证

C．Null　　D．明文认证

二、项目实训题

1．实训背景

Jan16 公司因业务发展需要建立了分部，租用了专门的线路用于总部与分部的互联。为保障通信线路的数据安全，需要在公司总部路由器和分部路由器互联接口上开启点对点链路安全认证。实训拓扑图如图 11-8 所示。

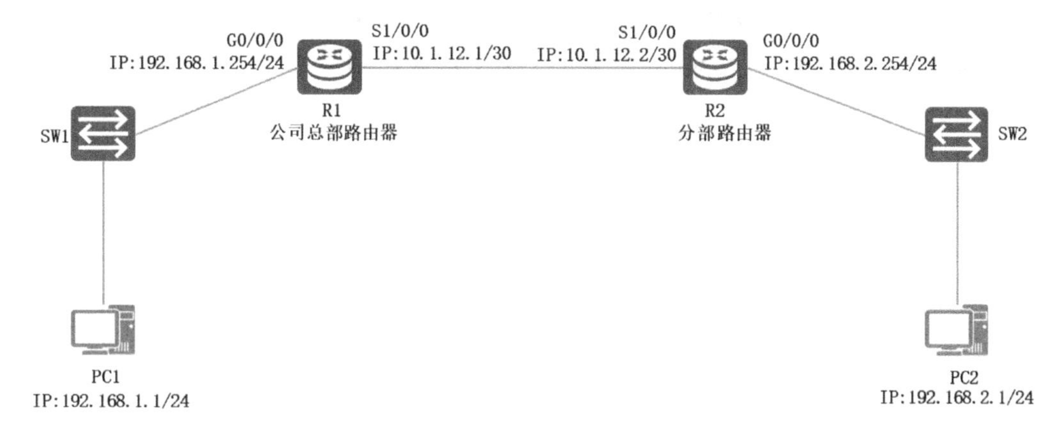

图 11-8　实训拓扑图

2．实训规划

根据项目背景信息、实训拓扑图信息及项目规划设计完成表 11-3 和表 11-4 所示的实训题规划表。

表 11-3　IP 地址规划表 2

设备	接口	IP 地址	网关

表 11-4　接口规划表 2

本端设备	本端接口	对端设备	对端接口

3．实训要求

（1）根据表 11-3 完成路由器接口 IP 地址与计算机 IP 地址的配置。

（2）在各路由器上完成 OSPF 协议配置，使总部和分部能正常通信。

（3）R1 作为认证端，需要配置本端 PPP 的认证方式为 PAP。使用【aaa】命令进入 AAA 视图，配置 PAP 认证所使用的用户名和密码，用户名为 HW，密码为 Huawei@123。

（4）R2 作为被认证端，在 S1/0/0 接口上配置以 PPP 方式认证时本地发送的 PAP 用户名和密码，用户名为 HW，密码为 Huawei@123。

（5）根据以上要求完成配置，按照以下实验验证命令并截图保存。

① 在各路由器上使用【display ip interface brief】命令查看接口的配置状态。

② 在 R1 上使用【display ospf peer brief】命令查看 OSPF 邻居关系建立情况。

③ 完成第（3）步后，在 R1 上关闭 R1 与 R2 的互联接口一段时间后再将其打开，使 R1 与 R2 间的链路重新协商，并检查链路状态和连通性。

④ 在 R1 上使用【display interface S1/0/0】命令查看接口的 PPP 认证信息。

⑤ 在计算机上使用【ping】命令测试总部和分部的通信情况。

项目 12

总部与分部基于 CHAP 认证的安全互联部署

项目描述

Jan16 公司因业务发展需要建立了分部，租用了专门的线路用于总部与分部的互联。为保障通信线路的数据安全，需要在路由器上配置安全认证。网络拓扑图如图 12-1 所示。项目具体要求如下。

（1）公司总部路由器 R1 使用 S4/0/0 接口与分部路由器 R2 互联。

（2）R1 的 S4/0/0 接口上使用 PPP 并启用 CHAP 认证，用于分部的安全接入。

（3）全网通过 OSPF 协议互联。

（4）计算机和路由器的 IP 地址与接口信息如图 12-1 所示。

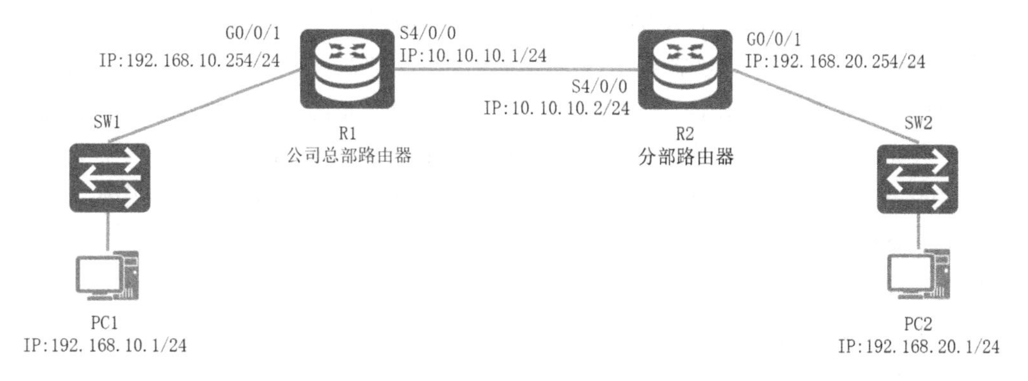

图 12-1　网络拓扑图

相关知识

CHAP（Challenge Handshake Authentication Protocol，挑战握手身份认证协议）为 3 次握手协议，它只在网络上上传用户名而不上传密码，因此安全性比 PAP 高。其认证过程如下。

（1）认证方向被认证方发送一些随机的报文，并加上自己的主机名。

（2）被认证方收到认证方的认证请求后，通过收到的主机名和本端的用户数据库查找用户口令字（密钥），若找到用户数据库中和认证方主机名相同的用户，则利用接收到的随机报文、此用户的密钥和报文 ID 用 Md5 加密算法生成应答，随后将应答和自己的主机名送回。

（3）认证方收到此应答后，利用对端的用户名在本端的用户数据库中查找本方保留的密钥，用本方保留的用户的密钥、随机报文和报文 ID 用 Md5 加密算法生成结果，与被认证方的应答比较，若比较结果相同则返回 Ack，否则返回 Nak。CHAP 的认证过程如图 12-2 所示。

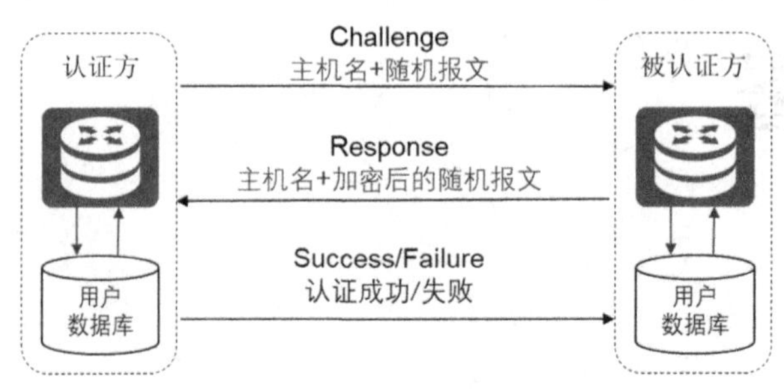

图 12-2　CHAP 的认证过程

CHAP 不仅在连接建立阶段进行，而且在以后的数据传输阶段也可以按随机间隔继续进行，但每次认证方和被认证方的随机数据都应不同，以防被第三方猜出密钥。若认证方发现结果不一致，则立即切断线路。CHAP 的特点是只在网络上传输用户名，而并不传输用户的密钥，因此它的安全性要比 PAP 高。

项目规划设计

串行链路默认采用 PPP 封装协议，可以通过 CHAP 认证使链路的建立更安全。CHAP 认证是由认证服务器向被认证方提出认证需求，通过用户名和密码进行认证的。公司总部路由器 R1 为认证方，我们需要在 AAA 视图下添加名为 Jan16 的 Local-user 用户，密码为 123456，并将 S4/0/0 接口设置为 CHAP 的认证方式；分部路由器 R2 为被认证方，我们需要在 S4/0/0 接口上配置 CHAP 的认证方式，并添加与认证方一致的用户名和密码，即可实现链路的认证接入。

配置步骤如下。

（1）配置路由器接口。

（2）搭建 OSPF 网络。

（3）配置 PPP 的 CHAP 认证。

（4）对端配置 CHAP 认证。

（5）配置计算机的 IP 地址。

IP 地址规划表 1 和接口规划表 1 如表 12-1 和表 12-2 所示。

表 12-1　IP 地址规划表 1

设备	接口	IP 地址	网关
R1	G0/0/1	192.168.10.254/24	—
R1	S4/0/0	10.10.10.1/24	—
R2	G0/0/1	192.168.20.254/24	—
R2	S4/0/0	10.10.10.2/24	—
PC1	—	192.168.10.1/24	192.168.10.254
PC2	—	192.168.20.1/24	192.168.20.254

表 12-2　接口规划表 1

本端设备	本端接口	对端设备	对端接口
R1	G0/0/0	PC1	—
R1	S4/0/0	R2	S4/0/0
R2	G0/0/0	PC2	—
R2	S4/0/0	R2	S4/0/0

项目实施

扫一扫，
看微课

任务 12-1　配置路由器接口

任务描述

根据表 12-1 对路由器进行 IP 地址配置。

任务实施

（1）对 R1 上的接口进行配置，配置命令如下。

```
[Huawei]system-view                              //进入系统视图
[Huawei]sysname R1                               //将路由器名称更改为 R1
[R1]interface G0/0/1                             //进入 G0/0/1 接口
//配置 IP 地址为 192.168.10.254，子网掩码 24 位
[R1-GigabitEthernet0/0/1]ip add 192.168.10.254 24
[R1]interface S4/0/0
[R1-Serial4/0/0]ip add 10.10.10.1 24
```

（2）对 R2 上的接口进行配置，配置命令如下。

```
[Huawei]system-view
[Huawei]sysname R2
[R1]interface G0/0/1
[R1-GigabitEthernet0/0/1]ip add 192.168.20.254 24
[R1]interface S4/0/0
[R1-Serial4/0/0]ip add 10.10.10.2 24
```

任务验证

在 R2 上使用【display ip interface brief】命令查看链路状态，配置命令如下。

```
[R2]display ip interface brief
*down: administratively down
^down: standby
```

```
(l): loopback
(s): spoofing
The number of interface that is UP in Physical is 3
The number of interface that is DOWN in Physical is 3
The number of interface that is UP in Protocol is 3
The number of interface that is DOWN in Protocol is 3

Interface                    IP Address/Mask      Physical   Protocol
GigabitEthernet0/0/0           unassigned           down       down
GigabitEthernet0/0/1           192.168.20.254/24    up         up
GigabitEthernet0/0/2           unassigned           down       down
NULL0                        unassigned           up         up(s)
Serial4/0/0                   10.10.10.2/24        up         up
Serial4/0/1                   unassigned           down       down
```

结果显示，R1 与 R2 间的链路层协议状态正常。

任务 12-2 搭建 OSPF 网络

任务描述

根据项目规划设计在各路由器上配置 OSPF 协议。

任务实施

（1）在 R1 上配置 OSPF 协议，配置命令如下。

```
[R1]ospf 1                                   //创建进程号为 1 的 OSPF 进程
[R1-ospf-1]area 0                            //进入 OSPF 区域 0，区域未创建时，OSPF 进程会自动创建
[R1-ospf-1-area-0.0.0.0]network 192.168.10.0 0.0.0.255 //宣告网段 192.168.10.0/24
[R1-ospf-1-area-0.0.0.0]network 10.10.10.0 0.0.0.255
```

（2）在 R2 上配置 OSPF 协议，配置命令如下。

```
[R2]ospf 1
[R2-ospf-1]area 0
[R2-ospf-1-area-0.0.0.0]network 192.168.20.0 0.0.0.255
[R2-ospf-1-area-0.0.0.0]network 10.10.10.0 0.0.0.255
```

任务验证

在路由器上验证 OSPF 接口通告。

（1）在 R1 上使用【display ospf interface】命令查看 OSPF 的配置，配置命令如下。

```
[R1]display ospf interface

   OSPF Process 1 with Router ID 10.10.10.1
       Interfaces


 Area: 0.0.0.0           (MPLS TE not enabled)
 IP Address        Type         State     Cost    Pri   DR               BDR
 10.10.10.1        P2P          P-2-P     1562    1     0.0.0.0          0.0.0.0
 192.168.10.254 Broadcast   Waiting     1       1     192.168.10.254  0.0.0.0
```

可以看到，R1 在 S4/0/0（10.10.10.1）接口上的类型为 P2P，State 的类型为 P-2-P。

（2）在 R2 上使用【display ospf interface】命令查看 OSPF 的配置，配置命令如下。

```
[R2]display ospf interface

   OSPF Process 1 with Router ID 10.10.10.2
        Interfaces

 Area: 0.0.0.0          (MPLS TE not enabled)
 IP Address        Type          State     Cost    Pri   DR              BDR
 10.10.10.2        P2P           P-2-P     1562    1     0.0.0.0         0.0.0.0
 192.168.20.254    Broadcast     DR        1       1     192.168.20.254  0.0.0.0
```

可以看到，R2 在 S4/0/0（10.10.10.2）接口上的类型为 P2P，State 的类型为 P-2-P。

任务 12-3　配置 PPP 的 CHAP 认证

任务描述

根据项目规划设计在 R1 配置 PPP 的 CHAP 认证。

任务实施

R1 作为认证端，需要配置本端 PPP 的认证方式为 CHAP。使用【aaa】命令进入 AAA 视图，配置 PAP 认证所使用的用户名和密码，配置命令如下。

```
[R1]aaa                                                //进入 AAA 识图
[R1-aaa]local-user Jan16 password cipher 123456        //创建本地用户 Jan16 并配置密码
[R1-aaa]local-user Jan16 service-type ppp              //配置本地用户的接入类型为 PPP 用户
[R1]interface S4/0/0                                   //进入 S4/0/0 接口
[R1-Serial4/0/0]link-protocol ppp                      //配置接口封装链路层协议为 PPP
[R1-Serial4/0/0]ppp authentication-mode chap           //配置使用 CHAP 认证方式
```

任务验证

在 R1 上关闭 R1 与 R2 互联接口一段时间后再将其打开，使 R1 与 R2 间的链路重新协商，并检查链路状态和连通性，配置命令如下。

```
[R1]interface Serial 4/0/0
[R1-Serial4/0/0]shutdown
[R1-Serial4/0/0]undo shutdown

[R1]display ip interface brief
*down: administratively down
^down: standby
(l): loopback
(s): spoofing
The number of interface that is UP in Physical is 3
The number of interface that is DOWN in Physical is 3
The number of interface that is UP in Protocol is 2
The number of interface that is DOWN in Protocol is 4

Interface                     IP Address/Mask      Physical   Protocol
GigabitEthernet0/0/0            unassigned           down       down
GigabitEthernet0/0/1            192.168.10.254/24    up         up
```

```
GigabitEthernet0/0/2           unassigned        down     down
NULL0                          unassigned        up       up(s)
Serial4/0/0                    10.10.10.1/24     up       down
Serial4/0/1                    unassigned        down     down

[R1]ping 10.10.10.2                    //连通性测试
  PING 10.10.10.2: 56  data bytes, press CTRL_C to break
    Request time out
    Request time out
    Request time out
    Request time out
    Request time out

  --- 10.10.10.2 ping statistics ---
    5 packet(s) transmitted
    0 packet(s) received
    100.00% packet loss
```

可以看到，现在 R1 和 R2 间无法正常通信，链路物理状态正常，但是链路层协议状态不正常，这是因为此时 PPP 链路上的 CHAP 认证未通过。

任务 12-4　对端配置 CHAP 认证

任务描述

根据项目规划设计在 R2 上配置 CHAP 认证。

任务实施

R2 作为被认证端，在 S4/0/0 接口上配置以 PPP 方式认证时本地发送的 CHAP 用户名和密码。

在 Serial 接口视图下，若指定链路层协议类型为 PPP，且认证端配置的认证方式为 PAP，则被认证端需要使用【ppp chap user name】命令和【ppp chap password cipher password】命令配置认证的用户名和密码。配置命令如下。

```
[R2]interface S4/0/0
[R2-Serial4/0/0]link-protocol ppp
[R2-Serial4/0/0]ppp chap user Jan16                //配置 CHAP 认证的用户名为 Jan16
[R2-Serial4/0/0]ppp chap password cipher 123456    //配置 CHAP 认证的密码
```

任务验证

在 R1 上使用【display interface S4/0/0】命令查看接口的 PPP 认证信息，配置命令如下。

```
[R2]display interface S4/0/0
Serial0/0/0 current state : UP
Line protocol current state : UP
Last line protocol up time : 2022-10-27 22:31:23 UTC-08:00
Description:
Route Port,The Maximum Transmit Unit is 1500, Hold timer is 10(sec)
Internet Address is 10.10.10.2/24
Link layer protocol is PPP
```

```
LCP opened, IPCP opened
Last physical up time   : 2022-10-27 22:31:20 UTC-08:00
Last physical down time : 2022-10-27 22:22:35 UTC-08:00
Current system time: 2022-10-27 22:32:04-08:00Interface is V35
   Last 300 seconds input rate 0 bytes/sec, 0 packets/sec
   Last 300 seconds output rate 0 bytes/sec, 0 packets/sec
   Input: 1406 bytes, 29 Packets
   Output: 1461 bytes, 30 Packets
   Input bandwidth utilization  :    0%
   Output bandwidth utilization :    0%
```

可以看到，Link layer protocol is PPP、LCP opened 及 IPCP opened，表示 PPP 协商成功。

任务 12-5　配置计算机的 IP 地址

任务描述

根据表 12-1 为各计算机配置 IP 地址。

任务实施

PC1 的 IP 地址配置结果如图 12-3 所示。同理，完成 PC2 的 IP 地址配置，如图 12-4 所示。

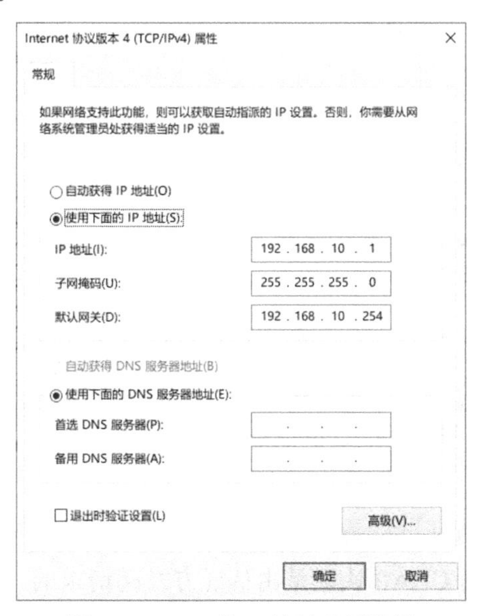

图 12-3　PC1 的 IP 地址配置结果

图 12-4　PC2 的 IP 地址配置结果

任务验证

（1）在 PC1 上使用【ipconfig】命令查看 IP 地址，配置命令如下。

```
PC1>ipconfig     //显示本机的 IP 地址配置信息

本地连接:

   连接特定的 DNS 后缀 . . . . . . . :
   IPv4 地址 . . . . . . . . . . . . : 192.168.10.1(首选)
```

```
子网掩码 . . . . . . . . . . . . : 255.255.255.0
默认网关. . . . . . . . . . . . . : 192.168.10.254
```

（2）在其他计算机上同样使用【ipconfig】命令查看 IP 地址。

项目验证

扫一扫，
看微课

使用 PC1 Ping PC2，配置命令如下。

```
PC>ping 192.168.20.1

Ping 192.168.20.1: 32 data bytes, Press Ctrl_C to break
From 192.168.20.1: bytes=32 seq=1 ttl=126 time=63 ms
From 192.168.20.1: bytes=32 seq=2 ttl=126 time=62 ms
From 192.168.20.1: bytes=32 seq=3 ttl=126 time=47 ms
From 192.168.20.1: bytes=32 seq=4 ttl=126 time=78 ms
From 192.168.20.1: bytes=32 seq=5 ttl=126 time=78 ms

--- 192.168.20.1 ping statistics ---
  5 packet(s) transmitted
  5 packet(s) received
  0.00% packet loss
  round-trip min/avg/max = 47/65/78 ms
```

结果显示，PC1 通过 R1 和 R2 的 CHAP 链路实现与 PC2 的通信。

项目拓展

一、理论题

1．在 CHAP 认证方式中，用户计算机与 NAS 之间的密码是（　　），NAS 与 Radius 之间的密码是（　　）。

A．明文传送；明文传送　　B．明文传送；密文传送

C．密文传送；明文传送　　D．密文传送；密文传送

2．在 PPP 的认证方式中，PAP 认证与 CHAP 认证之间的区别不包括（　　）。

A．CHAP 认证比 PAP 认证的安全性高

B．PAP 认证过程是 2 次握手，而 CHAP 认证过程是 3 次握手

C．PAP 认证是由被认证方发起请求的，而 CHAP 认证是由认证方发起请求的

D．PAP 认证和 CHAP 认证两者都是通过被认证方发起明文认证密钥和用户名完成认证的

3．CHAP 认证需要（　　）次握手。

A．2　　B．3　　C．4　　D．5

4．【ppp authentication-mode chap】命令由（　　）开启。

A．认证方　　B．被认证方

C．认证方和被认证方都开启　　D．认证方和被认证方都不开启

二、项目实训题

1．实训背景

Jan16 公司因业务发展需要建立了分部，租用了专门的线路用于总部与分部的互联。为保障通信线路的数据安全，需要在公司总部路由器和分部路由器互联接口上开启点对点链路安全认证。实训拓扑图如图 12-5 所示。

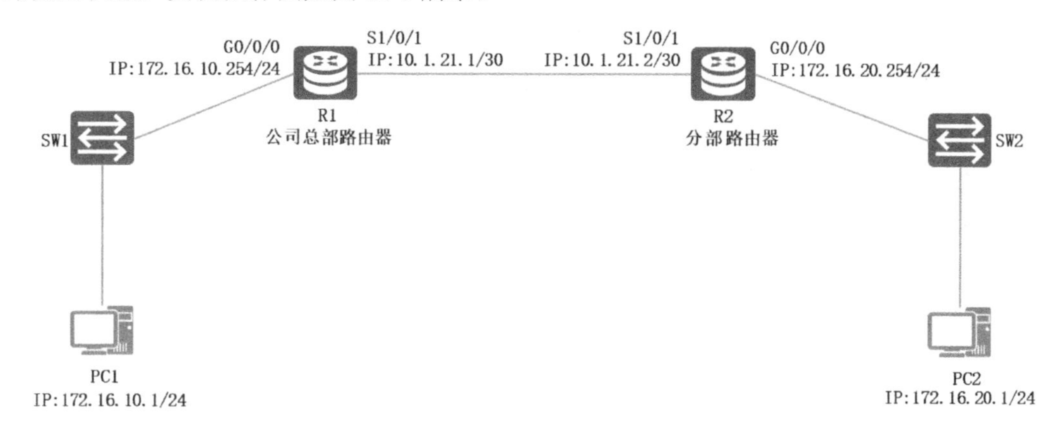

图 12-5　实训拓扑图

2．实训规划

根据项目背景信息、实训拓扑图信息及项目规划设计完成表 12-3 和表 12-4 所示的实训题规划表。

表 12-3　IP 地址规划表 2

设备	接口	IP 地址	网关

表 12-4　接口规划表 2

本端设备	本端接口	对端设备	对端接口

3．实训要求

（1）根据表 12-3 完成路由器接口 IP 地址与计算机 IP 地址的配置。

（2）在各路由器上完成 OSPF 协议配置，使总部和分部能正常通信。

（3）R1 作为认证端，需要配置本端 PPP 的认证方式为 CHAP。使用【aaa】命令进入

AAA 视图，配置 CHAP 认证所使用的用户名和密码，用户名为 Huawei，密码为 Admin@123。

（4）R2 作为被认证端，在 S1/0/1 接口上配置以 PPP 方式在认证时本地发送的 CHAP 用户名和密码，用户名为 Huawei，密码为 Admin@123。

（5）根据以上要求完成配置，按照以下实验验证命令并截图保存。

① 在各路由器上使用【display ip interface brief】命令查看接口的配置状态。

② 在 R1 上使用【display ospf peer brief】命令查看 OSPF 邻居关系建立情况。

③ 将完成第（3）步后，在 R1 上关闭 R1 与 R2 互联接口一段时间后再将其打开，使 R1 与 R2 间的链路重新协商，并检查链路状态和使用【ping】命令测试连通性。

④ 在 R1 上使用【display interface S1/0/1】命令查看接口的 PPP 认证信息。

⑤ 在计算机上使用【ping】命令测试总部和分部的通信情况。

项目 13

基于基本 ACL 的网络访问控制

项目描述

Jan16 公司有开发部、市场部和财务部 3 个部门，每个部门各有计算机若干台，财务部有财务系统服务器一台，这些设备使用三层交换机进行局域网组建，并通过路由器连接至外网。出于数据安全的考虑，需要在三层交换机上进行访问控制。网络拓扑图如图 13-1 所示。项目具体要求如下。

（1）在 SW1 上为开发部、市场部、财务部及财务系统分别创建了 VLAN10、VLAN20、VLAN30 和 VLAN40。

（2）财务系统服务器仅允许财务部进行访问。

（3）财务系统服务器仅在内网使用，不允许访问外网。

（4）计算机、交换机和路由器的 IP 地址与接口信息如图 13-1 所示。

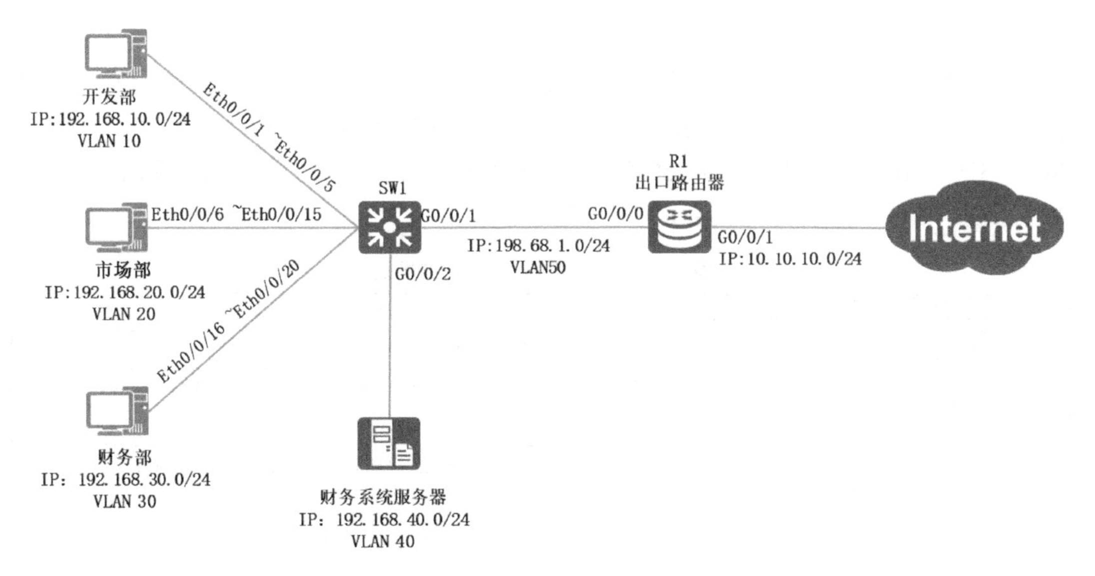

图 13-1　网络拓扑图

相关知识

13.1 ACL 的基本概念

ACL（Access Control List，访问控制列表）是由一系列规则组成的集合，ACL 通过这些规则对报文进行分类，从而使设备可以对不同种类的报文进行不同的处理。

一个 ACL 通常由若干条“deny | permit”语句组成，每条语句就是该 ACL 的一条规则，每条语句中的“deny | permit”就是与这条规则相对应的处理动作。处理动作“permit”的含义是“允许”，处理动作“deny”的含义是“拒绝”。需要特别说明的是，ACL 技术总是与其他技术结合在一起使用，因此，所结合的技术不同，“允许（permit）”及“拒绝（deny）”的内涵及作用也会不同。例如，当 ACL 技术与流量过滤技术结合使用时，“permit”就是“允许通行”的意思，“deny”就是“拒绝通行”的意思。

ACL 技术是一种应用非常广泛的网络安全技术，配置了 ACL 的网络设备的工作过程可以分为以下两个步骤。

（1）根据事先设定好的报文匹配规则对经过该设备的报文进行匹配。

（2）对匹配的报文执行事先设定好的处理动作。

注意：这些匹配规则及相应的处理动作是根据具体的网络需求而设定的。处理动作的不同及匹配规则的多样性，使得 ACL 可以发挥出各种各样的功效。

13.2 ACL 的分类

根据 ACL 所具备的不同特性，我们可以将 ACL 分成不同的类型，分别是基本 ACL、高级 ACL、二层 ACL、用户自定义 ACL，其中应用最为广泛的是基本 ACL 和高级 ACL。

在网络设备上配置 ACL 时，每一个 ACL 都需要被分配一个编号，这个编号称为 ACL 编号。基本 ACL、高级 ACL、二层 ACL、用户自定义 ACL 的编号范围分别为 2000～2999、3000～3999、4000～4999、5000～5999。配置 ACL 时，ACL 的类型应该与相应的编号范围保持一致。各种类型的 ACL 的区别如表 13-1 所示。

表 13-1　各种类型的 ACL 的区别

ACL 类型	编号范围	规则制定的主要依据
基本 ACL	00～2999	报文的源 IP 地址等信息
高级 ACL	3000～3999	报文的源 IP 地址、目的 IP 地址、报文优先级、IP 承载的协议类型及特性等三、四层信息
二层 ACL	4000～4999	报文的源 MAC 地址、目的 MAC 地址、802.1p 优先级、链路层协议类型等二层信息
用户自定义 ACL	5000～5999	用户自定义报文的偏移位置和偏移量、从报文中提取出的相关内容等信息

13.3 基本 ACL 的命令格式

基本 ACL 只能基于 IP 报文的源 IP 地址、报文分片标记和时间段信息来定义规则。配置基本 ACL 规则的命令具有如下结构。

```
rule[rule-id]{permit|deny}[source{source-address source-wildcard | any}|
fragment|logging|time-range time-name]
```

对命令中各个组成项的解释如下。

rule 表示这是一条规则。

rule-id 表示这条规则的编号。

permit|deny 是一个“二选一”选项，表示与这条规则相关联的处理动作。用 deny 命令表示“拒绝”；用 permit 命令表示“允许”。

source 表示源 IP 地址信息。

source-address 表示具体的源 IP 地址。

source- wildcard 表示与 source-address 相对应的通配符。source-wildcard 和 source-address 结合使用，可以确定出一个 IP 地址的集合。特殊情况下，该集合中可以只包含一个 IP 地址。

any 表示源 IP 地址可以是任何地址。

fragment 表示该规则只对非首片分片报文有效。

logging 表示需要将匹配上该规则的 IP 报文进行日志记录。

time-range time-name 表示该规则的生效时间段为 time-name，具体的使用方法在这里不做描述。

项目规划设计

三层交换机的访问控制策略主要是通过 ACL 对不同 VLAN 的 IP 地址段进行流量匹配控制的。标准 ACL 可以对 IP 包进行源 IP 地址匹配，即检查通过 IP 包中的源 IP 地址信息，如果源 IP 地址与 ACL 中的规则相匹配，那么执行放行或拦截的操作。为了使其他部门无法访问财务系统服务器，可以在三层交换机中配置匹配财务部 IP 地址段、拒绝其他所有 IP 地址段的 ACL，并在 G0/0/2 接口的 OUT 方向上应用；配置拒绝财务部系统服务器 IP 地址段的 ACL，在 G0/0/1 接口的 OUT 方向上应用，阻止财务部系统服务器访问外网。在外网连接方面，三层交换机配置默认路由指向出口路由器。出口路由器可根据 ISP 接入方式采用对应的路由协议，这里不做描述。

配置步骤如下。

（1）配置交换机的基础环境。

（2）配置路由器的基础环境。

（3）配置基本 ACL 访问控制。

（4）配置计算机的 IP 地址。

VLAN 规划表 1、IP 地址规划表 1 和端口规划表 1 如表 13-2～表 13-4 所示。

表 13-2　VLAN 规划表 1

VLAN ID	IP 地址段	用途
VLAN10	192.168.10.0/24	开发部
VLAN20	192.168.20.0/24	市场部
VLAN30	192.168.30.0/24	财务部
VLAN40	192.168.40.0/24	财务系统服务器
VLAN50	192.168.1.0/24	连接外网

表 13-3　IP 地址规划表 1

设备	接口	IP 地址	网关
R1	G0/0/0	192.168.1.1/24	—
R1	G0/0/1	10.10.10.1/24	—
SW1	VLANIF10	192.168.10.254/24	—
SW1	VLANIF20	192.168.20.254/24	—
SW1	VLANIF30	192.168.30.254/24	—
SW1	VLANIF40	192.168.40.254/24	—
SW1	VLANIF50	192.168.1.254/24	—
财务系统服务器	Eth0/0/1	192.168.40.1/24	192.168.40.254
开发部	Eth0/0/1	192.168.10.1/24	192.168.10.254
市场部	Eth0/0/1	192.168.20.1/24	192.168.20.254
财务部	Eth0/0/1	192.168.30.1/24	192.168.30.254

表 13-4　端口规划表 1

本端设备	本端端口	对端设备	对端端口
SW1	Eth0/0/1～Eth0/0/5	开发部计算机	Eth0/0/1
SW1	Eth0/0/6～Eth0/0/15	市场部计算机	Eth0/0/1
SW1	Eth0/0/16～Eth0/0/20	财务部计算机	Eth0/0/1
SW1	G0/0/2	财务系统服务器	Eth0/0/1
SW1	G0/0/1	R1	G0/0/0
R1	G0/0/0	SW	G0/0/1
R1	G0/0/1	Internet	Null
财务系统服务器	Eth0/0/1	SW	G0/0/2
开发部	Eth0/0/1	SW	Eth0/0/1～Eth0/0/5
市场部	Eth0/0/1	SW	Eth0/0/6～Eth0/0/15
财务部	Eth0/0/1	SW	Eth0/0/16～Eth0/0/20

项目实施

扫一扫，
看微课

任务 13-1　配置交换机的基础环境

任务描述

根据项目规划设计对交换机进行基础配置。

任务实施

（1）在SW1上为各部门创建相应的VLAN，配置命令如下。

```
<Huawei>system-view                //进入系统视图
[Huawei]sysname SW1                //将交换机名称更改为SW1
[SW1]vlan batch 10 20 30 40 50 //批量创建VLAN10、VLAN20、VLAN30、VLAN40和VLAN50
```

（2）在SW1上将各部门计算机所使用的端口类型转换为Access模式，并设置端口PVID，将端口划分到相应的VLAN，配置命令如下。

```
[SW1]port-group group-member Eth0/0/1 to Eth0/0/5 //将端口Eth0/0/1~Eth0/0/5组成一个端口组
[SW1-port-group]port link-type access     //修改端口类型为Access模式
[SW1-port-group]port default vlan 10      //配置端口的默认VALN为VLAN10
[SW1-port-group]quit                      //退出当前视图
[SW1]port-group group-member Eth0/0/6 to Eth0/0/15
[SW1-port-group]port link-type access
[SW1-port-group]port default vlan 20
[SW1-port-group] quit
[SW1]port-group group-member Eth0/0/16 to Eth0/0/20
[SW1-port-group]port link-type access
[SW1-port-group]port default vlan 30
[SW1-port-group] quit
[SW1]interface G0/0/2                     //进入G0/0/2端口
[SW1-GigabitEthernet0/0/2]port link-type access
[SW1-GigabitEthernet0/0/2]port default vlan 40
[SW1-port-group] quit
[SW1]interface G0/0/1
[SW1-GigabitEthernet0/0/1]port link-type access
[SW1-GigabitEthernet0/0/1]port default vlan 50
[SW1-port-group] quit
```

（3）在SW1上配置VLANIF接口的IP地址，将各VLANIF接口的IP地址作为各部门的网关，配置命令如下。

```
[SW1]interface Vlanif 10                  //创建VLANIF接口并进入VLANIF接口视图
[SW1-Vlanif10]ip add 192.168.10.254 24    //配置IP地址为192.168.10.254，子网掩码24位
[SW1]interface Vlanif 20
[SW1-Vlanif20]ip add 192.168.20.254 24
[SW1]interface Vlanif 30
[SW1-Vlanif30]ip add 192.168.30.254 24
[SW1]interface Vlanif 40
[SW1-Vlanif40]ip add 192.168.40.254 24
[SW1]interface Vlanif 50
[SW1-Vlanif50]ip add 192.168.1.254 24
```

（4）在SW1上配置默认路由，配置命令如下。

```
//配置默认路由，指定下一跳地址为192.168.1.1
[SW1]ip route-static 0.0.0.0 0.0.0.0 192.168.1.1
```

任务验证

（1）在SW1上使用【display vlan】命令查看VLAN信息，配置命令如下。

```
[SW1]display vlan
The total number of vlans is : 6
--------------------------------------------------------------------------------
U: Up;         D: Down;         TG: Tagged;         UT: Untagged;
```

```
MP: Vlan-mapping;              ST: Vlan-stacking;
#: ProtocolTransparent-vlan;    *: Management-vlan;
--------------------------------------------------------------------------------

VID  Type    Ports
--------------------------------------------------------------------------------
1    common  UT:Eth0/0/21(D)    Eth0/0/22(D)

10   common  UT:Eth0/0/1(U)     Eth0/0/2(D)     Eth0/0/3(D)     Eth0/0/4(D)

                Eth0/0/5(D)

20   common  UT:Eth0/0/6(U)     Eth0/0/7(D)     Eth0/0/8(D)     Eth0/0/9(D)

                Eth0/0/10(D)    Eth0/0/11(D)    Eth0/0/12(D)    Eth0/0/13(D)
                Eth0/0/14(D)    Eth0/0/15(D)

30   common  UT:Eth0/0/16(U)    Eth0/0/17(D)    Eth0/0/18(D)    Eth0/0/19(D)

                Eth0/0/20(D)

40   common  UT:GE0/0/2(U)

50   common  UT:GE0/0/1(U)


VID  Status  Property     MAC-LRN Statistics Description
--------------------------------------------------------------------------------

1    enable  default      enable  disable    VLAN 0001
10   enable  default      enable  disable    VLAN 0010
20   enable  default      enable  disable    VLAN 0020
30   enable  default      enable  disable    VLAN 0030
40   enable  default      enable  disable    VLAN 0040
50   enable  default      enable  disable    VLAN 0050
```

可以看到，在 SW1 上已经创建了 VLAN10、VLAN20、VLAN30、VLAN40 和 VLAN50，并将端口指定给了相应的 VLAN。

（2）在 SW1 上使用【display ip interface brief】命令查看接口的 IP 地址信息，配置命令如下。

```
[SW1]display ip interface brief
*down: administratively down
^down: standby
(l): loopback
(s): spoofing
The number of interface that is UP in Physical is 6
The number of interface that is DOWN in Physical is 2
The number of interface that is UP in Protocol is 6
The number of interface that is DOWN in Protocol is 2

Interface                         IP Address/Mask      Physical   Protocol
MEth0/0/1                         unassigned           down       down
```

```
NULL0                         unassigned          up        up(s)
Vlanif1                       unassigned          down      down
Vlanif10                      192.168.10.254/24   up        up
Vlanif20                      192.168.20.254/24   up        up
Vlanif30                      192.168.30.254/24   up        up
Vlanif40                      192.168.40.254/24   up        up
Vlanif50                      192.168.1.254/24    up        up
```

可以看到，在SW1上已经为5个VLANIF接口都配置了IP地址。

任务13-2 配置路由器的基础环境

任务描述

根据项目规划设计对各路由器进行配置。

任务实施

（1）在R1接口上配置IP地址，配置命令如下。

```
[Huawei]system-view
[Huawei]sysname R1
[R1]interface G0/0/0                                    //进入G0/0/0接口
[R1-GigabitEthernet0/0/0]ip add 192.168.1.1 24
[R1]interface G0/0/1
[R1-GigabitEthernet0/0/1]ip add 10.10.10.1 24
```

（2）在R1上配置静态路由，配置命令如下。

```
[R1]ip route-static 192.168.10.0 255.255.255.0 192.168.1.254
[R1]ip route-static 192.168.20.0 255.255.255.0 192.168.1.254
[R1]ip route-static 192.168.30.0 255.255.255.0 192.168.1.254
[R1]ip route-static 192.168.40.0 255.255.255.0 192.168.1.254
```

任务验证

（1）在R1上使用【display ip interface brief】命令查看接口的IP地址信息，配置命令如下。

```
[R1]display ip interface brief
*down: administratively down
^down: standby
(l): loopback
(s): spoofing
The number of interface that is UP in Physical is 1
The number of interface that is DOWN in Physical is 3
The number of interface that is UP in Protocol is 1
The number of interface that is DOWN in Protocol is 3

Interface                     IP Address/Mask      Physical   Protocol
GigabitEthernet0/0/0            192.168.1.1/24       down       down
GigabitEthernet0/0/1            10.10.10.1/24        down       down
```

可以看到，已经在接口上配置了IP地址。

（2）在R1上使用【display ip routing-table】命令查看路由表配置信息，配置命令如下。

```
[R1]display ip routing-table
```

```
Route Flags: R - relay, D - download to fib
------------------------------------------------------------------------------
Routing Tables: Public
        Destinations : 11       Routes : 11

Destination/Mask    Proto   Pre  Cost      Flags NextHop         Interface

     127.0.0.0/8   Direct  0    0           D  127.0.0.1       InLoopBack0
     127.0.0.1/32  Direct  0    0           D   127.0.0.1      InLoopBack0
127.255.255.255/32  Direct  0    0           D   127.0.0.1      InLoopBack0
   192.168.1.0/24  Direct  0    0           D   192.168.1.1     GigabitEthernet0/0/0
   192.168.1.1/32  Direct  0    0           D   127.0.0.1       GigabitEthernet0/0/0
 192.168.1.255/32  Direct  0    0           D   127.0.0.1       GigabitEthernet0/0/0
  192.168.10.0/24  Static  60   0           RD  192.168.1.254   GigabitEthernet0/0/0
  192.168.20.0/24  Static  60   0           RD  192.168.1.254   GigabitEthernet0/0/0
  192.168.30.0/24  Static  60   0           RD  192.168.1.254   GigabitEthernet0/0/0
  192.168.40.0/24  Static  60   0           RD  192.168.1.254   GigabitEthernet0/0/0
255.255.255.255/32  Direct  0    0           D   127.0.0.1      InLoopBack0
```

可以看到，配置的静态路由已经生效。

任务 13-3　配置基本 ACL 访问控制

任务描述

根据项目规划设计在 SW1 上配置 ACL 访问控制。

任务实施

（1）SW1 上配置 ACL 规则，允许数据包源 IP 地址网段为 192.168.30.0/24 的报文通过。将规则应用到 G0/0/2 的端口上，配置命令如下。

```
[SW1]acl 2000                          //创建一个编号为 2000 的基本 ACL
//允许源 IP 地址网段为 192.168.30.0/24 的报文通过
[SW1-acl-basic-2000]rule permit source 192.168.30.0 0.0.0.255
[SW1-acl-basic-2000]rule deny         //拒绝所有访问
[SW1]interface G0/0/2
//在端口的出口方向基于 ACL 2000 进行报文过滤
[SW1-GigabitEthernet0/0/2]traffic-filter outbound acl 2000
```

（2）在 SW1 上配置 ACL 规则，拒绝数据包源 IP 地址网段为 192.168.40.0/24 的报文通过。将规则应用到 G0/0/1 的端口上，配置命令如下。

```
[SW1]acl 2001
[SW1-acl-basic-2001]rule deny source 192.168.40.0 0.0.0.255
[SW1]interface G0/0/1
[SW1-GigabitEthernet0/0/1]traffic-filter outbound acl 2001
```

任务验证

在 SW1 上使用【display acl all】命令查看访问控制列表配置，配置命令如下。

```
[SW1]display acl all
 Total nonempty ACL number is 2
```

```
Basic ACL 2000, 2 rules
Acl's step is 5
 rule 5 permit source 192.168.30.0 0.0.0.255
 rule 10 deny

Basic ACL 2001, 1 rule
Acl's step is 5
 rule 5 deny source 192.168.40.0 0.0.0.255
```

可以看到，已经根据规划配置了访问控制列表。

任务 13-4　配置计算机的 IP 地址

任务描述

根据表 13-3 为各计算机配置 IP 地址。

任务实施

财务系统服务器的 IP 地址配置结果如图 13-2 所示。同理，完成其他计算机的 IP 地址配置。

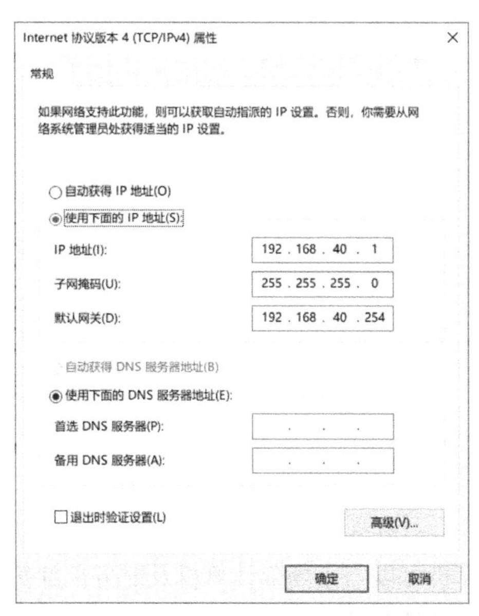

图 13-2　财务系统服务器的 IP 地址配置结果

任务验证

（1）在财务系统服务器上使用【ipconfig】命令查看 IP 地址，配置命令如下。

```
PC1>ipconfig

本地连接:

   连接特定的 DNS 后缀 . . . . . . . :
   IPv4 地址 . . . . . . . . . . . . : 192.168.40.1(首选)
   子网掩码 . . . . . . . . . . . . : 255.255.255.0
   默认网关. . . . . . . . . . . . . : 192.168.40.254
```

可以看到，已经在接口上配置了 IP 地址。

（2）在其他计算机上同样使用【ipconfig】命令查看 IP 地址。

项目验证

扫一扫，
看微课

（1）使用【ping】命令测试各部门的内部通信情况。

使用开发部计算机 Ping 市场部及财务部计算机，配置命令如下。

```
PC>ping 192.168.20.1

Ping 192.168.20.1: 32 data bytes, Press Ctrl_C to break
From 192.168.20.1: bytes=32 seq=1 ttl=127 time=47 ms
From 192.168.20.1: bytes=32 seq=2 ttl=127 time=47 ms
From 192.168.20.1: bytes=32 seq=3 ttl=127 time=31 ms
From 192.168.20.1: bytes=32 seq=4 ttl=127 time=31 ms
From 192.168.20.1: bytes=32 seq=5 ttl=127 time=31 ms

--- 192.168.20.1 ping statistics ---
  5 packet(s) transmitted
  5 packet(s) received
  0.00% packet loss
  round-trip min/avg/max = 31/37/47 ms

PC>ping 192.168.30.1

Ping 192.168.30.1: 32 data bytes, Press Ctrl_C to break
From 192.168.30.1: bytes=32 seq=1 ttl=127 time=32 ms
From 192.168.30.1: bytes=32 seq=2 ttl=127 time=31 ms
From 192.168.30.1: bytes=32 seq=3 ttl=127 time=47 ms
From 192.168.30.1: bytes=32 seq=4 ttl=127 time=31 ms
From 192.168.30.1: bytes=32 seq=5 ttl=127 time=31 ms

--- 192.168.30.1 ping statistics ---
  5 packet(s) transmitted
  5 packet(s) received
  0.00% packet loss
  round-trip min/avg/max = 31/34/47 ms
```

结果显示，开发部计算机可以与市场部计算机及财务部计算机通信。

（2）测试各部门与财务系统服务器的连接性。

① 使用开发部计算机 Ping 财务系统服务器，配置命令如下。

```
PC>ping 192.168.40.1

Ping 192.168.40.1: 32 data bytes, Press Ctrl_C to break
Request timeout!
Request timeout!
Request timeout!
Request timeout!
Request timeout!

--- 192.168.40.1 ping statistics ---
```

```
  5 packet(s) transmitted
  0 packet(s) received
  100.00% packet loss
```

结果显示，开发部计算机无法与财务系统服务器通信。

② 使用财务部计算机 Ping 财务系统服务器，配置命令如下。

```
PC>ping 192.168.40.1

Ping 192.168.40.1: 32 data bytes, Press Ctrl_C to break
From 192.168.40.1: bytes=32 seq=1 ttl=127 time=47 ms
From 192.168.40.1: bytes=32 seq=2 ttl=127 time=31 ms
From 192.168.40.1: bytes=32 seq=3 ttl=127 time=32 ms
From 192.168.40.1: bytes=32 seq=4 ttl=127 time=31 ms
From 192.168.40.1: bytes=32 seq=5 ttl=127 time=47 ms

--- 192.168.40.1 ping statistics ---
  5 packet(s) transmitted
  5 packet(s) received
  0.00% packet loss
  round-trip min/avg/max = 31/37/47 ms
```

结果显示，财务部计算机可以与财务系统服务器通信。

（3）使用【ping】命令测试各部门的计算机及财务系统服务器是否能够访问外网。

① 使用开发部计算机 Ping 外网，配置命令如下。

```
PC>ping 10.10.10.1

Ping 10.10.10.1: 32 data bytes, Press Ctrl_C to break
From 10.10.10.1: bytes=32 seq=1 ttl=254 time=31 ms
From 10.10.10.1: bytes=32 seq=2 ttl=254 time=47 ms
From 10.10.10.1: bytes=32 seq=3 ttl=254 time=31 ms
From 10.10.10.1: bytes=32 seq=4 ttl=254 time=47 ms
From 10.10.10.1: bytes=32 seq=5 ttl=254 time=31 ms

--- 10.10.10.1 ping statistics ---
  5 packet(s) transmitted
  5 packet(s) received
  0.00% packet loss
  round-trip min/avg/max = 31/37/47 ms
```

结果显示，其他部门均能访问外网。

② 使用财务系统服务器 Ping 外网，配置命令如下。

```
PC>ping 10.10.10.1

Ping 10.10.10.1: 32 data bytes, Press Ctrl_C to break
Request timeout!
Request timeout!
Request timeout!
Request timeout!
Request timeout!

--- 10.10.10.1 ping statistics ---
  5 packet(s) transmitted
```

```
0 packet(s) received
100.00% packet loss
```

结果显示，财务系统服务器无法访问外网。

项目拓展

一、理论题

1. 二层 ACL 的编号范围是（　　）。

A．3000～3999　　B．2000～2999　　C．5000～5999　　D．4000～4999

2. 下列说法正确的是（　　）。

A．缺省的 ACL 匹配顺序是 auto 模式

B．自动排序会将规则按照精确度从低到高进行排序，并按照精确度从低到高的顺序进行报文匹配

C．无论报文匹配 ACL 的结果是“不匹配”、“允许”还是“拒绝”，该报文最终被允许通过还是被拒绝通过，实际是由应用 ACL 的各个业务模块来决定的

D．缺省情况下，从 ACL 中编号最小的规则开始查找，匹配规则后仍继续查询后续规则

3. 基本访问控制列表以（　　）作为匹配条件。

A．数据包的大小　　B．数据包的源 IP 地址

C．数据包的端口号　　D．数据包的目的地址

二、项目实训题

1. 实训背景

Jan16 公司有研发部、商务部、财务部 3 个部门，每个部门各有计算机若干台，财务部有财务系统服务器 1 台，这些设备使用三层交换机进行局域网组建，并通过路由器连接至外网。出于数据安全的考虑，需要在三层交换机上部署网络的访问控制列表。实训拓扑图如图 13-3 所示。

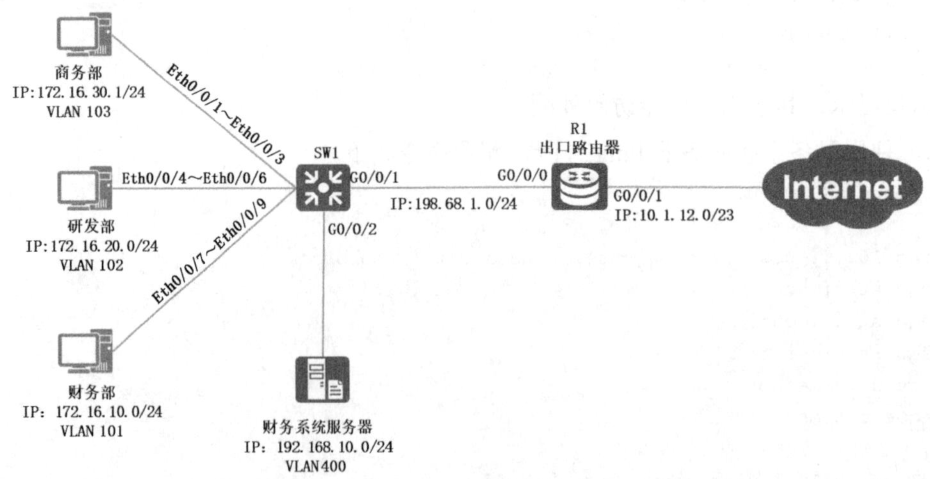

图 13-3　实训拓扑图

2．实训规划

根据项目背景信息、实训拓扑图信息及项目规划设计完成表 13-5～表 13-7 所示的实训题规划表。

表 13-5　VLAN 规划表 2

VLAN ID	IP 地址段	用途

表 13-6　IP 地址规划表 2

设备	接口	IP 地址	网关

表 13-7　端口规划表 2

本端设备	本端端口	对端设备	对端端口

3．实训要求

（1）根据规划表在 SW1 上为各部门创建相应的 VLAN，将连接各部门的端口配置为 Access 端口。

（2）根据表 13-6 在 SW1 上创建逻辑 VLANIF 接口，配置 IP 地址作为各部门的网关。

（3）在 SW1 上配置一条默认路由，下一跳指向出口路由器，使其正常访问出口路由器。

（4）在出口路由器 R1 上根据表 13-6 配置端口 IP 地址。

（5）在出口路由器 R1 上配置与各部门互访的静态路由信息。

（6）根据表 13-6 完成各部门计算机的 IP 地址配置。

（7）根据项目描述在 SW1 上创建 ACL 访问控制。

① 在 SW1 上配置 ACL 规则，允许数据包源 IP 地址网段为 172.16.10.0/24 的报文通过。将规则应用到 G0/0/2 端口。

② 财务系统服务器仅在内网使用，在 SW1 上配置 ACL 规则，拒绝数据包源 IP 地址网段为 192.168.10.0 的报文通过，并将规则应用到 G0/0/1 端口。

（8）根据以上要求完成配置，按照以下实验验证命令并截图保存。

① 在 SW1 上使用【display port vlan】命令查看 VLAN 的端口划分情况。

② 在 SW1 上使用【display ip interface brief】命令查看 SW1 的逻辑接口的 IP 地址配置情况。

③ 在 R1 上使用【display ip routing-table】命令检查静态路由配置情况。

④ 在 SW1 上使用【display acl all】命令查看访问控制列表配置情况。

⑤ 在研发部计算机上使用【ping】命令测试与商务部计算机和财务部计算机的通信。

⑥ 在财务部计算机上使用【ping】命令测试与财务系统服务器的通信。

⑦ 在研发部计算机上使用【ping】命令测试与财务系统服务器的通信。

⑧ 在商务部计算机上使用【ping】命令测试与财务系统服务器的通信。

⑨ 使用【ping】命令测试各部门计算机及财务系统服务器是否能够访问外网。

项目 14

基于扩展 ACL 的网络访问控制

项目描述

Jan16 公司的财务部有计算机若干台，并架设了专用的财务系统服务器，进行局域网组建，所有计算机和服务器均通过路由器连接至互联网。出于财务系统数据安全的考虑，需要在路由器上配置访问控制策略，仅允许财务部 PC1 访问财务系统服务器前端网站。同时，财务系统服务器不可访问外网。网络拓扑图如图 14-1 所示。项目具体要求如下。

（1）仅允许财务部 PC1 访问财务系统服务器前端网站。

（2）财务系统服务器仅在内网使用，不可访问外网。

（3）测试计算机和路由器的 IP 地址与接口信息如图 14-1 所示。

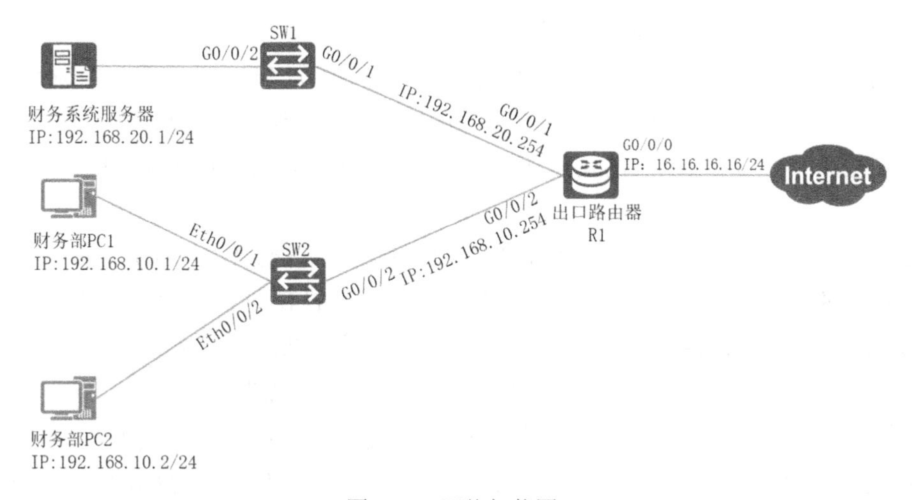

图 14-1　网络拓扑图

相关知识

14.1　ACL 规则

ACL 负责管理用户配置的所有规则，并提供报文匹配规则的算法。ACL 规则管理的基本思想如下。

① 每个 ACL 作为一个规则组，一般可以包含多条规则。

② ACL 中的每一条规则都通过规则 ID（rule-id）来标识，规则 ID 可以自行设置，也可以由系统根据步长自动生成，即设备会在创建 ACL 的过程中自动为每一条规则分配一个 ID。

③ 默认情况下，ACL 中的所有规则均按照规则 ID 从小到大的顺序与规则进行匹配。

④ 规则 ID 之间会留下一定的间隔。不指定规则 ID 时，具体间隔大小由“ACL 的步长”来设定。例如，如果将规则编号的步长设定为 10（注：规则编号的步长的默认值为 5），那么规则编号将按照 10，20，30，40，…这样的规律自动进行分配；如果将规则编号的步长设定为 2，那么规则编号将按照 2，4，6，8，…这样的规律自动进行分配。步长的大小反映了相邻规则编号之间的间隔大小。间隔的存在，实际上是为了方便在两个相邻的规则之间插入新的规则。

14.2 ACL 规则的匹配

配置了 ACL 的设备在接收到一个报文之后，会将该报文与 ACL 中的规则逐条进行匹配。如果不能匹配上当前这条规则，那么会继续尝试匹配下一条规则。如果报文匹配上了某条规则，那么设备会对该报文执行这条规则中定义的处理动作（permit 或 deny），并且不再继续尝试与后续规则进行匹配。如果报文不能匹配上 ACL 的任何一条规则，那么设备会对该报文执行“permit”这个处理动作。

在将一个数据包和访问控制列表的规则进行匹配时，由规则的匹配顺序决定规则的优先级。华为设备支持以下两种匹配顺序。

（1）匹配顺序按照用户配置 ACL 规则的先后序列进行匹配，先配置的规则先匹配。根据 ACL 中语句的顺序，把数据包和判断条件进行比较。一旦匹配，就采用语句中的动作并结束比较过程，不再检查以后的其他条件判断语句。如果没有任何语句匹配，那么数据包将被放行。

（2）自动（auto）排序使用“深度优先”的原则进行匹配。“深度优先”根据 ACL 规则的精确度排序，匹配条件（如协议类型、源 IP 地址和目的 IP 地址范围等）限制越严格，规则就越先匹配。基本 IPv4 的 ACL 的“深度优先”顺序判断原则及步骤如下。

① 判断规则中是否带 VPN 实例，带 VPN 实例的规则优先。

② 比较源 IP 地址范围，源 IP 地址范围小（通配符掩码中“0”位的数量多）的规则优先。例如，“1.1.1.1 0.0.0.0”指定了一个 IP 地址 1.1.1.1，而“1.1.1.0 0.0.0.255”指定了一个网段 1.1.1.1～1.1.1.255，因为前者指定的地址范围比后者小，所以在规则中优先。

③ 如果规则的源 IP 地址范围相同，那么规则 ID 小的规则优先。

14.3 高级 ACL 的命令格式

高级 ACL 可以根据 IP 报文的源 IP 地址、IP 报文的目的 IP 地址、IP 报文的协议字段

的值、IP 报文的优先级的值、IP 报文的长度值、TCP 报文的源端口号、TCP 报文的目的端口号、UDP 报文的源端口号、UDP 报文的目的端口号等信息来定义规则。基本 ACL 的功能只是高级 ACL 的功能的一个子集，高级 ACL 可以比基本 ACL 定义出更精准、更复杂、更灵活的规则。

高级 ACL 中规则的配置比基本 ACL 中规则的配置要复杂得多，且配置命令的格式也会因 IP 报文的载荷数据的类型不同而不同。例如，针对 ICMP 报文、TCP 报文、UDP 报文等不同类型的报文，其相应的配置命令的格式也是不同的。下面是针对所有 IP 报文的一种简化了的配置命令格式。

```
rule[rule-id]{permit|deny}ip[destination{destination-address destination-wildcard|any}][source{source-address source-wildcard|any}]
```

destination 表示目的 IP 地址信息。

destination-address 表示具体的目的 IP 地址。

destination-wildcard 表示与 destination-address 相对应的通配符。

destination-wildcard 表示与 destination-address 结合使用，可以确定出一个 IP 地址的集合。特殊情况下，该集合中可以只包含一个 IP 地址。

与基本 ACL 命令格式相同部分的使用方法在这里不做描述。

项目规划设计

扩展 ACL 可以对 IP 包地址信息中的源 IP 地址、目的 IP 地址、协议、端口号进行匹配，即检查通过 IP 包的地址信息，如果地址信息与 ACL 中的规则相匹配，那么执行放行或拦截的操作。在本项目中，访问控制策略主要集中在对财务系统服务器的访问权限上，可通过在路由器上应用 ACL 策略即可实现。ACL 策略的主要内容包括：①允许财务部 PC1 对服务器 80 端口的访问。②拒绝财务系统服务器对外网的访问。

配置步骤如下。

（1）配置路由器接口。

（2）配置高级 ACL 访问控制。

（3）配置计算机的 IP 地址。

IP 地址规划表 1 和端口规划表 1 如表 14-1 和表 14-2 所示。

表 14-1 IP 地址规划表 1

设备	接口	IP 地址	网关
R1	G0/0/0	16.16.16.16/24	
R1	G0/0/1	192.168.10.254/24	
R1	G0/0/2	192.168.20.254/24	
财务系统服务器	—	192.168.20.1/24	192.168.20.254
财务部 PC1	—	192.168.10.1/24	192.168.10.254
财务部 PC2	—	192.168.10.2/24	192.168.10.254

表 14-2 端口规划表 1

本端设备	本端端口	对端设备	对端端口
R1	G0/0/0	Internet	—
R1	G0/0/1	SW1	G0/0/1
R1	G0/0/2	SW2	G0/0/2
SW1	G0/0/1	R1	G0/0/1
SW1	G0/0/2	财务系统服务器	—
SW2	Eth0/0/1	财务部 PC1	—
SW2	Eth0/0/2	财务部 PC2	—
SW2	G0/0/2	R1	G0/0/2

项目实施

扫一扫，
看微课

任务 14-1 配置路由器接口

任务描述

根据项目规划设计对 R1 进行基础配置。

任务实施

在 R1 上进行基础配置，配置命令如下。

```
<Huawei>system-view                          //进入系统视图
[Huawei]sysname R1                           //将路由器名称更改为 R1
[R1]interface G0/0/0                         //进入 G0/0/0 接口
//配置 IP 地址为 16.16.16.16，子网掩码 24 位
[R1-GigabitEthernet0/0/0]ip address 16.16.16.16 255.255.255.0
[R1]interface G0/0/1
[R1-GigabitEthernet0/0/1]ip address 192.168.20.254 255.255.255.0
[R1]interface G0/0/2
[R1-GigabitEthernet0/0/2]ip address 192.168.10.254 255.255.255.0
```

任务验证

在 R1 上使用【display ip interface brief】命令查看接口的 IP 地址信息，配置命令如下。

```
[R1]display ip interface brief
*down: administratively down
^down: standby
(l): loopback
(s): spoofing
The number of interface that is UP in Physical is 2
The number of interface that is DOWN in Physical is 2
The number of interface that is UP in Protocol is 2
The number of interface that is DOWN in Protocol is 2

Interface                      IP Address/Mask      Physical   Protocol
GigabitEthernet0/0/0             16.16.16.16/24       up         up
GigabitEthernet0/0/1             192.168.20.254/24    down        down
GigabitEthernet0/0/2             192.168.10.254/24    down        down
```

可以看到，已经在接口上配置了 IP 地址。

任务 14-2　配置高级 ACL 访问控制

任务描述

根据项目规划设计对 R1 进行高级 ACL 访问控制配置。

任务实施

（1）在路由器上配置高级 ACL 规则，允许财务部 PC1 对服务器 80 端口的访问。将规则应用到 G0/0/1 的端口上，配置命令如下。

```
[R1]acl 3000                     //创建一个编号为 3000 的高级 ACL
//允许源 IP 地址网段为 192.168.10.1/24、目的端口为 80 端口的 TCP 报文访问
[R1-acl-adv-3000]rule permit tcp source 192.168.10.1 0 destination-port eq www
[R1-acl-adv-3000]rule deny ip  //拒绝所有 IP 地址的访问
[R1]interface G0/0/1
//在端口的出口方向基于 ACL 3000 进行报文过滤
[R1-GigabitEthernet0/0/1]traffic-filter outbound acl 3000
```

（2）在路由器上配置高级 ACL 规则，拒绝财务系统服务器对外网的访问。将规则应用到 G0/0/0 的端口上，配置命令如下。

```
[R1]acl 3001
[R1-acl-adv-3001]rule 5 deny ip source 192.168.20.0 0.0.0.255
[R1-acl-adv-3001]rule 10 permit ip
[R1]interface g0/0/0
[R1-GigabitEthernet0/0/1]traffic-filter outbound acl 3001
```

任务验证

在 R1 上使用【display acl all】命令查看访问控制列表配置，配置命令如下。

```
[R1]display acl all
Total quantity of nonempty ACL number is 2

Advanced ACL 3000, 2 rules
Acl's step is 5
 rule 5 permit tcp source 192.168.10.1 0 destination-port eq www
 rule 10 deny ip

Advanced ACL 3001, 2 rules
Acl's step is 5
 rule 5 deny ip source 192.168.20.0 0.0.0.255
 rule 10 permit ip
```

可以看到，已经根据规划配置了访问控制列表。

任务 14-3　配置计算机的 IP 地址

任务描述

根据项目规划设计对各计算机进行 IP 地址配置。

任务实施

财务系统服务器的 IP 地址配置结果如图 14-2 所示。同理，完成其他计算机的 IP 地址配置。

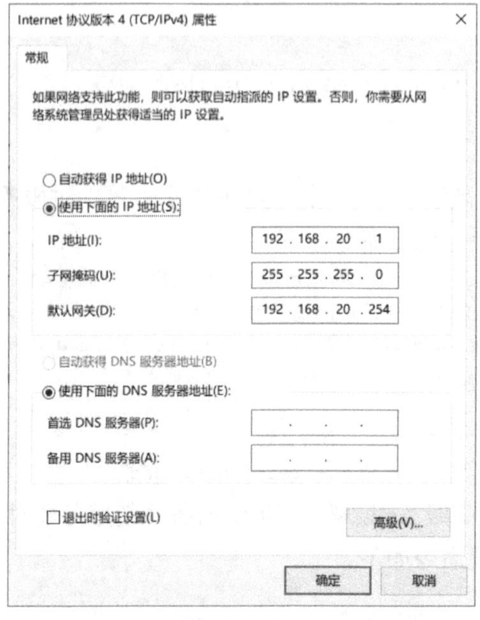

图 14-2　财务系统服务器的 IP 地址配置结果

任务验证

（1）在财务系统服务器上使用【ipconfig】命令查看 IP 地址，配置命令如下。

```
PC1>ipconfig    //显示本机的 IP 地址配置信息

本地连接:

   连接特定的 DNS 后缀 . . . . . . . :
   IPv4 地址 . . . . . . . . . . . . : 192.168.20.1(首选)
   子网掩码 . . . . . . . . . . . . : 255.255.255.0
   默认网关. . . . . . . . . . . . . : 192.168.20.254
```

可以看到，已经在接口上配置了 IP 地址。

（2）在其他计算机上同样使用【ipconfig】命令确认 IP 地址是否正确配置。

项目验证

扫一扫，
看微课

（1）测试财务部计算机与财务系统服务器 80 端口的连通性。

① 配置财务系统服务器 HttpServer，启用 80 端口，如图 14-3 所示。

② 使用财务部 PC1 访问财务系统服务器 HTTP 服务，如图 14-4 所示。结果显示可以访问。

③ 使用财务部 PC2 访问财务系统服务器 HTTP 服务，如图 14-5 所示。结果显示不可以访问。

图 14-3　配置财务系统服务器 HttpServer

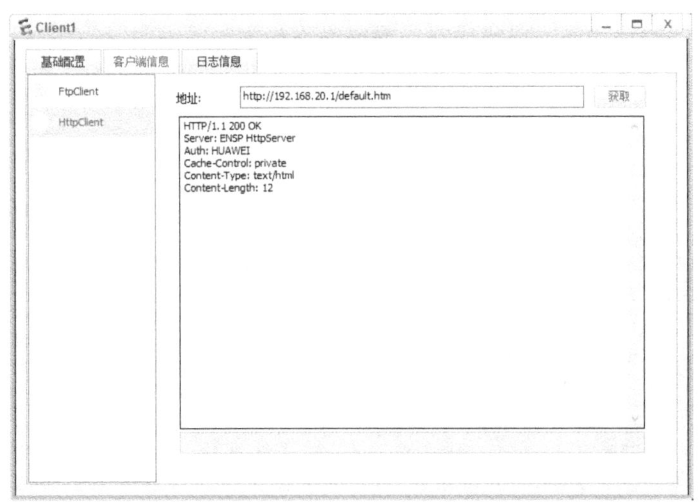

图 14-4　使用财务部 PC1 访问财务系统服务器 HTTP 服务

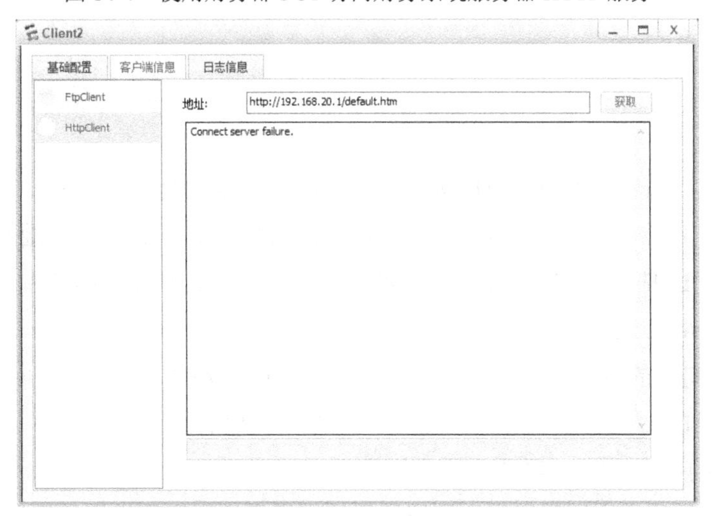

图 14-5　使用财务部 PC2 访问财务系统服务器 HTTP 服务

（2）测试服务器与外网的连通性。

① 使用财务系统服务器 Ping 测试外网，配置命令如下。

```
PC>ping 16.16.16.16

Ping 16.16.16.16: 32 data bytes, Press Ctrl_C to break
Request timeout!
Request timeout!
Request timeout!
Request timeout!
Request timeout!

--- 16.16.16.16 ping statistics ---
  5 packet(s) transmitted
  0 packet(s) received
  100.00% packet loss
```

结果显示不可以 Ping 通。

② 使用财务部 PC1 Ping 测试外网，配置命令如下。

```
PC>ping 16.16.16.16

Ping 16.16.16.16: 32 data bytes, Press Ctrl_C to break
From 16.16.16.16: bytes=32 seq=1 ttl=127 time=47 ms
From 16.16.16.16: bytes=32 seq=2 ttl=127 time=31 ms
From 16.16.16.16: bytes=32 seq=3 ttl=127 time=32 ms
From 16.16.16.16: bytes=32 seq=4 ttl=127 time=31 ms
From 16.16.16.16: bytes=32 seq=5 ttl=127 time=47 ms

--- 16.16.16.16 ping statistics ---
  5 packet(s) transmitted
  5 packet(s) received
  0.00% packet loss
  round-trip min/avg/max = 31/37/47 ms
```

结果显示可以 Ping 通。

项目拓展

一、理论题

1．关于 ACL 编号与类型的对应关系，下面描述正确的是（　　）。

A．基本 ACL 编号的范围是 1000～2999　　B．高级 ACL 编号的范围是 3000～9000

C．二层 ACL 编号的范围是 4000～4999　　D．基本 ACL 编号的范围是 1000～2000

2．（多选）ACL 的类型包括（　　）。

A．基于时间段的包过滤　　B．基本 ACL

C．高级 ACL　　D．二层 ACL

3．路由器的某个 ACL 存在如下规则：

```
acl 3000
rule 5 permit tcp source 192.168.1.0 0.255.255.255 destination 172.13.1.0 0.0.0.255
```

下列说法正确的是（　　）。

A．拒绝源 IP 地址为 192.168.1.0 网段、目的 IP 地址为 172.13.1.0 网段的 TCP 报文通过

B．允许源 IP 地址为 192.168.1.0 网段、目的 IP 地址为 172.13.1.0 网段的 TCP 报文通过

C．允许源 IP 地址为 172.13.1.0 网段、目的 IP 地址为 192.168.1.0 网段的 TCP 报文通过

D．拒绝源 IP 地址为 172.13.1.0 网段、目的 IP 地址为 192.168.1.0 网段的 TCP 报文通过

二、项目实训题

1．实训背景

Jan16 公司的财务部有计算机若干台，并架设了专用的财务系统服务器，进行局域网组建，所有计算机和财务系统均通过路由器连接至互联网。出于对财务系统数据安全的考虑，需要在路由器上配置访问控制策略，仅允许财务部 PC1 访问财务系统服务器前端网站。同时，财务系统服务器不可访问外网。实训拓扑图如图 14-6 所示。

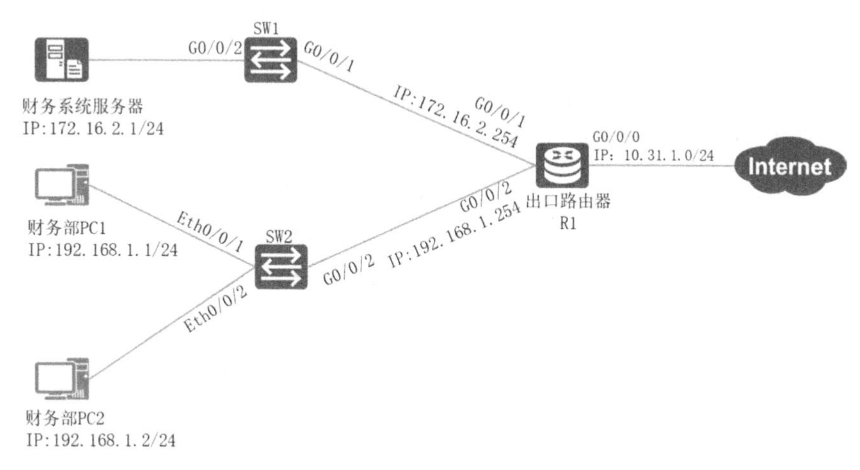

图 14-6　实训拓扑图

2．实训规划

根据项目背景信息、实训拓扑图信息及项目规划设计完成表 14-3 和表 14-4 所示的实训题规划表。

表 14-3　IP 地址规划表 2

设备	接口	IP 地址	网关

表 14-4　端口规划表 2

本端设备	本端端口	对端设备	对端端口

3．实训要求

（1）根据表 14-3 完成 R1 接口的 IP 地址配置。

（2）根据表 14-3 完成各计算机的 IP 地址配置。

（3）根据项目描述在 R1 上创建高级 ACL 访问控制。

① 在出口路由器上配置高级 ACL 规则，允许财务部 PC1 对服务器 80 端口的访问。将规则应用到 G0/0/1 端口。

② 在出口路由器上配置高级 ACL 规则，拒绝财务系统服务器对外网的访问。将规则应用到 G0/0/0 端口。

（4）根据项目需求完成财务系统服务器的 HTTP 配置。

（5）根据以上要求完成配置，按照以下实验验证命令并截图保存。

① 在 R1 上使用【display ip interface brief】命令检查 IP 地址的配置情况。

② 在 R1 上使用【display acl all】命令查看访问控制列表配置情况。

③ 使用财务部 PC1 访问财务系统服务器 HTTP 服务验证高级 ACL。

④ 使用财务部 PC2 访问财务系统服务器 HTTP 服务验证高级 ACL。

⑤ 使用【ping】命令测试财务系统服务器是否能够访问外网。

项目 15

基于静态NAT发布公司网站服务器

项目描述

Jan16 公司搭建了网站服务器，用于对外发布公司官网信息。为了保障公司内网的安全和解决私网 IP 地址在公网的信息传输问题，需要在出口路由器上配置 NAT（Network Address Translation，网络地址转换），使内部服务器映射到公网 IP 地址上。

网络拓扑图如图 15-1 所示。项目具体要求如下。

（1）公司内网使用 192.168.1.0/24 网段，出口使用 16.16.16.0/24 网段。

（2）在出口路由器上申请了一个 16.16.16.1 的 IP 地址，可供网站服务器做 NAT 映射。

（3）测试计算机和路由器的 IP 地址与接口信息如图 15-1 所示。

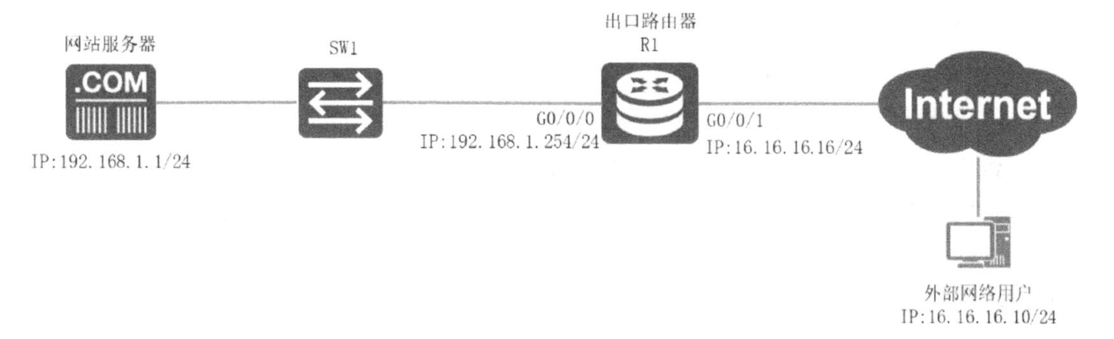

图 15-1　网络拓扑图

相关知识

通过对广域网技术的学习我们知道，在网络的不同类型中，除了私有网络，还有公共网络，它们之间需要相互关联才能充分发挥各自的作用。NAT 不仅可以实现私有网络和公共网络中的资源互访，还能提供一定的安全访问功能，本项目将从 NAT 的工作原理入手，介绍 NAT 的不同类型及相应的配置方法。

15.1 NAT 的基本概念

NAT 是一个 IETF（Internet Engineering Task Force，互联网工程任务组）标准，是一种将内部私网 IP 地址转换成合法的外部公网 IP 地址的技术。

当今的 Internet 使用 TCP/IP 实现了全世界的计算机互联互通，每一台连入 Internet 的计算机都要和别的计算机通信，都必须拥有一个唯一的、合法的 IP 地址，此 IP 地址由 Internet 管理机构 NIC 统一进行管理和分配。而 NIC 分配的 IP 地址称为公有的、合法的 IP 地址，这些 IP 地址具有唯一性，连入 Internet 的计算机只要拥有 NIC 分配的 IP 地址就可以和其他计算机通信。

但是，由于当前 TCP/IP 协议版本是 IPv4，它具有天生的缺陷，就是 IP 地址数量不够多，因此难以满足目前爆炸性增长的 IP 需求，不是每一台计算机都能申请并获得 NIC 分配的 IP 地址。一般而言，需要连上 Internet 的个人或家庭用户，通过 Internet 的服务提供商 ISP 间接获得合法的公网 IP 地址（例如，用户通过 ADSL 线路拨号，从电信获得临时租用的公网 IP 地址)。对于大型机构而言，它们可能直接向 Internet 管理机构申请并使用永久的公网 IP 地址，也可能通过 ISP 间接获得永久或临时的公网 IP 地址。

IP 地址作为有限的资源，NIC 要为网络中数以亿计的计算机都分配公网 IP 地址是不可能的。同时，为了使计算机能够具有 IP 地址并在内部专用网络中通信，NIC 定义了供内部专用网络内的计算机使用的专用 IP 地址。这些 IP 地址是在局部使用的（非全局的、不具有唯一性)、非公有网络（私有网络）IP 地址，这些 IP 地址的地址范围具体如下。

① A 类地址：10.0.0.0～10.255.255.255。

② B 类地址：172.16.0.0～172.31.255.255。

③ C 类地址：192.168.0.0～192.168.255.255。

组织机构可根据自身园区网的大小及计算机数量的多少来采用不同类型的专用地址范围或者它们的组合。但是，这些 IP 地址不可能出现在 Internet 上，也就是说源地址或目的地址为这些专有 IP 地址的数据包，不可能在 Internet 上被传输，这样的数据包只能在内部专用网络中被传输。

如果内部专用网络的计算机要访问 Internet，那么组织机构在连接 Internet 的设备上至少需要一个公网 IP 地址，采用 NAT 技术将内部专用网络的计算机专用 IP 地址转换为公网 IP 地址，从而让使用专用 IP 地址的计算机能够和 Internet 的计算机进行通信。如图 15-2 所示，通过 NAT 设备能够将内部专用网络内的专用 IP 地址和公网 IP 地址相互转换，从而使内部专用网络内使用专用地址的计算机能够和连入 Internet 的计算机通信。

也可以说，NAT 就是将网络地址从一个地址空间转换到另外一个地址空间的一种技术，从技术原理的角度上来讲，NAT 分成 4 种类型：静态 NAT、动态 NAT、静态 NAPT 及动态 NAPT。

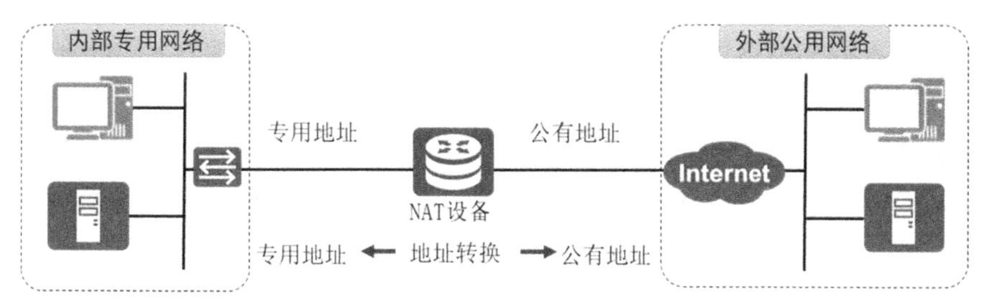

图 15-2　NAT 示意图

15.2　静态 NAT

静态 NAT 是指在路由器中将私网 IP 地址固定地转换为公网 IP 地址。静态 NAT 通常应用在允许外网用户访问内网服务器的场景。

静态 NAT 的工作过程如图 15-3 所示。

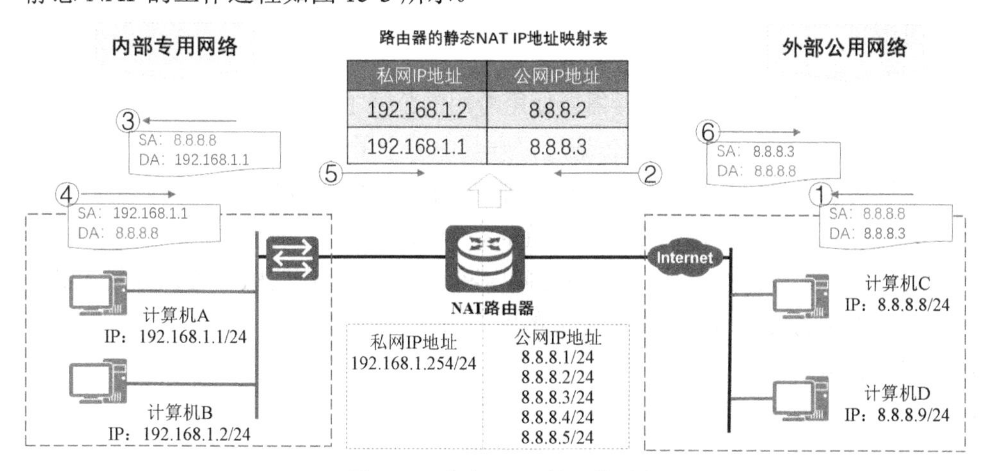

图 15-3　静态 NAT 的工作过程

内部专用网络中采用 192.168.1.0/24 的 C 类专用地址，采用带有 NAT 功能的路由器和 Internet 互联，路由器左网卡连接着内部专用网络（左 IP 地址是 192.168.1.254/24），路由器右网卡连接着外部公用网络（右 IP 地址是 8.8.8.1/24），而且路由器还有多个公网 IP 地址可被转换使用（8.8.8.2～8.8.8.5），外部公用网络上的计算机 C 的 IP 地址是 8.8.8.8/24。假设外部公用网络的计算机 C 需要和内部专用网络的计算机 A 通信，其通信过程如下。

① 计算机 C 发送数据包给计算机 A，数据包的源 IP 地址（Source Address，SA）为 8.8.8.8，目的 IP 地址（Destination Address，DA）为 8.8.8.3（在外部公用网络，计算机 A 的 IP 地址为 8.8.8.3）。

② 数据包到达路由器时，路由器将查询本地的 NAT 映射表，找到映射条目后将数据包的目的 IP 地址（8.8.8.3）转换为私网 IP 地址（192.168.1.1），源 IP 地址保持不变。NAT 路由器上有一个公网 IP 地址池，在本次通信前，网络管理员已经在 NAT 路由器上进行静态 NAT 地址映射，指定 192.168.1.1 与 8.8.8.3 映射。

③ 转换后的数据包在内部专用网络中传输，最终将被计算机 A 接收。

④ 计算机 A 收到数据包后，先将响应内容封装在目的 IP 地址为 8.8.8.8 的数据包中，然后将该数据包发送出去。

⑤ 目的 IP 地址为 8.8.8.8 的数据包到达路由器后，路由器将对照自身的 NAT 映射表找出对应关系，将源 IP 地址 192.168.1.1 转换为 8.8.8.3，并将该数据包发送到外部公用网络中。

⑥ 目的 IP 地址为 8.8.8.8 的数据包在外部公用网络中传送，最终到达计算机 C。计算机 C 通过数据包的源 IP 地址（8.8.8.3）得知此数据包是由路由器发送过来的，实际上，该数据包是计算机 A 发送的。

静态 NAT 主要用于内部专用网络中的服务器需要对外提供服务的场景，由于它采用固定的一对一的内外网 IP 映射关系，因此，外部公用网络的计算机可以通过访问这个公网 IP 地址就可以访问到内部专用网络的服务器。

项目规划设计

由于通过 NAT 映射内部服务器需要使用专用的公网 IP 地址，因此需要申请两个以上的公网 IP 地址。若使用两个公网 IP 地址，则其中一个用于服务器映射，另一个用于内网的通信，这里使用 16.16.16.1 和 16.16.16.16 作为公网 IP 地址。网站服务器处于内网，IP 地址为 192.168.1.1，需要在出口路由器上配置静态 NAT，使公网 IP 地址 16.16.16.1 实现一对一映射，这样即可通过公网 IP 地址直接访问内网的服务器。在互联网连接方面，出口路由器可根据 ISP 服务商的网络环境配置相应的路由协议。

配置步骤如下。

（1）配置路由器接口。

（2）配置静态 NAT。

（3）配置计算机的 IP 地址。

IP 地址规划表 1 和端口规划表 1 如表 15-1 和表 15-2 所示。

表 15-1 IP 地址规划表 1

设备	接口	IP 地址	网关
R1	G0/0/0	192.168.1.254/24	—
R1	G0/0/1	16.16.16.16/24	—
网站服务器	Eth0/0/1	192.168.1.1/24	192.168.1.254
外网用户	Eth0/0/1	16.16.16.10/24	—

表 15-2 端口规划表 1

本端设备	本端端口	对端设备	对端端口
R1	G0/0/0	SW1	G0/0/1
R1	G0/0/1	外网用户	Eth0/0/1
SW1	G0/0/1	R1	G0/0/0
SW1	Eth0/0/1	网站服务器	Eth0/0/1

项目实施

扫一扫，
看微课

任务 15-1 配置路由器接口

任务描述

根据项目规划设计对路由器进行基础配置。

任务实施

在路由器接口上配置对应的 IP 地址，配置命令如下。

```
[Huawei]system-view                                    //进入系统视图
[Huawei]sysname R1                                     //将路由器名称更改为 R1
[R1]interface G0/0/0                                   //进入 G0/0/0 接口
//配置 IP 地址为 192.168.1.254，子网掩码 24 位
[R1-GigabitEthernet0/0/0]ip add 192.168.1.254 24
[R1]interface G0/0/1
[R1-GigabitEthernet0/0/1]ip add 16.16.16.16 24
```

任务验证

在 R1 上使用【display ip interface brief】命令查看接口的 IP 地址信息，配置命令如下。

```
[R1]display ip interface brief
*down: administratively down
^down: standby
(l): loopback
(s): spoofing
The number of interface that is UP in Physical is 3
The number of interface that is DOWN in Physical is 1
The number of interface that is UP in Protocol is 3
The number of interface that is DOWN in Protocol is 1

Interface                      IP Address/Mask      Physical   Protocol
GigabitEthernet0/0/0             192.168.1.254/24     up         up
GigabitEthernet0/0/1             16.16.16.16/24       up         up
```

可以看到，已经在接口上配置了 IP 地址。

任务 15-2 配置静态 NAT

任务描述

根据项目规划设计对路由器进行静态 NAT 配置。

任务实施

在 R1 的 G0/0/1 接口上使用【nat static】命令配置私网 IP 地址到公有 IP 地址的一对一转换。

在接口视图下，【nat static global global-address inside host-address】命令的作用是将公网 IP 地址 global-address 映射到私网 IP 地址 host-address。配置命令如下。

```
[R1]interface G0/0/1
//配置 NAT 静态转换，将公网 IP 地址 16.16.16.1 转换为私网 IP 地址 192.168.1.1
[R1-GigabitEthernet0/0/1]nat static global 16.16.16.1 inside 192.168.1.1
```

任务验证

在 R1 上使用【display nat static】命令验证 NAT 静态配置信息，配置命令如下。

```
<R1>display nat static
 Static Nat Information:
 Interface  : GigabitEthernet0/0/1
   Global IP/Port     : 16.16.16.1/----
   Inside IP/Port     : 192.168.1.1/----
   Protocol : ----
   VPN instance-name  : ----
   Acl number         : ----
   Netmask  : 255.255.255.255
   Description : ----

 Total :    1
```

可以看到，G0/0/1 接口上已经配置了 NAT。

任务 15-3 配置计算机的 IP 地址

任务描述

根据项目规划设计对各计算机进行 IP 地址配置。

任务实施

网站服务器的 IP 地址配置结果如图 15-4 所示，外网用户的 IP 地址配置结果如图 15-5 所示。

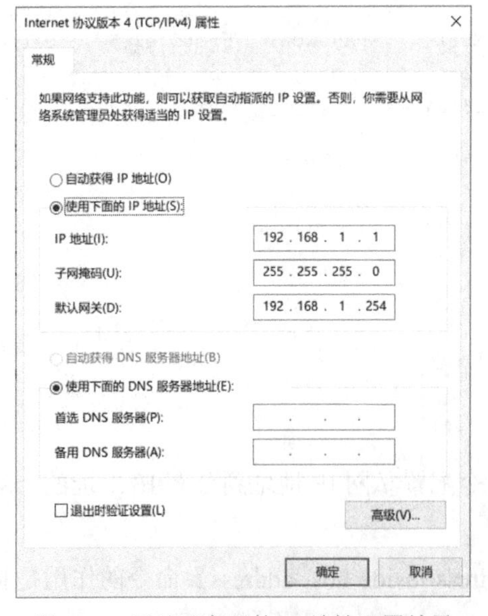

图 15-4 网站服务器的 IP 地址配置结果

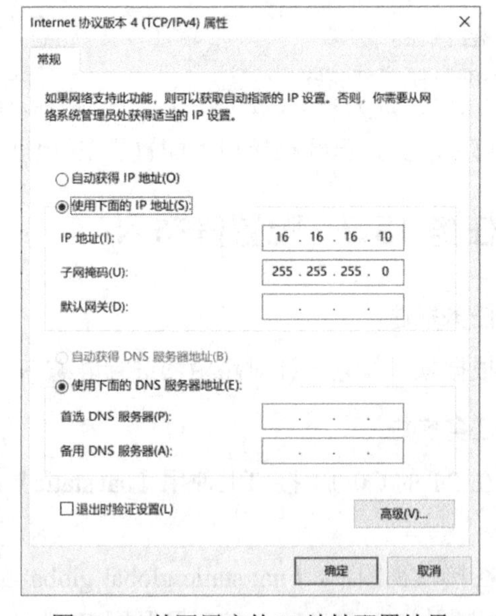

图 15-5 外网用户的 IP 地址配置结果

任务验证

（1）在网站服务器上使用【ipconfig】命令查看 IP 地址，配置命令如下。

```
PC1>ipconfig     //显示本机 IP 地址配置的信息

本地连接:

   连接特定的 DNS 后缀 . . . . . . . :
   IPv4 地址 . . . . . . . . . . . . : 192.168.1.1(首选)
   子网掩码 . . . . . . . . . . . . : 255.255.255.0
   默认网关. . . . . . . . . . . . . : 192.168.1.254
```

可以看到，已经在接口上配置了 IP 地址。

（2）在其他计算机上同样使用【ipconfig】命令验证 IP 地址是否正确配置。

项目验证

扫一扫，
看微课

（1）外网用户使用【ping】命令测试网站服务器映射的互联网 IP 能否访问，配置命令如下。

```
PC>ping 16.16.16.1

Ping 16.16.16.1: 32 data bytes, Press Ctrl_C to break
From 16.16.16.1: bytes=32 seq=1 ttl=127 time=47 ms
From 16.16.16.1: bytes=32 seq=2 ttl=127 time=47 ms
From 16.16.16.1: bytes=32 seq=3 ttl=127 time=47 ms
From 16.16.16.1: bytes=32 seq=4 ttl=127 time=46 ms
From 16.16.16.1: bytes=32 seq=5 ttl=127 time=47 ms

--- 16.16.16.1 ping statistics ---
  5 packet(s) transmitted
  5 packet(s) received
  0.00% packet loss
  round-trip min/avg/max = 46/46/47 ms
```

结果显示，外网可以和网络服务器的 NAT 映射地址通信，TTL 为 127。

（2）在 R1 上使用【display nat session】命令查看 NAT 转换信息，配置命令如下。

```
[R1]display nat session all
  NAT Session Table Information:

     Protocol          : ICMP(1)
     SrcAddr   Vpn     : 16.16.16.10
     DestAddr  Vpn     : 16.16.16.1
     Type Code IcmpId  : 0   8   31521
     NAT-Info
       New SrcAddr     : ----
       New DestAddr    : 192.168.1.1
       New IcmpId      : ----

     Protocol          : ICMP(1)
     SrcAddr   Vpn     : 16.16.16.10
```

```
  DestAddr  Vpn     : 16.16.16.1
  Type Code IcmpId  : 0   8   31520
  NAT-Info
    New SrcAddr     : ----
    New DestAddr    : 192.168.1.1
    New IcmpId      : ----
```

结果显示，R1 收到互联网访问目的 IP 地址为 16.16.16.1 的请求数据包时，它将目的 IP 地址转换为 192.168.1.1，使其能够访问到网站服务器。

项目拓展

一、理论题

1．下列属于私网 IP 地址的是（　　）。

A．10.0.0.4　　B．172.32.0.4

C．192.168.4.1　　D．172.31.4.5

2．以下选项对 NAT 技术产生的目的描述准确的是（　　）。

A．为了隐藏局域网内部服务器的真实 IP 地址

B．为了放慢 IP 地址空间枯竭的速度

C．扩大 IP 地址空间

D．一项专有技术，为了增加网络的可利用率而开发

3．将内部地址 192.168.1.2 转换为外部地址 193.1.1.2 的正确配置为（　　）。

A．[R1-GigabitEthernet0/0/0]ip nat static global 193.1.1.2 inside 192.168.1.2

B．[R1-GigabitEthernet0/0/0]nat static global 193.1.1.2 inside 192.168.1.2

C．[R1-GigabitEthernet0/0/0]nat static source global 193.1.1.2 inside 192.168.1.2

D．[R1-GigabitEthernet0/0/0]nat static global 192.168.1.2 inside 193.1.1.2

4．查看静态 NAT 映射的命令是（　　）。

A．display nat static　　B．display nat

C．display nat static inside　　D．display static nat

二、项目实训题

1．实训背景

Jan16 公司搭建了网站服务器，用于对外发布公司官网信息。为了保障公司内网的安全和解决私网 IP 地址在公网的信息传输问题，需要在出口路由器上配置 NAT，使内部服务器映射到公网 IP 地址上，且内网 PC1 能直接访问外网，因此公司申请两个公网 IP 地址做映射。实训拓扑图如图 15-6 所示。

2．实训规划

根据项目背景信息、实训拓扑图信息及项目规划设计完成表 15-3 和表 15-4 所示的实训题规划表。

图 15-6　实训拓扑图

表 15-3　IP 地址规划表 2

设备	接口	IP 地址	网关

表 15-4　端口规划表 2

本端设备	本端端口	对端设备	对端端口

3．实训要求

（1）根据表 15-3 完成路由器接口的 IP 地址配置。

（2）根据表 15-3 完成网站服务器及各外网用户的 IP 地址配置。

（3）在出口路由器 R1 的 G0/0/0 接口上执行静态 NAT，配置私网 IP 地址和公网 IP 地址的映射关系，将网站服务器地址映射到 202.101.2.101，将内网 PC1 的地址映射到 202.101.2.100，完成一对一映射。

（4）根据以上要求完成配置，按照以下实验验证命令并截图保存。

① 在 R1 上使用【display ip interface brief】命令检查 IP 地址配置情况。

② 在网站服务器及 PC1 上使用【ipconfig /all】命令检查 IP 地址配置情况。

③ 在 R1 上使用【display nat static】命令验证 NAT 静态配置。

④ 在 R1 上使用【display nat session】命令查看 NAT 映射关系。

项目 16

基于动态NAT的公司出口链路配置

项目描述

Jan16 公司有计算机若干台，利用交换机组建了局域网，并通过出口路由器连接到互联网。为了保障公司内网的安全和解决私网 IP 地址在互联网上通信的问题，需要在出口路由器上配置动态 NAT，使内部计算机 IP 地址映射为公网 IP 地址以访问外网。网络拓扑图如图 16-1 所示。项目具体要求如下。

（1）公司内网使用 192.168.1.0/24 网段，出口使用 16.16.16.0/24 网段。

（2）在出口路由器上申请了 16.16.16.1～16.16.16.5 等互联网 IP 地址，可供 NAT 转换使用。

（3）测试计算机和路由器的 IP 地址与接口信息如图 16-1 所示。

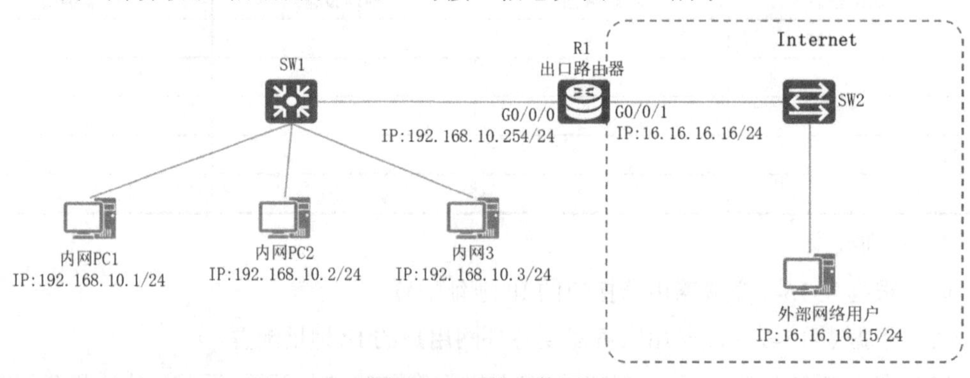

图 16-1 网络拓扑图

相关知识

动态 NAT

动态 NAT 是指将一个内部 IP 地址转换为一组外部 IP 地址池中的一个 IP 地址（公网 IP 地址）。动态 NAT 和静态 NAT 在地址转换上非常相似，唯一的区别是动态 NAT 可用的公网 IP 地址不是被某个内部专用网络的计算机所永久独自占有的。

动态 NAT 的工作过程如图 16-2 所示。

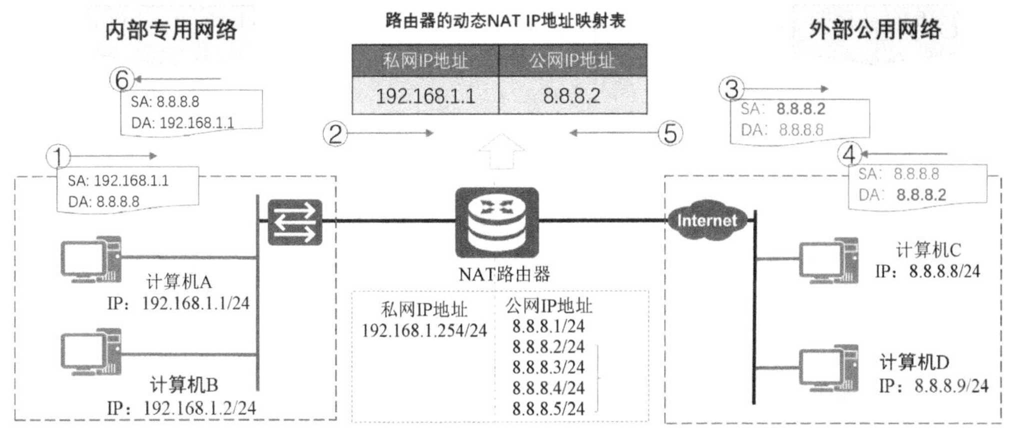

图 16-2　动态 NAT 的工作过程

与静态 NAT 类似，路由器上有一个公网 IP 地址池，公网 IP 地址池中有 4 个公网 IP 地址，它们是 8.8.8.2/24～8.8.8.5/24。假设内部专用网络的计算机 A 需要和外部公用网络的计算机 C 通信，其通信过程如下。

① 计算机 A 发送源 IP 地址（Source Address，SA）为 192.168.1.1 的数据包给计算机 C。

② 数据包经过路由器时，路由器采用 NAT 技术，将数据包的源 IP 地址（192.168.1.1）转换为公网 IP 地址（8.8.8.2）。为什么会转换为 8.8.8.2 呢？由于路由器上的公网 IP 地址池中有多个公网 IP 地址，当需要进行地址转换时，路由器会在公网 IP 地址池中选择一个未被占用的地址来进行转换。这里假设 4 个地址都未被占用，路由器挑选了第一个未被占用的地址。如果紧接着计算机 A 要发送数据包到外部公用网络，那么路由器会挑选第二个未被占用的 IP 地址（8.8.8.3）来进行转换。公网 IP 地址池中的公网 IP 地址的数量决定了可以同时访问外部公用网络的内部专用网络计算机的数量，如果公网 IP 地址池中的 IP 地址都被占用了，那么内部专用网络的其他计算机就不能够和外部公用网络的计算机通信了。当内部专用网络计算机和外部公用网络计算机的通信连接结束后，路由器将释放被占用的公网 IP 地址，这样，被释放的 IP 地址就又可以为其他内网计算机提供公网接入服务了。

③ 源 IP 地址为 8.8.8.2 的数据包在外部公用网络上传输，最终被计算机 C 接收。

④ 计算机 C 收到源 IP 地址为 8.8.8.2 的数据包后进行转发，先将响应内容封装在目的 IP 地址（Destination Address，DA）为 8.8.8.2 的数据包中，然后将该数据包发送出去。

⑤ 目的 IP 地址为 8.8.8.2 的数据包最终经过路由转发，到达连接内部专用网络的路由器上。路由器对照自身的 NAT 映射表找出对应关系，先将目的 IP 地址为 8.8.8.2 的数据包转换为目的 IP 地址为 192.168.1.1 的数据包，然后将数据包发送到内部专用网络中。

⑥ 目的 IP 地址为 192.168.1.1 的数据包在内部专用网络中传送，最终到达计算机 A。计算机 A 通过数据包的源地址（8.8.8.8）知道此数据包是外部公用网络上的计算机 C 发送过来的。

动态 NAT 的内外网映射关系为临时关系，因此，它主要用于内网计算机临时对外提供服务的场景。考虑到企业申请的公网 IP 地址的数量有限，而内网计算机数量通常远大于公网 IP 地址数量，因此，动态 NAT 不适合给内网计算机提供大规模上网服务的场景，解决这类问题需要使用动态 NAPT 模式或 Easy IP 模式。关于动态 NAPT 模式，可以看本项目电子资源的描述。

项目规划设计

动态 NAT 转换需要有多个公网 IP 地址，这里以 16.16.16.1～16.16.16.5 作为转换后的公网 IP 地址。在路由器中将公网 IP 地址配置为 NAT 地址池，并建立 ACL 列表匹配内部地址。在路由器中将公网 IP 地址配置为 NAT 地址池，并建立 ACL 列表匹配内部地址，在出口路由器的 G0/0/1 接口上应用 NAT 转换即可。在互联网连接方面，出口路由器可根据 ISP 服务商的网络环境配置相应的路由协议。

配置步骤如下。

（1）配置路由器接口。

（2）配置动态 NAT。

（3）配置计算机的 IP 地址。

IP 地址规划表 1 和端口规划表 1 如表 16-1 和表 16-2 所示。

表 16-1　IP 地址规划表 1

设备	端口	IP 地址	网关
R1	G0/0/0	192.168.10.254/24	—
R1	G0/0/1	16.16.16.16/24	—
PC1	—	192.168.10.1/24	192.168.10.254
PC2	—	192.168.10.2/24	192.168.10.254
PC3	—	192.168.10.3/24	192.168.10.254
PC4	—	16.16.16.15/24	—

表 16-2　端口规划表 1

本端设备	本端端口	对端设备	对端端口
R1	G0/0/0	SW1	G0/0/1
R1	G0/0/1	SW2	G0/0/1
SW1	G0/0/1	R1	G0/0/0
SW1	G0/0/2	PC1	—
SW1	G0/0/3	PC2	—
SW1	G0/0/4	PC3	—
SW2	G0/0/1	R1	G0/0/1

项目实施

扫一扫，
看微课

任务 16-1　配置路由器接口

任务描述

根据项目规划设计对路由器进行基础配置。

任务实施

在路由器接口上配置对应的 IP 地址，配置命令如下。

```
[Huawei]system-view                                   //进入系统视图
[Huawei]sysname R1                                    //将路由器名称更改为 R1
[R1]interface G0/0/0                                  //进入 G0/0/0 接口
[R1-GigabitEthernet0/0/0]ip add 192.168.10.254 24    //为接口配置 IP 地址
[R1]interface G0/0/1
[R1-GigabitEthernet0/0/1]ip add 16.16.16.16 24
```

任务验证

在 R1 上使用【display ip interface brief】命令查看接口的 IP 地址信息，配置命令如下。

```
[R1]display ip interface brief
*down: administratively down
!down: FIB overload down
^down: standby
(l): loopback
(s): spoofing
(d): Dampening Suppressed
The number of interface that is UP in Physical is 3
The number of interface that is DOWN in Physical is 8
The number of interface that is UP in Protocol is 3
The number of interface that is DOWN in Protocol is 8

Interface                      IP Address/Mask      Physical   Protocol
GigabitEthernet0/0/0             192.168.10.254/24    up         up
GigabitEthernet0/0/1             16.16.16.16/24       up         up
```

可以看到，已经在接口上配置了 IP 地址。

任务 16-2　配置动态 NAT

任务描述

根据项目规划设计对路由器进行动态 NAT 配置。

任务实施

（1）在 R1 上使用【nat address-group】命令配置 NAT 地址池，将起始 IP 地址和结束 IP 地址分别设置为 16.16.16.1 和 16.16.16.5。

【nat address-group】命令用来配置 NAT 地址池（申请到的公网 IP 地址不能全部被纳入地址池，必须至少保留 1 个用于路由器与公网通信），配置命令如下。

```
//配置 NAT 地址池，编号为 1，IP 地址段为 16.16.16.1~16.16.16.5
[R1]nat address-group 1 16.16.16.1 16.16.16.5
```

（2）创建基本 ACL 2000，配置命令如下。

```
[R1]acl 2000                          //创建一个编号为 2000 的基本 ACL
//允许源 IP 地址网段为 192.168.10.0/24 的报文通过
[R1-acl-basic-2000]rule permit source 192.168.10.0 0.0.0.255
```

（3）在 G0/0/1 接口上使用【nat outbound】命令将 ACL 2000 与地址池相关联，使得 ACL

中规定的地址可以使用地址池进行地址转换。

【nat outbound】命令用来将一个访问控制列表 ACL 和一个地址池关联起来，其表示 ACL 中规定的地址可以使用地址池进行 NAT 转换。参数 no-pat 表示只转换数据报文的 IP 地址而不转换端口信息。配置命令如下。

```
[R1-acl-basic-2000]interface G0/0/1
//配置 ACL 2000 匹配的主机使用 NAT 地址池 1 的地址进行一对一的地址转换
[R1-GigabitEthernet0/0/1]nat outbound 2000 address-group 1 no-pat
```

任务验证

在 R1 上使用【display nat outbound】命令查看 nat outbound 信息，配置命令如下。

```
<R1>display nat outbound
 NAT Outbound Information:
 --------------------------------------------------------------------------
 Interface                 Acl     Address-group/IP/Interface      Type
 --------------------------------------------------------------------------
 GigabitEthernet0/0/1       2000                          1    no-pat
 --------------------------------------------------------------------------
  Total : 1
```

可以看到，已经根据规划配置了动态网络地址转换。

任务 16-3　配置计算机的 IP 地址

任务描述

根据项目规划设计对各计算机进行 IP 地址配置。

任务实施

PC1 的 IP 地址配置结果如图 16-3 所示。同理，完成其他计算机的 IP 地址配置。

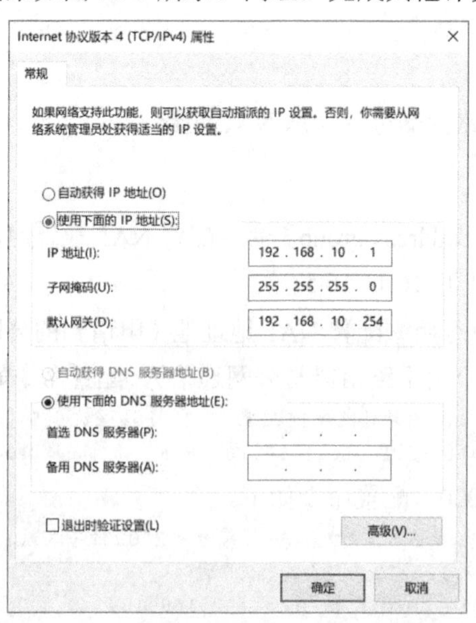

图 16-3　PC1 的 IP 地址配置结果

任务验证

（1）在 PC1 上使用【ipconfig】命令查看 IP 地址，配置命令如下。

```
PC1>ipconfig

本地连接:

   连接特定的 DNS 后缀 . . . . . . . . . :
   IPv4 地址 . . . . . . . . . . . . . . : 192.168.10.1(首选)
   子网掩码 . . . . . . . . . . . . . . : 255.255.255.0
   默认网关. . . . . . . . . . . . . . . : 192.168.10.254
```

可以看到，已经在接口上配置了 IP 地址。

（2）在其他计算机上同样使用【ipconfig】命令验证 IP 地址是否正确配置。

项目验证

扫一扫，
看微课

（1）使用 PC1 Ping 测试能否访问外网上的 PC4，配置命令如下。

```
PC>ping 16.16.16.15

Ping 16.16.16.15: 32 data bytes, Press Ctrl_C to break
From 16.16.16.15: bytes=32 seq=1 ttl=127 time=31 ms
From 16.16.16.15: bytes=32 seq=2 ttl=127 time=31 ms
From 16.16.16.15: bytes=32 seq=3 ttl=127 time=31 ms
From 16.16.16.15: bytes=32 seq=4 ttl=127 time=32 ms
From 16.16.16.15: bytes=32 seq=5 ttl=127 time=31 ms

--- 16.16.16.15 ping statistics ---
  5 packet(s) transmitted
  5 packet(s) received
  0.00% packet loss
  round-trip min/avg/max = 31/31/32 ms
```

结果显示，PC1 可以与外网通信。

（2）在 R1 上使用【display nat session】命令查看 NAT 会话信息，配置命令如下。

```
<R1>display nat session all
  NAT Session Table Information:

     Protocol          : ICMP(1)
     SrcAddr   Vpn     : 192.168.10.1
     DestAddr  Vpn     : 16.16.16.15
     Type Code IcmpId  : 0   8   33944
     NAT-Info
       New SrcAddr     : 16.16.16.1
       New DestAddr    : ----
       New IcmpId      : ----

     Protocol          : ICMP(1)
     SrcAddr   Vpn     : 192.168.10.1
     DestAddr  Vpn     : 16.16.16.15
```

```
Type Code IcmpId  : 0   8   33946
NAT-Info
  New SrcAddr     : 16.16.16.2
  New DestAddr    : ----
  New IcmpId      : ----

Protocol          : ICMP(1)
SrcAddr   Vpn     : 192.168.10.1
DestAddr  Vpn     : 16.16.16.15
Type Code IcmpId  : 0   8   33947
```

结果显示，R1 收到源 IP 地址为 192.168.10.1 的互联网访问请求数据包时，将它的源 IP 地址转换为外网 IP 地址 16.16.16.1，使其能够正常访问外网。

项目拓展

一、理论题

1．动态 NAT 和静态 NAT 的区别是（　　）。

A．动态 NAT 只能将一个内部 IP 地址转换为一个外部 IP 地址，而静态 NAT 可以将多个内部 IP 地址映射到一个外部 IP 地址上

B．动态 NAT 和静态 NAT 在地址转换上非常相似，唯一的区别是动态 NAT 可用的公网 IP 地址不是被某个内部专用网络的计算机所永久独自占有的

C．动态 NAT 只能用于内网计算机临时对外提供服务的场景，而静态 NAT 适用于内网计算机大规模上网服务的场景

D．动态 NAT 和静态 NAT 没有任何区别，只是名称不同

2．在动态 NAT 的工作过程中，当需要进行地址转换时，路由器选择公网 IP 地址的方式是（　　）。

A．路由器会选择地址池中的第一个 IP 地址

B．路由器会选择地址池中的最后一个 IP 地址

C．路由器会随机选择地址池中的一个 IP 地址

D．路由器会选择地址池中未被占用的第一个 IP 地址

3．（多选）动态 NAT 的地址映射配置步骤包括（　　）。

A．创建 NAT 地址池　　B．接口应用动态 NAT

C．创建 ACL　　D．配置路由

4．动态 NAT 地址应用到接口必须配置的命令是（　　）。

A．nat outbound 2000 address-group 1 no-pat

B．nat outbound 2000

C．nat outbound 2000 address-group 1

D．address-group 1 no-pat

二、项目实训题

1．实训背景

Jan16 公司有网站服务器 1 台和计算机若干台，利用交换机组建了局域网，并通过出口路由器连接互联网。为了保障公司内网的安全和解决私网 IP 地址在互联网上通信的问题，需要在出口路由器上配置动态 NAT，执行私网 IP 地址和公网 IP 地址动态映射。实训拓扑图如图 16-4 所示。

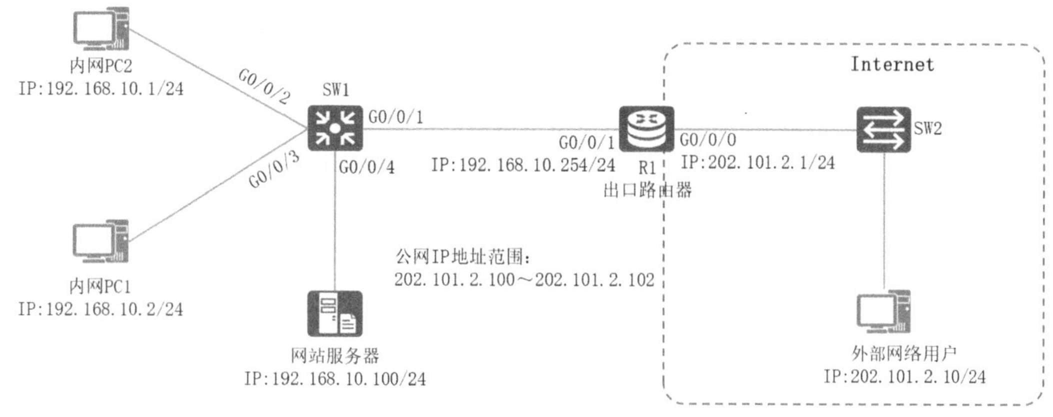

图 16-4　实训拓扑图

2．实训规划

根据项目背景信息、实训拓扑图信息及项目规划设计完成表 16-3 和表 16-4 所示的实训题规划表。

表 16-3　IP 地址规划表 2

设备	接口	IP 地址	网关

表 16-4　端口规划表 2

本端设备	本端端口	对端设备	对端端口

3．实训要求

（1）根据表 16-3 配置路由器接口的 IP 地址和各终端的 IP 地址。

（2）在 R1 上配置动态 NAT。

① 在 R1 上使用【nat address-group】命令配置 NAT 地址池，将起始 IP 地址和结束 IP 地址分别设置为 202.101.2.100 和 202.101.2.102。

② 创建基本 ACL 2001。

③ 在 G0/0/1 接口上使用【nat outbound】命令将 ACL 2001 与地址池相关联，ACL 规则中的地址可以使用地址池进行地址映射。

（3）根据以上要求完成配置，按照以下实验验证命令并截图保存。

① 在 R1 上使用【display ip interface brief】命令查看接口的 IP 地址配置情况。

② 在 R1 上使用【display nat outbound】命令查看动态 NAT 映射关系。

③ 在 R1 上使用【display nat session】命令查看 NAT 映射会话信息。

项目 17

基于静态 NAPT 的公司门户网站发布

项目描述

Jan16 公司搭建了网站服务器，用于对外发布公司官网信息，公司只租用了一个互联网 IP 地址用于访问互联网。为了保障公司内网的安全和避免发生互联网 IP 地址不足的情况，需要在出口路由器上配置静态 NAPT（Network Address Port Translation，网络地址端口转换），用于将内部服务器映射到互联网 IP 地址上。网络拓扑图如图 17-1 所示。项目具体要求如下。

（1）公司内网使用 192.168.1.0/24 网段，出口使用 16.16.16.0/24 网段。

（2）由于公司仅申请了一个互联网 IP 地址，需要配置静态 NAPT，因此仅将网站服务器的 80 端口做映射。

（3）测试计算机和路由器的 IP 地址与接口信息如图 17-1 所示。

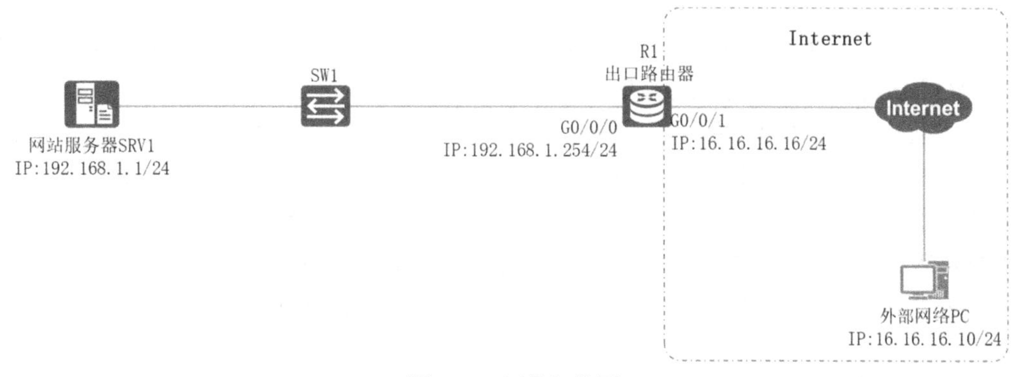

图 17-1　网络拓扑图

相关知识

静态 NAPT 是指在路由器中以“IP+端口”的形式，将私网 IP 地址及端口固定地转换为公网 IP 地址及端口，静态 NAPT 应用在允许外网用户访问内网计算机的特定服务的场景下。

静态 NAPT 的工作过程如图 17-2 所示。

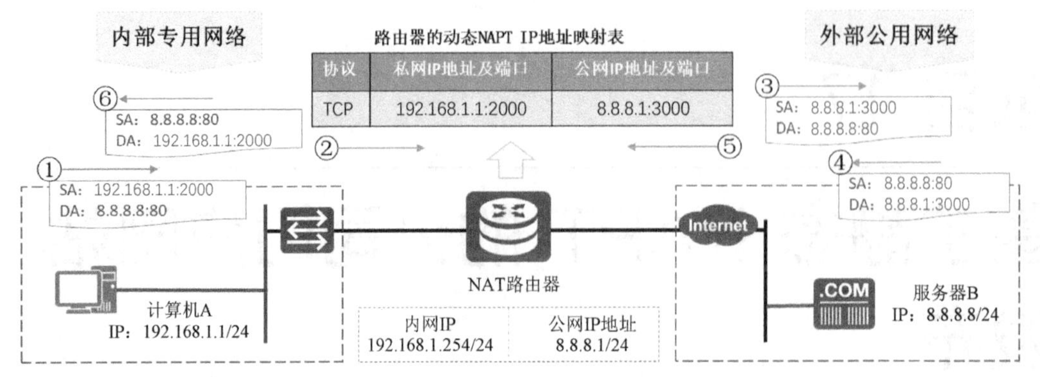

图 17-2　静态 NAPT 的工作过程

假设外网的计算机 B 需要访问服务器 A 的 Web 站点，其通信过程如下。

① 计算机 B 发送数据包给服务器 A。数据包的源 IP 地址为 8.8.8.8，源端口号为 2000；数据包的目的 IP 地址为 8.8.8.1，目的端口号为 80（Web 服务器的默认端口号为 80）。

② 数据包经过路由器时，路由器查询 NAPT 地址映射表，找到对应的映射条目后，数据包的目的 IP 地址及目的端口号将从 8.8.8.1:80 转化为 192.168.1.1:80，源 IP 地址及目的端口号不变。这里转换后的目的 IP 地址为服务器 A 的 IP 地址，目的端口号为服务器 A 的 Web 服务端口号。

③ 转换后的数据包在内部专用网络上被转发，最终被服务器 A 接收。

④ 服务器 A 收到数据包后，先将响应内容封装在目的 IP 地址为 8.8.8.8、目的端口号为 2000 的数据包中，然后将数据包发送出去。

⑤ 响应数据包经过路由转发，将到达路由器上，路由器对照静态 NAPT 映射表找出对应关系，先将源地址及端口号为 192.168.1.1:80 的数据包转换为源地址及端口号为 8.8.8.1:80 的数据包，然后将数据包发送到 Internet 中。

⑥ 目的 IP 地址及端口号为 8.8.8.8:2000 的数据包在 Internet 中传送，最终到达计算机 B。计算机 B 通过数据包的源地址及端口号（8.8.8.1:80）知道这是它访问 Web 服务的响应数据包。但是，计算机 B 并不知道 Web 服务其实是由内部专用网络内的服务器 A 所提供的，它只知道这个 Web 服务是由 Internet 上的 IP 地址为 8.8.8.1 的服务器提供的。

静态 NAPT 的内外网“IP+端口”映射关系是永久性的，因此，它主要应用在内网服务器的指定服务（如 Web、FTP 等）向外网提供服务的场景。典型的应用为，公司将内网的门户网站映射到公网 IP 地址的 80 端口上，满足外网用户访问公司门户网站的需求。

项目规划设计

在只有一个互联网 IP 地址的情况下进行内部服务对外映射，需要采用静态 NAPT 的方式。静态 NAPT 是通过 IP 地址和端口对应映射的方式，将内部服务器的某一项服务发布到互联网上的。出口路由器的 G0/0/1 接口的 IP 地址为 16.16.16.1/24，通过配置静态 NAPT，

将内部服务器的 80 端口对应映射到 G0/0/1 接口 IP 地址上的 80 端口，即可实现对外发布服务。在互联网连接方面，出口路由器可根据 ISP 服务商的网络环境配置相应的路由协议。

配置步骤如下。

（1）配置路由器接口。

（2）配置静态 NAPT。

（3）配置计算机的 IP 地址。

IP 地址规划表 1 和端口规划表 1 如表 17-1 和表 17-2 所示。

表 17-1　IP 地址规划表 1

设备	接口	IP 地址	网关
R1	G0/0/0	192.168.1.254/24	—
R1	G0/0/1	16.16.16.16/24	—
网站服务器 SRV1	—	192.168.1.1/24	192.168.1.254
外网用户 PC1	—	16.16.16.10/24	—

表 17-2　端口规划表 1

本端设备	本端端口	对端设备	对端端口
R1	G0/0/0	SW1	G0/0/1
R1	G0/0/1	Internet	Null
SW1	G0/0/1	R1	G0/0/0
SW1	Eth0/0/1	网站服务器 SRV1	—

项目实施

扫一扫，
看微课

任务 17-1　配置路由器接口

任务描述

根据项目规划设计对路由器进行基础配置。

任务实施

在路由器接口上配置对应的 IP 地址，配置命令如下。

```
[Huawei]system-view                                  //进入系统视图
[Huawei]sysname R1                                   //将路由器名称更改为 R1
[R1]interface G0/0/0                                 //进入 G0/0/0 接口
//配置 IP 地址为 192.168.1.254，子网掩码 24 位
[R1-GigabitEthernet0/0/0]ip add 192.168.1.254 24
[R1]interface G0/0/1
[R1-GigabitEthernet0/0/1]ip add 16.16.16.16 24
```

任务验证

在 R1 上使用【display ip interface brief】命令查看接口的 IP 地址信息，配置命令如下。

```
[R1]display ip interface brief
*down: administratively down
```

```
!down: FIB overload down
^down: standby
(l): loopback
(s): spoofing
(d): Dampening Suppressed
The number of interface that is UP in Physical is 3
The number of interface that is DOWN in Physical is 8
The number of interface that is UP in Protocol is 3
The number of interface that is DOWN in Protocol is 8

Interface                         IP Address/Mask      Physical   Protocol
GigabitEthernet0/0/0                192.168.1.254/24     up         up
GigabitEthernet0/0/1                16.16.16.16/24       up         up
```

可以看到，已经在接口上配置了 IP 地址。

任务 17-2　配置静态 NAPT

任务描述

根据项目规划设计对路由器进行静态 NAPT 配置。

任务实施

在 R1 的 G0/0/1 接口上，使用【nat server】命令定义内部服务器的映射表，指定服务器通信协议为 TCP，配置服务器使用的公网 IP 地址为 16.16.16.1，私网 IP 地址为 192.168.1.1，指定端口号为 80。

【nat server protocol {tcp|udp|icmp} global global_ip global_port inside inside_ip inside_port】命令定义内部服务器的映射表，{tcp|udp|icmp}指定协议类型，global_IP 指定公网 IP 地址，global_port 指定公网的端口，inside_ip 指定私网 IP 地址，inside_port 指定私网的端口。配置命令如下。

```
[R1]interface G0/0/1          //进入 G0/0/1 接口
[R1-GigabitEthernet0/0/1]nat server protocol tcp global 16.16.16.1 80 inside 192
.168.1.1 80       //将 TCP 协议的公网 IP 地址 16.16.16.1 映射为私网 IP 地址 192.168.1.1
```

任务验证

在 R1 上使用【display nat server】命令查看静态 NAPT 配置信息，配置命令如下。

```
[R1]display nat server

 Nat Server Information:
 Interface  : GigabitEthernet0/0/1
   Global IP/Port     : 16.16.16.1/80(www)
   Inside IP/Port     : 192.168.1.1/80(www)
   Protocol : 6(tcp)
   VPN instance-name  : ----
   Acl number         : ----
   Description : ----

 Total :    1
```

结果显示配置已生效。

任务 17-3　配置计算机的 IP 地址

任务描述

根据项目规划设计对各计算机进行 IP 地址配置。

任务实施

网站服务器的 IP 地址配置结果如图 17-3 所示，外网用户计算机的 IP 地址配置结果如图 17-4 所示。

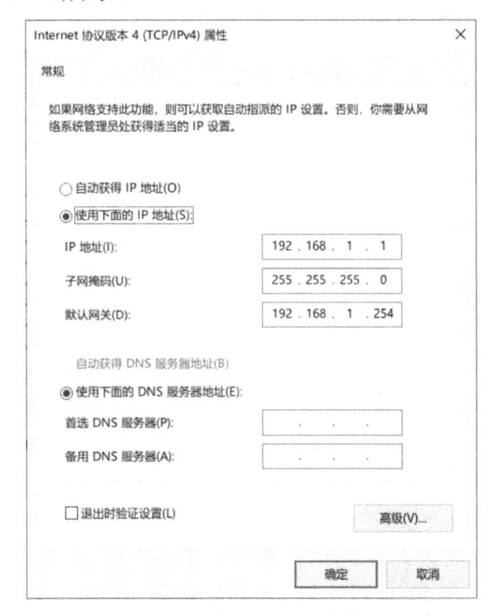

图 17-3　网站服务器的 IP 地址配置结果

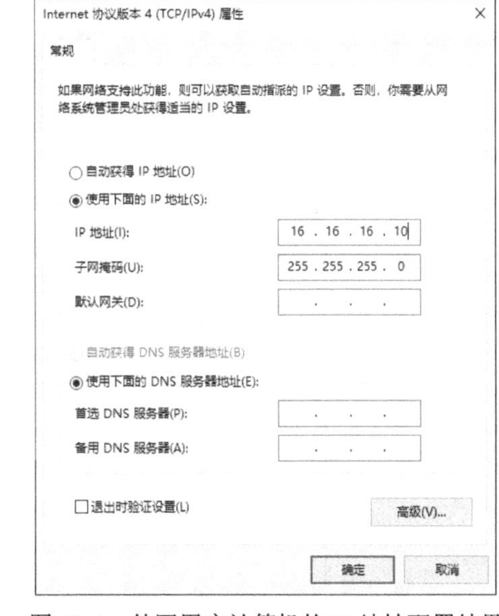

图 17-4　外网用户计算机的 IP 地址配置结果

任务验证

（1）在网站服务器上使用【ipconfig】命令查看 IP 地址，配置命令如下。

```
WebSite>ipconfig      //显示本机的 IP 地址配置信息

本地连接:

   连接特定的 DNS 后缀 . . . . . . . :
   IPv4 地址 . . . . . . . . . . . . : 192.168.1.1(首选)
   子网掩码 . . . . . . . . . . . . : 255.255.255.0
   默认网关. . . . . . . . . . . . . : 192.168.1.254
```

可以看到，已经在接口上配置了 IP 地址。

（2）在其他计算机上同样使用【ipconfig】命令验证 IP 地址是否正确配置。

项目验证

扫一扫，
看微课

（1）在网络服务器上配置 HttpServer，结果如图 17-5 所示。

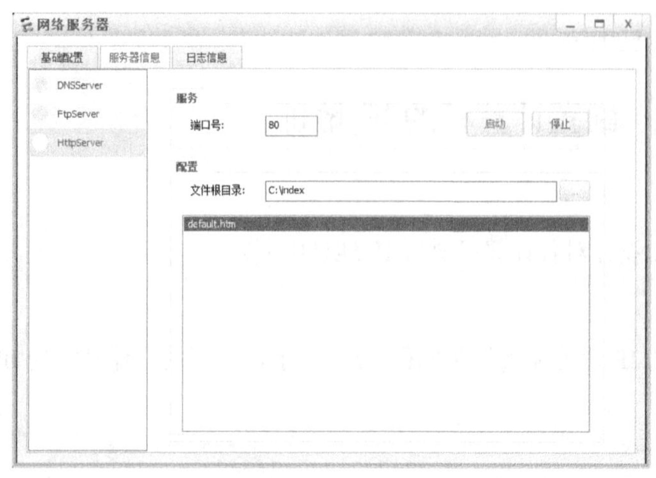

图 17-5　网络服务器 HttpServer 的配置界面

（2）用外网用户 PC1 访问网站服务器 SRV1，如图 17-6 所示。结果显示 PC1 可以成功访问 SRV1。

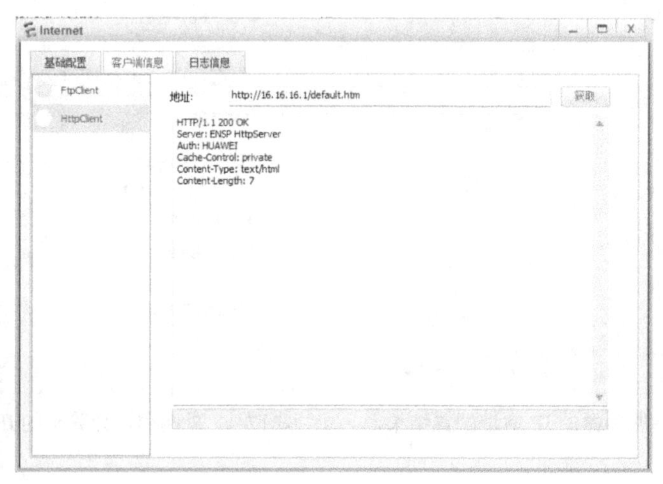

图 17-6　PC1 访问 SRV1

项目拓展

一、理论题

1．关于 NAPT 的说法错误的是（　　）。

A．需要有向外网提供信息服务的主机

B．永久的一对一“IP 地址+端口”映射关系

C．临时的一对一“IP 地址+端口”映射关系

D．固定转换端口

2．将内部地址映射到外网的一个 IP 地址的不同接口上的技术是（　　）。

A．静态 NAT　　　　B．动态 NAT

C．NAPT　　　　D．一对一映射

3．关于 NAT 的说法错误的是（　　）。

A．静态 NAT 允许一个机构内部专用网络中的主机透明地访问互联网，主机无须拥有公网 IP 地址

B．静态 NAT 是设置起来最简单和最容易实现的一种地址转换方式，内网中的每个主机都被永久映射成外网中的某个合法的地址

C．动态 NAT 主要应用于拨号和频繁的远程连接，当远程用户连接上之后，动态 NAT 就会分配给用户一个 IP 地址，当用户断开时，这个 IP 地址就会被释放而留待以后使用

D．动态 NAT 又叫作网络地址端口转换 NAPT

二、项目实训题

1．实训背景

Jan16 公司有计算机若干台，利用交换机组建了局域网，并通过出口路由器连接互联网。因业务发展需要，为了保障公司内网的安全和避免发生互联网 IP 地址不足的情况，需要在出口路由器上部署 NAPT，以实现通过内网正常访问外网。实训拓扑图如图 17-7 所示。

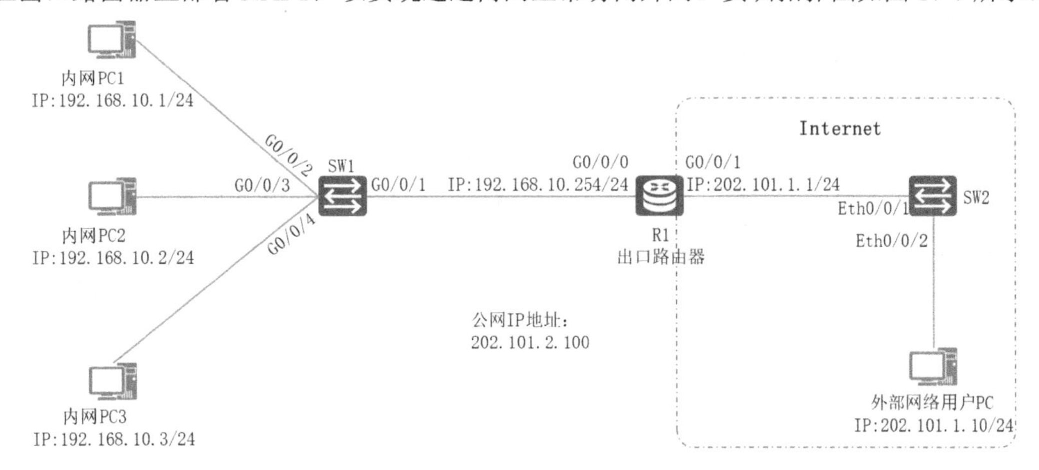

图 17-7　实训拓扑图

2．实训规划

根据项目背景信息、实训拓扑图信息及项目规划设计完成表 17-3 和表 17-4 所示的实训题规划表。

表 17-3　IP 地址规划表 2

设备	接口	IP 地址	网关

表 17-4　端口规划表 2

本端设备	本端端口	对端设备	对端端口

3．实训要求

（1）根据表 17-3 配置路由器端口的 IP 地址和各终端的 IP 地址。

（2）在 R1 上配置静态 NAPT。

① 在 R1 上使用【nat address-group】命令配置 NAT 地址池，将起始 IP 地址和结束 IP 地址分别设置为 202.101.2.100。

② 创建基本 ACL 2001。

③ 在 G0/0/1 接口上使用【nat outbound】命令将 ACL 2001 与地址池相关联，在此不加 no-pat 参数，根据制定的 ACL 规则中的地址可以使用地址池进行地址映射。

（3）根据以上要求完成配置，按照以下实验验证命令并截图保存。

① 在 R1 上使用【display ip interface brief】命令查看接口的 IP 地址配置情况。

② 在 R1 上使用【display nat outbound】命令查看动态 NAT 映射关系。

③ 在 R1 上使用【display nat session】命令查看私网与公网 IP 地址的映射会话信息。

项目 18

基于 Easy IP 的公司出口链路配置

项目描述

Jan16 公司有计算机若干台，利用交换机组建了局域网，并通过出口路由器连接互联网。因业务发展需要，公司申请了一个公网 IP 地址，现需要配置出口路由器，以实现通过内网正常访问外网。网络拓扑图如图 18-1 所示。项目具体要求如下。

（1）公司内网使用 192.168.1.0/24 网段，出口使用 16.16.16.0/24 网段。

（2）在出口路由器上配置 Easy IP，使内部计算机可以通过路由器的 IP 地址访问外网。

（3）测试计算机和路由器的 IP 地址与接口信息如图 18-1 所示。

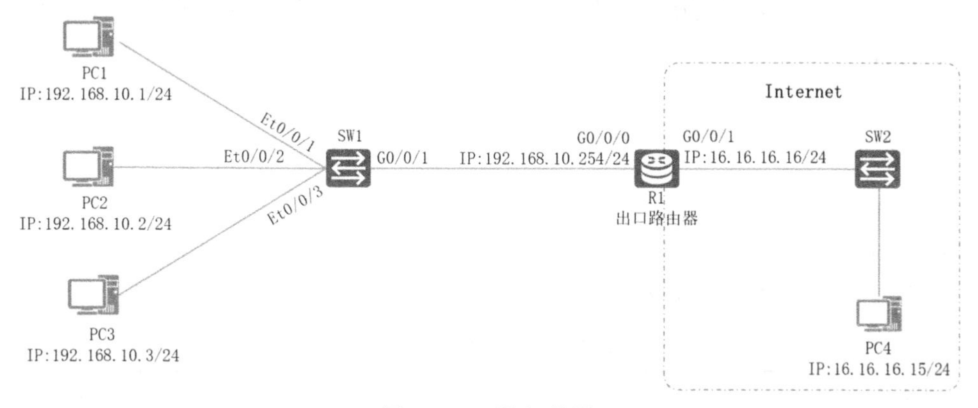

图 18-1　网络拓扑图

相关知识

Easy IP 技术是 NAPT 的一种简化情况。Easy IP 无须建立公网 IP 地址资源池，因为 Easy IP 只会用到一个公网 IP 地址，该 IP 地址就是路由器连接公网的出口 IP 地址。Easy IP 也会建立并维护一张动态地址及端口映射表，并且 Easy IP 会将这张表中的公网 IP 地址绑定成路由器的公网的出口 IP 地址。如果路由器的出口 IP 地址发生了变化，那么这张表中的公网 IP 地址也会自动跟着变化。路由器的出口 IP 地址可以是手工配置的，也可以是动态分配的。

Easy IP 适用于小规模局域网中的主机访问外网的场景。小规模局域网通常部署在小型的网吧或者办公室中，这些地方内部主机不多，出接口可以通过拨号方式获取一个临时公网 IP 地址。Easy IP 可以让内部主机使用这个临时公网 IP 地址访问外网。

图 18-2 所示为 Easy IP 示意图，Easy IP 的工作过程与 NAPT 完全相同，这里不再赘述。

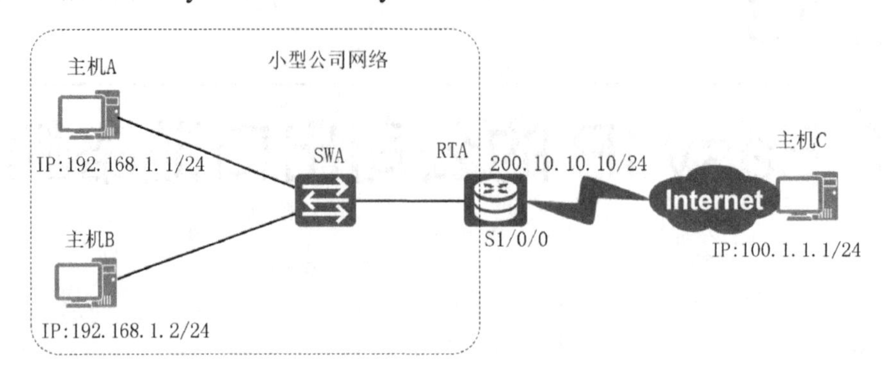

图 18-2　Easy IP 示意图

项目规划设计

Easy IP 是 NAT 的其中一种方式，主要用于让内部计算机使用共享公网 IP 地址访问外网。在本项目中，出口路由器的 G0/0/1 接口的 IP 地址为 16.16.16.1/24，通过创建 ACL 列表，匹配内部计算机的 IP 地址段，在出口路由器的 G0/0/1 接口上进行 Easy IP 的 NAT 转换，即可实现共享上网。在互联网连接方面，出口路由器可根据 ISP 服务商的网络环境配置相应的路由协议。

配置步骤如下。

（1）配置路由器接口。

（2）配置 Easy IP。

（3）配置计算机的 IP 地址。

IP 地址规划表 1 和端口规划表 1 如表 18-1 和表 18-2 所示。

表 18-1　IP 地址规划表 1

设备	接口	IP 地址	网关
R1	G0/0/0	192.168.10.254/24	—
R1	G0/0/1	16.16.16.16/24	—
PC1	—	192.168.10.1/24	192.168.10.254
PC2	—	192.168.10.2/24	192.168.10.254
PC3	—	192.168.10.3/24	192.168.10.254
PC4	—	16.16.16.15/24	—

表 18-2　端口规划表 1

本端设备	本端端口	对端设备	对端端口
R1	G0/0/0	SW1	G0/0/1

续表

本端设备	本端端口	对端设备	对端端口
R1	G0/0/1	SW2	G0/0/1
SW1	G0/0/1	R1	G0/0/0
SW1	G0/0/2	PC1	—
SW1	G0/0/3	PC2	—
SW1	G0/0/4	PC3	—
SW2	G0/0/1	R1	G0/0/1
SW2	G0/0/2	PC4	—

项目实施

扫一扫，
看微课

任务 18-1　配置路由器接口

任务描述

根据表 18-1 对路由器进行基础配置。

任务实施

在路由器接口上配置对应的 IP 地址。

```
[Huawei]system-view                                    //进入系统视图
[Huawei]sysname R1                                     //将路由器名称更改为 R1
[R1]interface G0/0/0                                   //进入 G0/0/0 接口
//配置 IP 地址为 192.168.10.254，子网掩码 24 位
[R1-GigabitEthernet0/0/0]ip add 192.168.10.254 24
[R1]interface G0/0/1
[R1-GigabitEthernet0/0/1]ip add 16.16.16.16 24
```

任务验证

在 R1 上使用【display ip interface brief】命令查看接口的 IP 地址信息，配置命令如下。

```
[R1]display ip interface brief
*down: administratively down
!down: FIB overload down
^down: standby
(l): loopback
(s): spoofing
(d): Dampening Suppressed
The number of interface that is UP in Physical is 3
The number of interface that is DOWN in Physical is 8
The number of interface that is UP in Protocol is 3
The number of interface that is DOWN in Protocol is 8

Interface                         IP Address/Mask      Physical   Protocol
GigabitEthernet0/0/0               192.168.10.254/24     up         up
GigabitEthernet0/0/1               16.16.16.16/24        up         up
```

可以看到，已经在 R1 各接口上成功配置了 IP 地址。

任务 18-2　配置 Easy IP

任务描述

根据项目规划设计对路由器进行 Easy IP 设置。

任务实施

（1）在 R1 上创建基本 ACL 2000，配置命令如下。

```
[R1]acl 2000                    //创建一个编号为 2000 的基本 ACL
//允许源 IP 地址网段为 192.168.10.0 /24 的报文通过
[R1-acl-basic-2000]rule permit source 192.168.10.0 0.0.0.255
```

（2）在 G0/0/1 接口上使用【nat outbound】命令配置 Easy IP 特性，直接将接口 IP 地址作为 NAT 转换后的地址。

【nat outbound acl-number】命令用于配置 Easy IP 地址转换。Easy IP 的配置与动态 NAT 的配置类似，需要定义 ACL 和执行【nat outbound】命令，主要区别是 Easy IP 不需要配置地址池，所以【nat outbound】命令中不需要配置参数【address-group】。配置命令如下。

```
[R1-acl-basic-2000]interface G0/0/1
//配置 ACL 2000 匹配的 IP 地址，使用当前接口的 IP 地址进行 Easy IP 转换
[R1-GigabitEthernet0/0/1]nat outbound 2000
```

任务验证

在 R1 上使用【display nat outbound】命令查看 NAT 配置信息，配置命令如下。

```
[R1]display nat outbound
 NAT Outbound Information:
 --------------------------------------------------------------------------
 Interface                  Acl     Address-group/IP/Interface      Type
 --------------------------------------------------------------------------
 GigabitEthernet0/0/1        2000                   16.16.16.16    easyip
 --------------------------------------------------------------------------
  Total : 1
```

结果显示 Easy IP 配置已生效。

任务 18-3　配置计算机的 IP 地址

任务描述

根据表 18-1 为各计算机配置 IP 地址。

任务实施

PC1 的 IP 地址配置结果如图 18-3 所示。同理，完成其他计算机的 IP 地址配置。

任务验证

（1）在 PC1 上使用【ipconfig】命令查看 IP 地址，配置命令如下。

```
PC1>ipconfig

本地连接:
```

```
连接特定的 DNS 后缀 . . . . . . . . :
IPv4 地址 . . . . . . . . . . . . : 192.168.10.1(首选)
子网掩码  . . . . . . . . . . . . : 255.255.255.0
默认网关. . . . . . . . . . . . . : 192.168.10.254
```

可以看到，已经在接口上正确配置了 IP 地址。

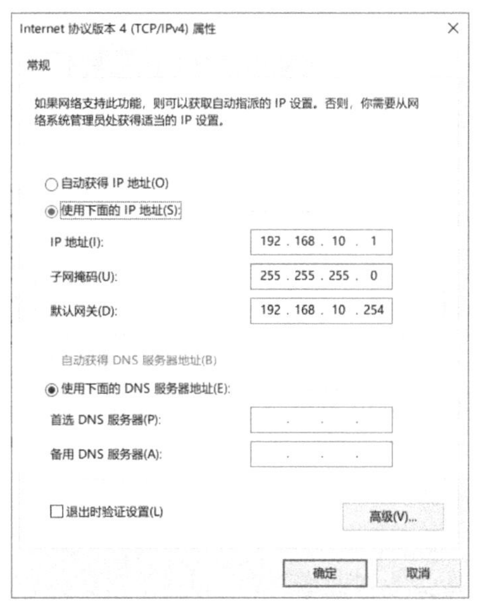

图 18-3　PC1 的 IP 地址配置结果

（2）在其他计算机上同样使用【ipconfig】命令验证 IP 地址是否正确配置。

项目验证

扫一扫，
看微课

（1）在 PC1 和 PC2 上使用 UDP 发包工具发送 UDP 数据包到公网 IP 地址 16.16.16.15，配置好目的 IP 地址、UDP 源端口号、目的端口号后，输入字符串数据后单击“发送”按钮，如图 18-4 和图 18-5 所示。

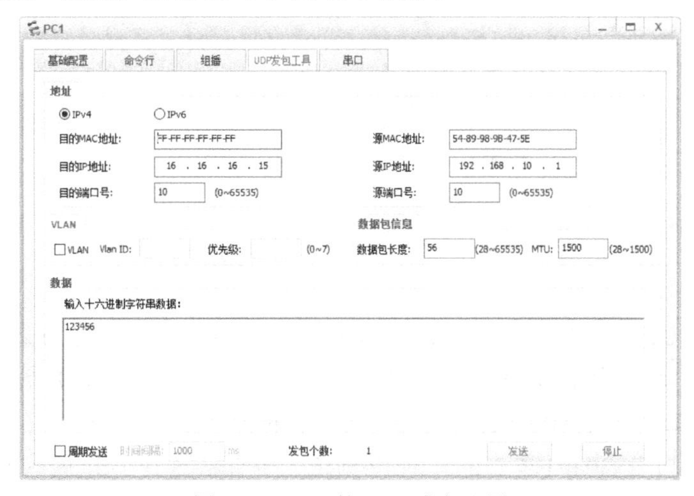

图 18-4　PC1 的 UDP 发包配置

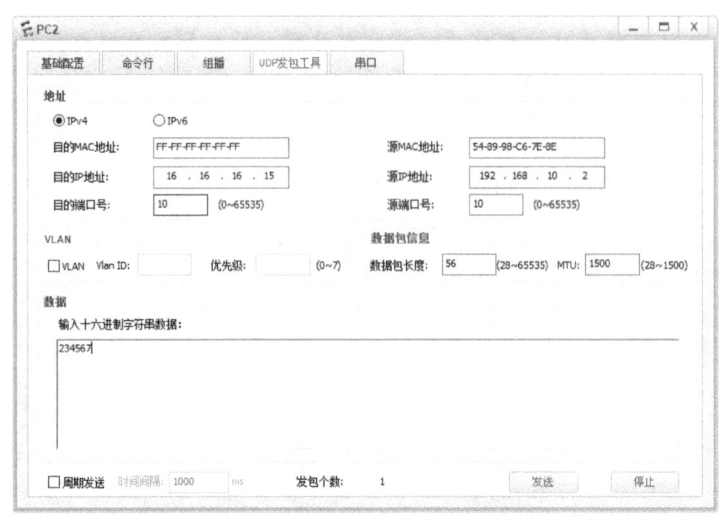

图 18-5　PC2 的 UDP 发包配置

（2）在 PC1 和 PC2 上发送 UDP 数据包后，在 R1 上查看 NAT Session 的详细信息，配置命令如下。

```
[R1]display nat session protocol udp verbose
 NAT Session Table Information:

   Protocol          : UDP(17)
   SrcAddr  Port Vpn : 192.168.10.2    2560
   DestAddr Port Vpn : 16.16.16.15     2560
   Time To Live      : 120 s
   NAT-Info
     New SrcAddr     : 16.16.16.16
     New SrcPort     : 10242
     New DestAddr    : ----
     New DestPort    : ----

   Protocol          : UDP(17)
   SrcAddr  Port Vpn : 192.168.10.1    2560
   DestAddr Port Vpn : 16.16.16.15     2560
   Time To Live      : 120 s
   NAT-Info
     New SrcAddr     : 16.16.16.16
     New SrcPort     : 10243
     New DestAddr    : ----
     New DestPort    : ----

 Total : 2
```

结果显示，PC1 的 UDP 数据包（IP 地址为 192.168.10.1，端口号为 2560）被路由器的 Easy IP 转换（IP 地址为 16.16.16.16，端口号为 10243），PC2 的 UDP 数据包（IP 地址为 192.168.10.2，端口号为 2560）被路由器的 Easy IP 转换（IP 地址为 16.16.16.16，端口号为 10242）。R1 借用自身 G0/0/1 接口的公网 IP 地址为所有私网 IP 地址做 NAT 转换，使用不同的端口号区分不同的私网 IP 数据。

项目拓展

一、理论题

1．Easy IP 适用于（　　）局域网中的主机访问外网的场景。

A．小规模　　B．大规模　　C．中型规模　　D．微型规模

2．下列关于 Easy IP 的说法错误的是（　　）。

A．Easy IP 技术是 NAPT 的一种简化情况

B．Easy IP 需要建立公网 IP 地址资源池

C．Easy IP 会建立并维护一张动态地址及端口映射表

D．Easy IP 可以让内部主机使用临时公网 IP 地址访问外网

3．查看 NAT 的配置信息的命令是（　　）。

A．display nat outbound

B．display ip interface brief

C．display nat session protocol udp verbose

D．display ip routing-table

二、项目实训题

1．实训背景

Jan16 公司搭建了网站服务器，用于对外发布公司官网信息。为了保障公司内网的安全和解决私网 IP 地址在公网的信息传输问题，需要在出口路由器上配置 NAT，使内部服务器映射到公网 IP 地址上。实训拓扑图如图 18-6 所示。

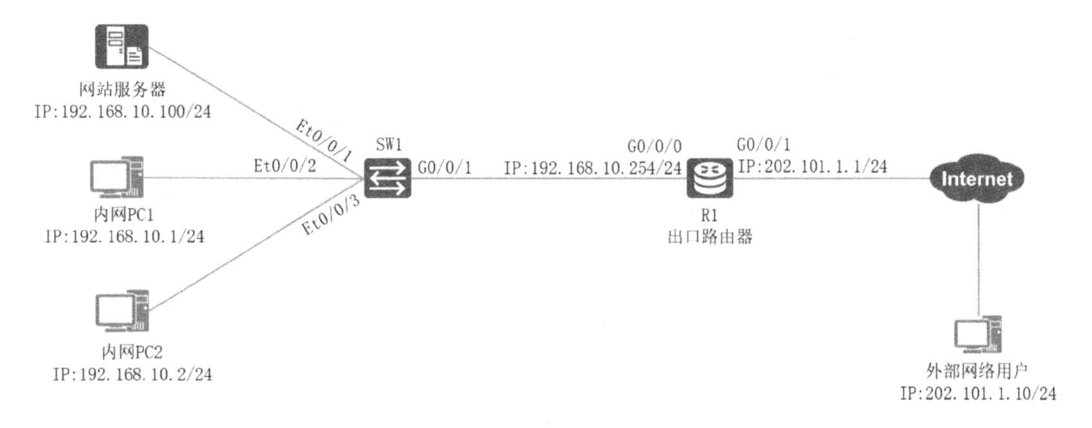

图 18-6　实训拓扑图

2．实训规划

根据项目背景信息、实训拓扑图信息及项目规划设计完成表 18-3 和表 18-4 所示的实训题规划表。

表 18-3　IP 地址规划表 2

设备	接口	IP 地址	网关

表 18-4　端口规划表 2

本端设备	本端端口	对端设备	对端端口

3．实训要求

（1）根据表 18-3 配置路由器端口的 IP 地址和各终端的 IP 地址。

（2）在 R1 上配置 Easy IP。

① 创建基本 ACL 2001。

② 在 G0/0/1 接口上使用【nat outbound】命令配置 Easy IP 特性，直接使用接口 IP 地址进行 Easy IP 转换。

（3）根据以上要求完成配置，按照以下实验验证命令并截图保存。

① 在 R1 上使用【display ip interface brief】命令查看接口的 IP 地址配置情况。

② 在 R1 上使用【display nat outbound】命令查看 NAT 配置信息。

③ 在 PC1、PC2 上发送 UDP 数据包后，在 R1 上查看 NAT Session 的详细信息。

项目 19

基于 STP 配置高可用的企业网络

项目描述

Jan16 公司为提高网络的可靠性，使用了两台高性能交换机作为核心交换机，接入层交换机与核心层交换机互联，形成冗余结构。网络拓扑图如图 19-1 所示。项目具体要求如下。

（1）为避免交换环路问题，需要配置交换机的 STP 功能，要求核心交换机有较高优先级，SW1 为根交换机，SW2 为备用根交换机，SW1—SW3 和 SW1—SW4 为主链路。

（2）技术部使用 VLAN10，网络地址为 10.0.1/24，PC1 和 PC2 分别接入 SW3 和 SW4。

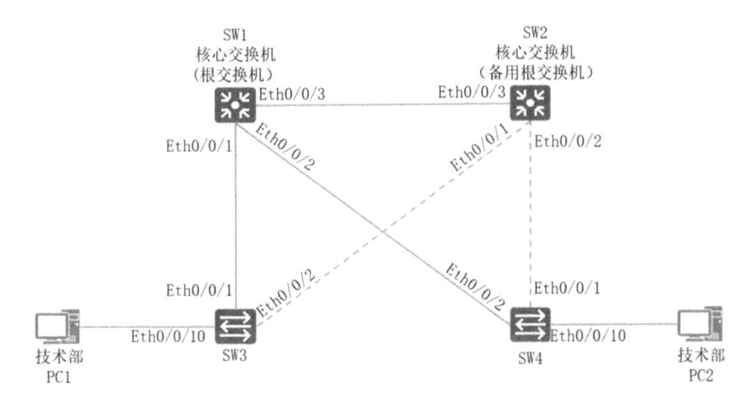

图 19-1　网络拓扑图

相关知识

19.1　冗余与 STP

1. 冗余

使网络更加可靠，减少故障影响的一个重要方法就是“冗余”。当网络中出现单点故障时，“冗余”可以激活其他备份组件，实现网络链接不中断。

冗余在网络中是必须存在的，冗余的拓扑结构可以缩短网络的中断时间。单条链路、单个端口或单台网络设备都有可能发生故障和错误，进而影响整个网络的正常运行，此时，如果有备份的链路、端口或者设备就可以解决这些问题，尽量减少丢失的连接，保障网络不间断地运行。生成树协议能够有效解决冗余链路带来的环路问题，大大提高网络的健壮性、稳定性、可靠性和容错性能。

2．STP

为了解决冗余链路引起的问题，IEEE 通过了 IEEE 802.1d 协议，即生成树协议（Spanning Tree Protocol，STP）。IEEE 802.1d 协议通过在交换机上运行一套复杂的算法，使冗余端口置于“阻塞状态”，使得网络中的计算机在通信时只有一条链路生效，而当这个链路出现故障时，IEEE 802.1d 协议将会重新计算出网络的最优链路，将处于“阻塞状态”的端口重新打开，从而确保网络连接稳定可靠。

在交换式网络中使用 STP 可以将有环路的物理拓扑变成无环路的逻辑拓扑，为网络提供了安全机制，使冗余拓扑中不会产生交换环路问题。

3．树的基本理论

在一个具有物理环路的交换网络中，交换机通过运行 STP 自动生成一个没有环路的逻辑拓扑。该无环逻辑拓扑也称 STP 树（STP Tree），树节点为某些特定的交换机，树枝为某些特定的链路。一棵 STP 树包含了唯一的一个根节点，任何一个节点到根节点的工作路径不但是唯一的，而且是最优的。当网络拓扑发生变化时，STP 树也会自动地发生相应的改变。

简而言之，有环的物理拓扑提高了网络连接的可靠性，而无环的逻辑拓扑避免了广播风暴、MAC 地址映射表翻摆、多帧复制，这就是 STP 的精髓。

19.2 STP 的工作原理

STP 是一个用于在局域网中消除环路的协议。运行该协议的交换机通过彼此交互信息而发现网络中的环路，并适当对某些端口进行阻塞以消除环路。

1．生成树的生成过程

STP 树的生成过程主要分为如下 4 步。

① 选举根桥（Root Bridge，RB），作为整个网络的根。

② 确定根端口（Root Port，RP），确定非根交换机与根交换机连接最优的端口。

③ 确定指定端口（Designated Port，DP），确定每条链路与根桥连接最优的端口。

④ 阻塞备用端口（Alternate Port，AP），形成一个无环网络。

（1）选举根桥。

根桥是 STP 树的根节点。要生成一棵 STP 树，首先要确定出一个根桥。根桥是整个交换网络的逻辑中心，但不一定是它的物理中心。当网络的拓扑发生变化时，根桥也可能会发生变化。

运行STP的交换机（简称STP交换机）会相互交换STP协议帧，这些协议帧的载荷数据称为BPDU（Bridge Protocol Data Unit，网桥协议数据单元）。BPDU中包含了与STP相关的所有信息，其中包含了BID。

交换机间选举根桥的主要步骤如下。

① STP交换机初始启动之后，都会认为自己是根桥，并在发送给其他交换机的BPDU中宣告自己是根桥。

② 当交换机从网络中收到其他设备发送过来的BPDU时，会比较BPDU中的根桥BID和自己的BID，较小的BID将作为根桥BID。

③ 交换机间通过不断地交互BPDU，同时对BID进行比较，直至最终选举出一台BID最小的交换机作为根桥。

如图19-2所示，交换机S1、S2、S3都使用了默认优先级32768。显然，S1的BID最小，所以最终S1将被选举为根桥。

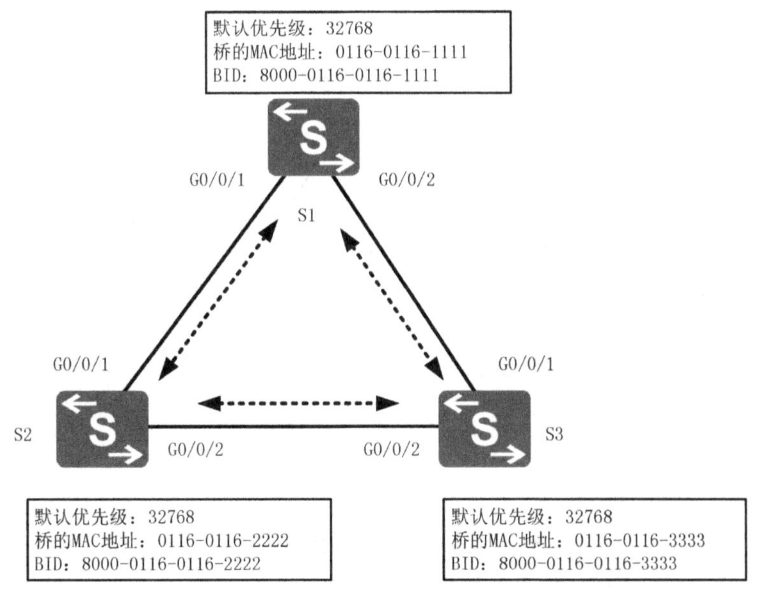

图19-2　选举根桥

（2）确定根端口。

根桥确定后，其他没有成为根桥的交换机都被称为非根桥。一台非根交换机可能通过多个端口与根交换机通信，为了保证从非根交换机到根交换机的工作路径是最优且唯一的，必须从非根交换机的端口中确定出一个被称为“根端口”的端口，由根端口作为非根交换机与根交换机设备进行报文交互。

因此，一台非根桥设备上最多只能有一个根端口，根端口的确定过程如下。

① 比较根路径开销，较小的为根端口。

STP将根路径开销作为确定根端口的一个重要依据。一个运行STP的网络中，某个交换机的端口到根桥的累计路径开销（从该端口到根桥所经过的所有链路的路径开销总和）称为该端口的根路径开销（Root Path Cost，RPC）。链路的路径开销（Path Cost）与端口速率有关，端口转发速率越大，路径开销越小。端口速率与路径开销的对应关系可参考表 19-1。

表 19-1　端口速率与路径开销的对应关系

端口速率	路径开销（IEEE802.1t 标准）
10Mbit/s	2000000
100Mbit/s	200000
1Gbit/s	20000
10Gbit/s	2000

如图 19-3 所示，假定 S1 已被选举为根桥，并且链路的路径开销遵从 IEEE802.1t 标准，现在，S3 需要从自己的 G0/0/1 端口和 G0/0/2 端口中确定出根端口。显然，S3 的 G0/0/1 端口的 RPC 为 20000；S3 的 G0/0/2 端口的 RPC 为 200000+20000=220000。交换机会将 RPC 最小的那个端口确定为自己的根端口。因此，S3 会将 G0/0/1 端口确定为自己的根端口。

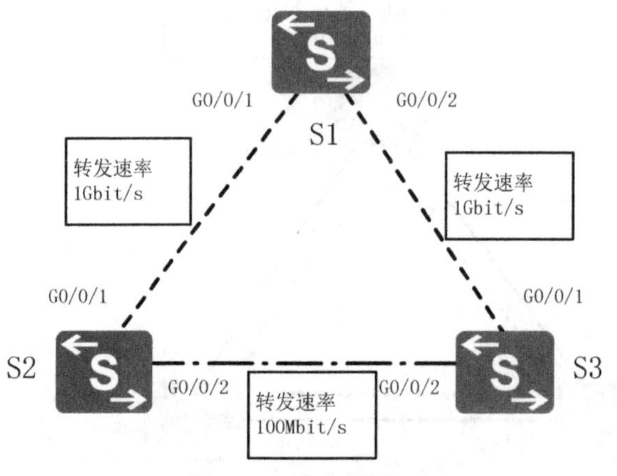

图 19-3　确定根端口

② 比较上行设备的 BID，BID 较小的端口为根端口。

③ 比较发送方端口 ID，较小的端口为根端口。

（3）确定指定端口。

当一个网段有两条及两条以上的路径通往根交换机时，每个网段都必须确定一个端口为指定端口（每个网段唯一）。

指定端口也是通过比较 RPC 来确定的，RPC 较小的端口将成为指定端口。若 RPC 相同，则需要比较 BID、PID 等，具体流程如图 19-4 所示。

如图 19-5 所示，假定 S1 已被选举为根桥，并且假定各链路的开销均相等。显然，S3 的 G0/0/1 端口的 RPC 小于 S3 的 G0/0/2 端口的 RPC，所以 S3 将自己的 G0/0/1 端口确定为自己的根端口。类似地，S2 的 G0/0/1 端口的 RPC 小于 S2 的 G0/0/2 端口的 RPC，所以 S2 将自己的 G0/0/1 端口确定为自己的根端口。

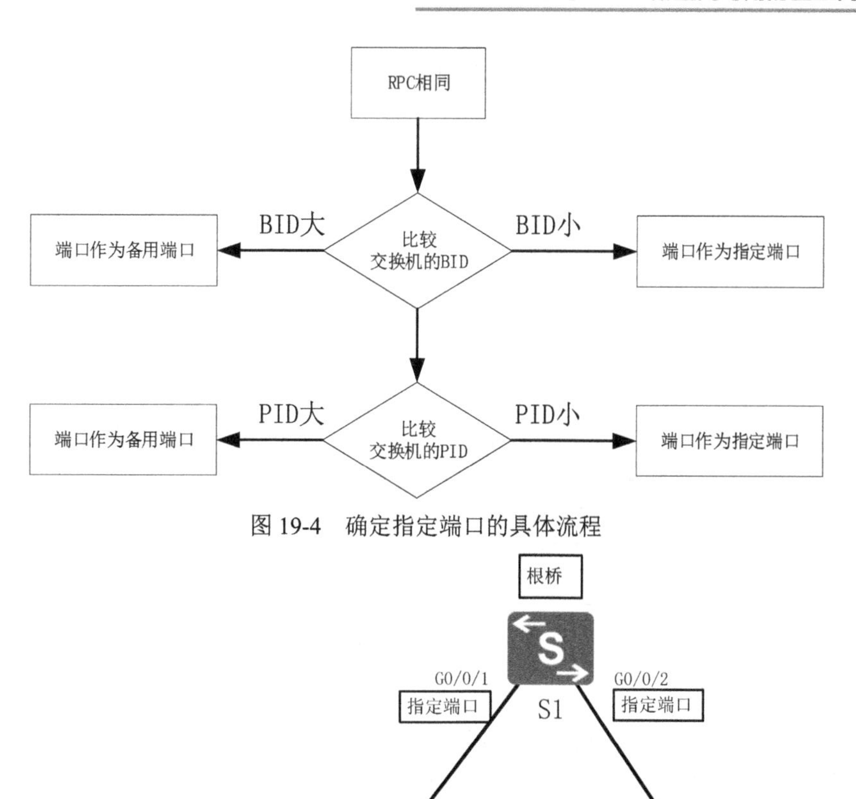

图 19-4　确定指定端口的具体流程

图 19-5　STP 中的指定端口

对于 S3 的 G0/0/2 端口和 S2 的 G0/0/2 端口之间的网段来说，S3 的 G0/0/2 端口的 RPC 与 S2 的 G0/0/2 端口的 RPC 是相等的，所以需要比较 S3 的 BID 和 S2 的 BID。假定 S2 的 BID 小于 S3 的 BID，则 S2 的 G0/0/2 端口将被确定为 S3 的 G0/0/2 端口和 S2 的 G0/0/2 端口之间的网段的指定端口。

对于网段 LAN1 来说，与之相连的交换机只有 S2。在这种情况下，就需要比较 S2 的 G0/0/3 端口的 PID 和 G0/0/4 端口的 PID。假定 G0/0/3 端口的 PID 小于 G0/0/4 端口的 PID，则 S2 的 G0/0/3 端口将被确定为网段 LAN1 的指定端口。

最后需要指出的是，根桥上不存在任何根端口，只存在指定端口。

（4）阻塞备用端口。

在确定了根端口和指定端口之后，交换机上所有剩余交换机间互联的端口称为备用端口。STP 会对备用端口进行逻辑阻塞。

逻辑阻塞是指这些备用端口不能转发用户数据帧（由终端计算机产生并发送的帧），但可以接收并处理 STP 协议帧。

根端口和指定端口既可以发送和接收 STP 协议帧，又可以转发用户数据帧。

如图 19-6 所示，一旦备用端口被逻辑阻塞后，STP 树（无环拓扑）的生成过程便宣告完成。

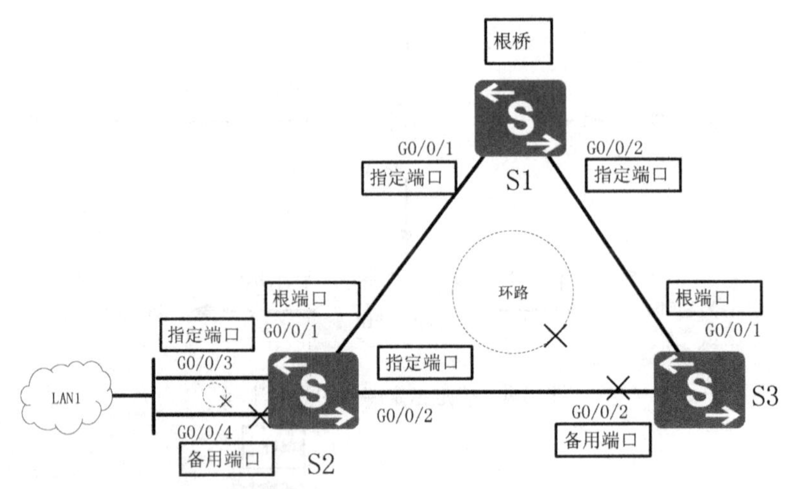

图 19-6 阻塞备用端口

2. STP 端口的状态

STP 不仅定义了 3 种端口角色，即根端口、指定端口、备用端口，还将端口的状态分为 5 种：禁用状态、阻塞状态、侦听状态、学习状态、转发状态。这些状态的迁移旨在确保 STP 收敛过程中避免可能出现的临时环路，从而保障网络的稳定与安全。

接下来我们将介绍 STP 在工作时端口状态的变化，表 19-2 给出了这 5 种端口状态的简单说明。

表 19-2 STP 端口的 5 种状态说明

端口状态	说明
禁用（Disabled）状态	禁用状态的端口无法接收和发出任何帧，端口处于关闭（Down）状态
阻塞（Blocking）状态	阻塞状态的端口只能接收 STP 协议帧，不能发送 STP 协议帧，也不能转发用户数据帧
侦听（Listening）状态	侦听状态的端口可以接收并发送 STP 协议帧，但不能进行 MAC 地址学习，也不能转发用户数据帧
学习（Learning）状态	学习状态的端口可以接收并发送 STP 协议帧，也可以进行 MAC 地址学习，但不能转发用户数据帧
转发（Forwarding）状态	转发状态的端口可以接收并发送 STP 协议帧，也可以进行 MAC 地址学习，同时能够转发用户数据帧

（1）STP 交换机的端口在初始启动时，会从 Disabled 状态进入 Blocking 状态。在 Blocking 状态，端口只能接收和分析 BPDU，但不能发送 BPDU。

（2）若端口被选为根端口或指定端口，则端口会进入 Listening 状态，此时端口接收并发送 BPDU，这种状态会持续一个转发延迟的时间长度，这个时间长度默认为 15s。

（3）若没有因“意外情况”而回到 Blocking 状态，则该端口会进入 Learning 状态，并在此状态持续一个转发延迟的时间长度。处于 Learning 状态的端口可以接收和发送 BPDU，同时开始构建 MAC 地址映射表，为转发用户数据帧做好准备。处于 Learning 状态的端口

仍然不能开始转发用户数据帧，因为此时网络中可能还存在因 STP 树的计算过程不同步而产生的临时环路。

（4）端口由 Learning 状态进入 Forwarding 状态，开始进行用户数据帧的转发工作。

（5）在整个状态的迁移过程中，端口一旦被关闭或发生了链路故障，就会进入 Disable 状态；在端口状态的迁移过程中，若端口的角色被判定为非根端口或非指定端口，则其端口状态就会立即退回到 Blocking 状态。端口状态的迁移过程如图 19-7 所示。

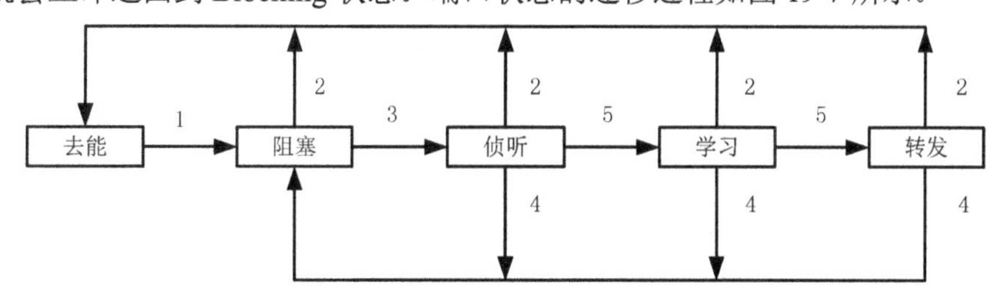

1—端口初始化或使能；　　2—端口禁用或链路失效；

3—端口被选为根端口或指定端口；　　4—端口不再是根端口或指定端口；

5—Forward Delay Tmier超时。

图 19-7　端口状态的迁移过程

接下来通过图 19-8 所示的案例来具体说明一下端口状态是如何迁移的。

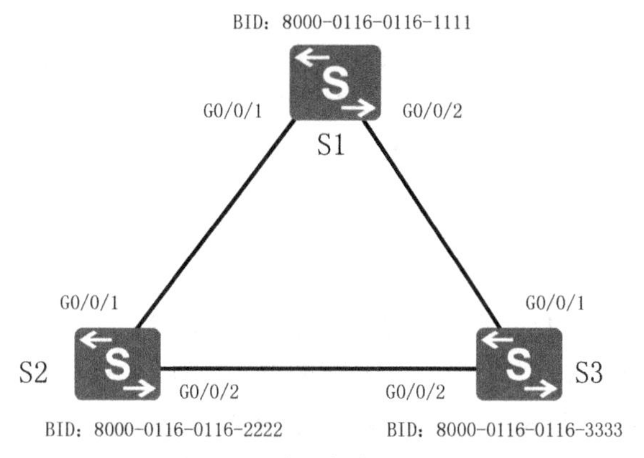

图 19-8　端口状态迁移示例

（1）假设交换机 S1、S2、S3 大概在同一时刻启动，各交换机的各个端口立即从 Disable 状态进入 Blocking 状态。由于处于 Blocking 状态的端口只能接收而不能发送 BPDU，所以任何端口都收不到 BPDU。在等待 MaxAge 的时间（默认为 20s）后，每台交换机都会认为自己就是根桥，所有端口的角色都会成为指定端口，并且端口的状态迁移为 Listening 状态。

（2）交换机的端口进入 Listening 状态后，开始发送自己产生的 BPDU，同时也接收其他交换机发送的 BPDU，假定 S2 最先发送 BPDU，当 S3 从自己的 G0/0/2 端口收到 S2 发送的 BPDU 后，会认为 S2 才应该是根桥（因为 S2 的 BID 小于 S3 的 BID），于是 S3 会把自己的 G0/0/2 端口由指定端口变更为根端口，然后将根桥设置为 S2，并将 BPDU 从自己的 G0/0/1 端口发送出去。

当 S1 从自己的 G0/0/1 端口接收到 S3 发送过来的 BPDU 后，会发现自己的 BID 才是最小的，自己更应该成为根桥，于是立即向 S3 发去自己的 BPDU。当然，如果 S1 从自己的 G0/0/2 端口接收到 S2 发送过来的 BPDU 也会立即向 S2 发去自己的 BPDU。

S2 和 S3 收到 S1 发送的 BPDU 后，会确认 S1 就是根桥，于是 S2 的 G0/0/1 端口和 S3 的 G0/0/1 端口都会成为根端口，S2 和 S3 会从各自的 G0/0/2 端口发送新的 BPDU。S3 的 G0/0/2 端口会成为备用端口，进入 Blocking 状态，S2 的 G0/0/2 端口仍然为指定端口。

因为各交换机发送 BPDU 的时间先后带有一定的随机性，所以上述的过程并不是唯一的。但是，无论各个交换机端口最开始的状态如何，也无论中间的过程差异如何，最终的结果总是确定而唯一的：BID 最小的交换机会成为根桥，各端口的角色会变成自己应该扮演的角色。

端口在 Listening 状态持续转发延迟的时间长度（默认为 15s）后，开始进入 Learning 状态。注意，S3 的 G0/0/2 端口已经变成了备用端口，所以其状态会成为 Blocking 状态。

（3）各个端口（S3 的 G002 端口除外）相继进入 Learning 状态后，会持续转发延迟的时间长度。在此时间内，交换机可以开始学习 MAC 地址与这些端口的映射关系，同时等待 STP 树在这段时间内完全收敛。

（4）各端口（S3 的 G0/0/2 端口除外）相继进入 Forwarding 状态，开始进行用户数据帧的转发工作。

（5）拓扑稳定后只有根网桥才会每隔 Hello timer 发送配置 BPDU。其他交换机收到 BPDU 后，启动老化计时器，并从指定端口发送更新参数后的最佳 BPDU。若超过 MaxAge 仍没有收到 BPDU，则说明拓扑发生变化，STP 将触发收敛过程。

项目规划设计

根据图 19-1 可知，SW1 和 SW2 为核心交换机，将 SW1 配置为根交换机，将 SW2 配置为备用根交换机；SW3 和 SW4 作为接入交换机，其中，SW1—SW3 及 SW1—SW4 的链路为主链路，SW2—SW4 及 SW2—SW3 的链路为备份链路。

因此，在 STP 配置中可将 SW1 的优先级设为最高，将 SW2 的优先级设为次高，如 SW1 的优先级为 0，SW2 的优先级为 4096。

同时，因考虑到技术部计算机被划分在 VLAN10 的网段内，且计算机连接在不同的交换机上，故需要将交换机之间的链路配置为 Trunk 模式。配置步骤如下。

（1）创建 VLAN 并将端口划分到相应的 VLAN。在交换机上为各部门创建相应的 VLAN 并配置 VLAN 描述，将连接计算机的端口类型转换模式，并将端口划分到相应的 VLAN。

（2）开启 STP 并配置 STP 的优先级。在所有交换机上启用生成树功能，并调整交换机的生成树优先级，使 SW1 成为根交换机，使 SW2 成为备用根交换机。

（3）配置计算机的 IP 地址，使各部门的计算机可以相互通信。

VLAN 规划表 1、端口规划表 1 和 IP 地址规划表 1 如表 19-3～表 19-5 所示。

表19-3 VLAN规划表1

VLAN ID	VLAN描述信息	IP地址段	用途
Vlan10	Technical	10.0.1.0/24	技术部

表19-4 端口规划表1

本端设备	本端端口	端口类型	对端设备	对端端口
SW1	Eth0/0/1	Trunk	SW3	Eth0/0/1
SW1	Eth0/0/2	Trunk	SW4	Eth 0/0/1
SW1	Eth0/0/3	Trunk	SW2	Eth 0/0/3
SW2	Eth0/0/1	Trunk	SW3	Eth0/0/2
SW2	Eth0/0/2	Trunk	SW4	Eth0/0/2
SW2	Eth0/0/3	Trunk	SW1	Eth0/0/3
SW3	Eth0/0/1	Trunk	SW1	Eth0/0/1
SW3	Eth0/0/2	Trunk	SW2	Eth0/0/1
SW3	Eth0/0/10	Access	技术部PC1	—
SW4	Eth0/0/1	Trunk	SW1	Eth0/0/2
SW4	Eth0/0/2	Trunk	SW2	Eth0/0/2
SW4	Eth0/0/10	Access	技术部PC2	—

表19-5 IP地址规划表1

设备	IP地址
技术部PC1	10.0.1.1/24
技术部PC2	10.0.1.2/24

项目实施

任务19-1 创建VLAN并将端口划分到相应的VLAN

任务描述

根据表19-1为各部门创建相应的VLAN并配置VLAN描述，将连接计算机的端口类型转换模式，并将端口划分到相应的VLAN。

任务实施

（1）在SW1上创建VLAN并配置VLAN描述，配置命令如下。

```
[Huawei]system-view                    //进入系统视图
[Huawei]sysname SW1                    //将交换机名称更改为SW1
[SW1]vlan 10                           //创建VLAN10
[SW1-vlan10]description Technical      //配置VLAN10的描述信息为Technical
```

（2）在SW1上将交换机互联所使用的端口组成端口组，统一将端口类型转换为Trunk模式，并设置端口放行的VLAN。

```
//将端口Eth0/0/1~Eth0/0/3组成一个端口组
[SW1]port-group group-member Eth0/0/1 to Eth0/0/3
```

```
[SW1-port-group]port link-type trunk //修改端口类型为 Trunk 模式
[SW1-port-group]port trunk allow-pass vlan 10 // Trunk 允许在 VLAN 列表中添加 VLAN10
```

（3）在 SW2 上创建 VLAN 并配置 VLAN 描述，配置命令如下。

```
[Huawei]system-view
[Huawei]sysname SW2
[SW2]vlan 10
[SW2-vlan10]description Technical
```

（4）在 SW2 上将交换机互联所使用的端口组成端口组，统一将端口类型转换为 Trunk 模式，并设置端口放行的 VLAN。

```
[SW2]port-group group-member Ethernet 0/0/1 to Ethernet 0/0/3
[SW2-port-group]port link-type trunk
[SW2-port-group]port trunk allow-pass vlan 10
```

（5）在 SW3 上创建 VLAN 并配置 VLAN 描述，配置命令如下。

```
[Huawei]system-view
[Huawei]sysname SW3
[SW3]vlan 10
[SW3-vlan10]description Technical
```

（6）在 SW3 上将连接计算机的端口转换为 Access 模式，并将端口划分给 VLAN10，将交换机互联所使用的端口组成端口组，统一将端口类型转换为 Trunk 模式，并设置端口放行的 VLAN，配置命令如下。

```
[SW3]interface Ethernet0/0/10
[SW3-Ethernet0/0/10]port link-type access       //修改端口类型为 Access 模式
[SW3-Ethernet0/0/10]port default vlan 10        //配置端口的默认 VALN 为 VLAN10
[SW3]port-group group-member Eth0/0/1 to Eth0/0/2
[SW3-port-group]port link-type trunk
[SW3-port-group]port trunk allow-pass vlan 10
```

（7）在 SW4 上创建 VLAN 并配置 VLAN 描述，配置命令如下。

```
[Huawei]system-view
[Huawei]sysname SW4
[SW4]vlan 10
[SW4-vlan10]description Technical
```

（8）在 SW4 上将连接计算机的端口转换为 Access 模式，并将端口划分给 VLAN10，将交换机互联所使用的端口组成端口组，统一将端口类型转换为 Trunk 模式，并设置端口放行的 VLAN，配置命令如下。

```
[SW4]interface Ethernet0/0/10
[SW4-Ethernet0/0/10]port link-type access
[SW4-Ethernet0/0/10]port default vlan 10
[SW4]port-group group-member Ethernet 0/0/1 to Ethernet 0/0/2
[SW4-port-group]port link-type trunk
[SW4-port-group]port trunk allow-pass vlan 10
```

任务验证

（1）在 SW1 上使用【display vlan】命令查看 VLAN 信息，配置命令如下。

```
[SW1]display vlan
The total number of vlans is : 2
```

```
--------------------------------------------------------------------------------
U: Up;         D: Down;         TG: Tagged;         UT: Untagged;
MP: Vlan-mapping;               ST: Vlan-stacking;
#: ProtocolTransparent-vlan;    *: Management-vlan;
--------------------------------------------------------------------------------
VID  Type    Ports
--------------------------------------------------------------------------------
1    common  UT:Eth0/0/1(U)     Eth0/0/2(U)     Eth0/0/3(U)     Eth0/0/4(D)
                Eth0/0/5(D)     Eth0/0/6(D)     Eth0/0/7(D)     Eth0/0/8(D)
                Eth0/0/9(D)     Eth0/0/10(D)    Eth0/0/11(D)    Eth0/0/12(D)
                Eth0/0/13(D)    Eth0/0/14(D)    Eth0/0/15(D)    Eth0/0/16(D)
                Eth0/0/17(D)    Eth0/0/18(D)    Eth0/0/19(D)    Eth0/0/20(D)
                Eth0/0/21(D)    Eth0/0/22(D)    GE0/0/1(D)      GE0/0/2(D)
10   common  TG:Eth0/0/1(U)     Eth0/0/2(U)     Eth0/0/3(U)
VID  Status  Property      MAC-LRN Statistics Description
--------------------------------------------------------------------------------
1    enable  default       enable  disable    VLAN 0001
10 enable  default       enable  disable    Technical
```

结果显示，已经成功完成端口的 VLAN 划分。

（2）在 SW2 上使用【display vlan】命令查看 VLAN 信息，配置命令如下。

```
[SW2]display vlan
The total number of vlans is : 2
--------------------------------------------------------------------------------
U: Up;         D: Down;         TG: Tagged;         UT: Untagged;
MP: Vlan-mapping;               ST: Vlan-stacking;
#: ProtocolTransparent-vlan;    *: Management-vlan;
--------------------------------------------------------------------------------
VID  Type    Ports
--------------------------------------------------------------------------------
1    common  UT:Eth0/0/1(U)     Eth0/0/2(U)     Eth0/0/3(U)     Eth0/0/4(D)
                Eth0/0/5(D)     Eth0/0/6(D)     Eth0/0/7(D)     Eth0/0/8(D)
                Eth0/0/9(D)     Eth0/0/10(D)    Eth0/0/11(D)    Eth0/0/12(D)
                Eth0/0/13(D)    Eth0/0/14(D)    Eth0/0/15(D)    Eth0/0/16(D)
                Eth0/0/17(D)    Eth0/0/18(D)    Eth0/0/19(D)    Eth0/0/20(D)
                Eth0/0/21(D)    Eth0/0/22(D)    GE0/0/1(D)      GE0/0/2(D)
10   common  TG:Eth0/0/1(U)     Eth0/0/2(U)     Eth0/0/3(U)
VID  Status  Property      MAC-LRN Statistics Description
--------------------------------------------------------------------------------
1    enable  default       enable  disable    VLAN 0001
10 enable  default       enable  disable    Technical
```

结果显示，已经成功完成端口的 VLAN 划分。

（3）在 SW3 上使用【display vlan】命令查看 VLAN 信息，配置命令如下。

```
[SW3]display vlan
The total number of vlans is : 2
--------------------------------------------------------------------------------
U: Up;         D: Down;         TG: Tagged;         UT: Untagged;
MP: Vlan-mapping;               ST: Vlan-stacking;
```

```
#: ProtocolTransparent-vlan;    *: Management-vlan;
--------------------------------------------------------------------------------
VID  Type    Ports
--------------------------------------------------------------------------------
1    common  UT:Eth0/0/1(U)     Eth0/0/2(U)     Eth0/0/3(D)     Eth0/0/4(D)
                Eth0/0/5(D)     Eth0/0/6(D)     Eth0/0/7(D)     Eth0/0/8(D)
                Eth0/0/9(D)     Eth0/0/11(D)    Eth0/0/12(D)    Eth0/0/13(D)
                Eth0/0/14(D)    Eth0/0/15(D)    Eth0/0/16(D)    Eth0/0/17(D)
                Eth0/0/18(D)    Eth0/0/19(D)    Eth0/0/20(D)    Eth0/0/21(D)
                Eth0/0/22(D)    GE0/0/1(D)      GE0/0/2(D)
10   common  UT:Eth0/0/10(U)
            TG:Eth0/0/1(U)      Eth0/0/2(U)
VID  Status  Property      MAC-LRN Statistics Description
--------------------------------------------------------------------------------
1    enable  default       enable  disable    VLAN 0001
10  enable  default       enable  disable    Technical
```

结果显示，已经成功完成端口的 VLAN 划分。

（4）在 SW4 上使用【display vlan】命令查看 VLAN 信息，配置命令如下。

```
[SW4]display vlan
The total number of vlans is : 2
--------------------------------------------------------------------------------
U: Up;         D: Down;         TG: Tagged;         UT: Untagged;
MP: Vlan-mapping;               ST: Vlan-stacking;
#: ProtocolTransparent-vlan;    *: Management-vlan;
--------------------------------------------------------------------------------
VID  Type    Ports
--------------------------------------------------------------------------------
1    common  UT:Eth0/0/1(U)     Eth0/0/2(U)     Eth0/0/3(D)     Eth0/0/4(D)
                Eth0/0/5(D)     Eth0/0/6(D)     Eth0/0/7(D)     Eth0/0/8(D)
                Eth0/0/9(D)     Eth0/0/11(D)    Eth0/0/12(D)    Eth0/0/13(D)
                Eth0/0/14(D)    Eth0/0/15(D)    Eth0/0/16(D)    Eth0/0/17(D)
                Eth0/0/18(D)    Eth0/0/19(D)    Eth0/0/20(D)    Eth0/0/21(D)
                Eth0/0/22(D)    GE0/0/1(D)      GE0/0/2(D)
10   common  UT:Eth0/0/10(U)
            TG:Eth0/0/1(U)      Eth0/0/2(U)
VID  Status  Property      MAC-LRN Statistics Description
--------------------------------------------------------------------------------
1    enable  default       enable  disable    VLAN 0001
10   enable  default       enable  disable    Technical
```

结果显示已经成功完成端口的 VLAN 划分。

任务 19-2　开启 STP 并配置 STP 的优先级

任务描述

根据项目要求在所有交换机上开启 STP，并配置 SW1 为根桥交换机、SW2 为备份根桥交换机。

任务实施

（1）在SW1上开启STP。

【stp mode{ mstp|rstp|stp}】命令用来配置设备STP的工作模式。工作模式分别为MSTP、RSTP、STP，默认模式为MSTP。SW1开启STP的配置命令如下。

```
[SW1]stp enable                  //开启生成树功能
[SW1]stp mode stp                //配置生成树模式为STP
```

（2）在SW2上开启STP，配置命令如下。

```
[SW2]stp enable
[SW2]stp mode stp
```

（3）在SW3上开启STP，配置命令如下。

```
[SW3]stp enable
[SW3]stp mode stp
```

（4）在SW4上开启STP，配置命令如下。

```
[SW4]stp enable
[SW4]stp mode stp
```

（5）在SW1上修改STP的优先级，使其成为根桥交换机。

【stp priority priority】命令用来设置设备的桥优先级，“priority”的取值范围是0~65535，默认值是32768，该值要求设置为4096的倍数，如4096、8192等。另外，还有一种便捷的方法来指定S1为根桥，即使用【stp root primary】命令直接指定S1为根桥。设备上配置了此命令后，设备的桥优先级的值会被自动设置为0，并且不能使用【stp priority priority】命令来更改该设备的桥优先级。本任务选用第一种方法，配置命令如下。

```
[SW1]stp priority 0  //将STP的优先级设置为0
```

（6）在SW2上修改STP的优先级，使其成为备份根桥交换机。配置命令如下。

```
[SW2]stp priority 4096
```

任务验证

（1）在SW1上使用【display stp】命令查看STP模式，配置命令如下。

```
[SW1]display stp
-------[CIST Global Info][Mode STP]-------
CIST Bridge          :0    .4c1f-cc13-37a8
Config Times         :Hello 2s MaxAge 20s FwDly 15s MaxHop 20
Active Times         :Hello 2s MaxAge 20s FwDly 15s MaxHop 20
CIST Root/ERPC       :0    .4c1f-cc13-37a8 / 0
CIST RegRoot/IRPC    :0    .4c1f-cc13-37a8 / 0
......
```

可以看到，SW1开启了生成树，模式为STP。同理，可以查看其他交换机的生成树工作模式是否为STP。

（2）在SW3上使用【display stp brief】命令查看交换机接口的状态，配置命令如下。

```
[SW3]display stp brief
 MSTID  Port                        Role  STP State     Protection
   0    Ethernet0/0/1               ROOT  FORWARDING      NONE
   0    Ethernet0/0/2               ALTE  DISCARDING      NONE
   0    Ethernet0/0/10              DESI  FORWARDING      NONE
```

可以看到，Eth0/0/1 与 STP 根桥连接，为根端口角色，状态为 Forwarding；Eth0/0/2 同备份根桥连接，为替代端口角色，不进行数据转发，状态为 Discarding；Eth0/0/10 与终端连接为指定端口角色，状态为 Forwarding。

（3）在 SW4 上使用【display stp brief】命令查看交换机接口的状态，配置命令如下。

```
[SW4]display stp brief
 MSTID  Port                        Role  STP State     Protection
   0    Ethernet0/0/1                ROOT  FORWARDING      NONE
   0    Ethernet0/0/2                ALTE  DISCARDING      NONE
   0    Ethernet0/0/10               DESI  FORWARDING      NONE
```

可以看到，Eth0/0/2 端口为 Discarding 状态。

任务 19-3　配置计算机的 IP 地址

任务描述

根据表 19-5 为各部门计算机配置 IP 地址。

任务实施

（1）根据表 19-5 为各部门计算机配置 IP 地址。

（2）技术部 PC1 的 IP 地址配置结果如图 19-9 所示。同理，完成技术部 PC2 的 IP 地址配置，如图 19-10 所示。

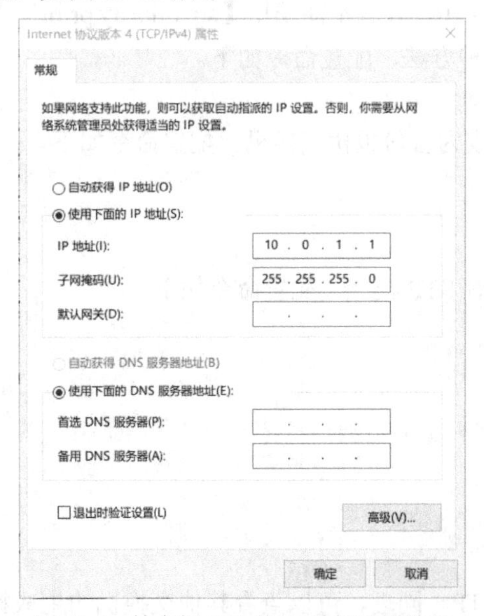

图 19-9　技术部 PC1 的 IP 地址配置结果

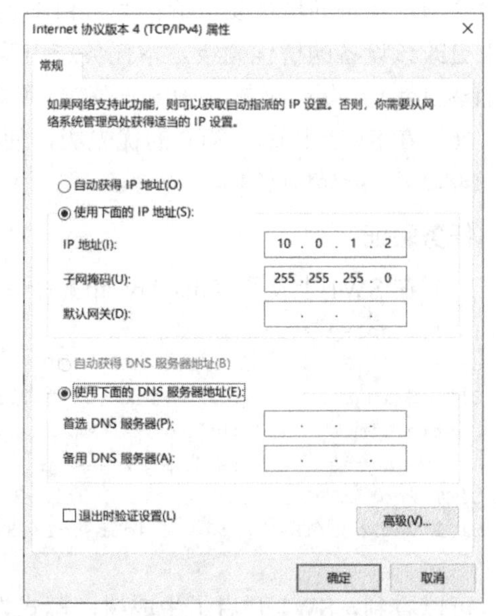

图 19-10　技术部 PC2 的 IP 地址配置结果

任务验证

（1）在技术部 PC1 上使用【ipconfig】命令查看 IP 地址，配置命令如下。

```
PC1>ipconfig      //显示本机的 IP 地址配置信息

本地连接：
```

```
连接特定的 DNS 后缀 . . . . . . . :
IPv4 地址 . . . . . . . . . . . . : 10.0.1.1(首选)
子网掩码  . . . . . . . . . . . . : 255.255.255.0
默认网关. . . . . . . . . . . . . :
```

可以看到，PC1 上已经配置了 IP 地址。

（2）在其他计算机上同样使用【ipconfig】命令验证 IP 地址是否正确配置。

项目验证

扫一扫，
看微课

使用【ping】命令使技术部 PC1 Ping 本部门的 PC2，测试各部门内部通信的情况。

```
PC>ping 10.0.1.2

Ping 10.0.1.2: 32 data bytes, Press Ctrl_C to break
From 10.0.1.2: bytes=32 seq=1 ttl=128 time=156 ms
From 10.0.1.2: bytes=32 seq=2 ttl=128 time=125 ms
From 10.0.1.2: bytes=32 seq=3 ttl=128 time=140 ms
From 10.0.1.2: bytes=32 seq=4 ttl=128 time=157 ms
From 10.0.1.2: bytes=32 seq=5 ttl=128 time=156 ms

--- 10.0.1.2 ping statistics ---
  5 packet(s) transmitted
  5 packet(s) received
  0.00% packet loss
  round-trip min/avg/max = 125/146/157 ms
```

可以看到，PC1 可以和 PC2 相互通信。

此时如果断开任意一条主链路，那么 STP 将会自适应调整，通信不中断。因为 STP 的默认收敛时长为 50s，所以收敛期间会丢失若干个数据包。

项目拓展

一、理论题

1. STP 选择根端口时，若根路径开销相同，则比较（　　）。

A．发送网桥的转发延迟　　　B．发送网桥的型号

C．发送网桥的 ID　　　D．发送端口 ID

2. 假设以太网交换机中某个运行 STP 的端口不接收或转发数据，接收 BPDU 但不发送 BPDU，不进行 MAC 地址学习，那么该端口应该处于（　　）。

A．Blocking 状态　B．Listening 状态　C．Learning 状态　D．Forwarding 状态

3. 在 STP 的端口状态迁移过程中，RP 和 DP 最终会迁移到（　　）。

A．Blocking 状态　B．Listening 状态　C．Learning 状态　D．Forwarding 状态

4. STP 定义了（　　）种端口角色。

A．2　　B．3　　C．4　　D．5

5．在以太网交换机运行 STP 时，默认情况下交换机的 STP 优先级是（　　）。

A．4096　　B．16384　　C．8192　　D．32768

二、项目实训题

1．实训背景

Jan16 公司为提高网络的可靠性，增加了一台高性能交换机作为核心交换机，接入层交换机与核心层交换机互联，形成链路冗余结构，将 SW1 指定为根桥设备，技术部门的用户被统一划分到 VLAN10，使用 IP 地址段 192.168.1.0/24，技术部的 PC1 和 PC2 通过 SW2 和 SW3 接入网络。实训拓扑图如图 19-11 所示。

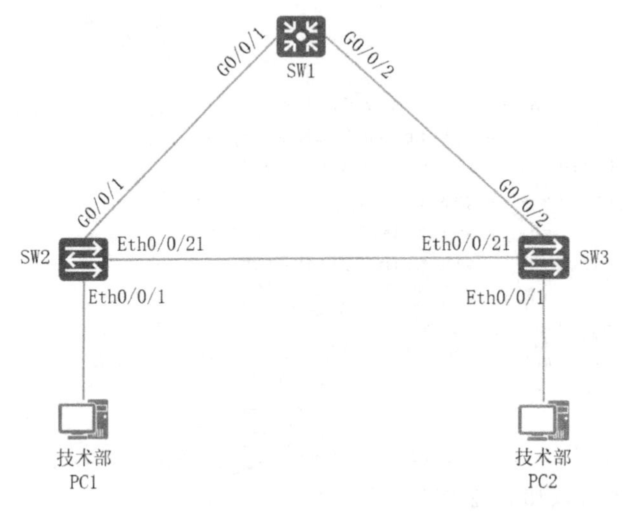

图 19-11　实训拓扑图

2．实训规划

根据项目背景信息、实训拓扑图信息及项目规划设计完成表 19-6～表 19-8 所示的实训题规划表。

表 19-6　VLAN 规划表 2

VLAN ID	VLAN 描述信息	IP 地址段	用途

表 19-7　端口规划表 2

本端设备	本端端口	端口类型	对端设备	对端端口

表 19-8　IP 地址规划表 2

设备	IP 地址

3．实训要求

（1）根据实训规划在各交换机上创建 VLAN 并添加 VLAN 描述，将连接计算机的端口类型配置为 Access 模式，并划分端口到相应的 VLAN。

（2）将交换机互联的端口类型配置为 Trunk，并设置端口放行的 VLAN。

（3）根据项目背景为各交换机开启 STP 协议，将 SW1 的 STP 优先级设置为最优，使其成为根桥设备。

（4）根据表 19-8 完成各计算机的 IP 地址配置。

（5）根据以上要求完成配置，按照以下实验验证命令并截图保存。

① 在各交换机上使用【display port vlan】命令查看 VLAN 信息。

② 在各交换机上使用【display stp】命令查看 STP 的详细信息。

③ 在技术部 PC1 上使用【ping】命令测试其与技术部 PC2 的通信。

项目 20

基于 RSTP 配置高可用的企业网络

项目描述

Jan16 公司为提高网络的可靠性，使用了两台高性能交换机作为核心交换机，接入层交换机与核心层交换机互联，形成冗余结构，网络拓扑图如图 20-1 所示。项目具体要求如下。

（1）为避免交换环路问题，需要配置交换机的 RSTP（Rapid Spanning Tree Protocol，快速生长树）功能，加快网络拓扑收敛速度。要求核心交换机有较高的优先级，SW1 为根交换机，SW2 为备用根交换机，SW1—SW3 和 SW1—SW4 为主链路。

（2）技术部使用 VLAN10，网络地址为 10.0.1.0/24，PC1 和 PC2 分别接入 SW3 和 SW4。

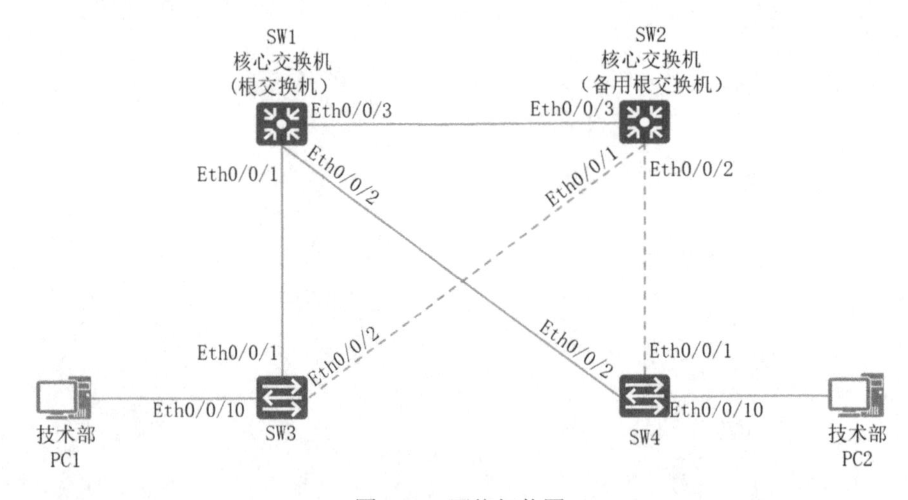

图 20-1　网络拓扑图

相关知识

1. RSTP 的端口角色

RSTP 在 STP 的基础上增加了两种端口角色：替代（Alternate）端口和备份（Backup）端口。因此，在 RSTP 中共有 4 种端口角色：根端口、指定端口、替代端口、备份端口。

2. RSTP 的端口状态

在 STP 中，有 5 种端口状态：禁用（Disabled）状态、阻塞（Blocking）状态、侦听（Listening）状态、学习（Learning）状态、转发（Forwarding）状态。在 RSTP 中则简化了端口状态，将 STP 的禁用状态、阻塞状态及侦听状态简化为丢弃（Discarding）状态，学习状态和转发状态则被保留了下来。如果端口既不转发用户流量又不学习 MAC 地址，那么端口状态就是 Discarding 状态。如果端口不转发用户流量但是学习 MAC 地址，那么端口状态就是 Learning 状态。如果端口既转发用户流量又学习 MAC 地址，那么端口状态就是 Forwarding 状态。

3. RSTP 的 BPDU 报文

RSTP 的配置 BPDU 被称为 RST BPDU（Rapid Spanning Tree BPDU），它的格式与 STP 的配置 BPDU 大体相同，只是其中个别字段做了修改，以便适应新的工作机制和特性。对于 RST BPDU 来说，“协议版本 ID”字段的值为 0x02，“BPDU 类型”字段的值也为 0x02。最重要的变化体现在“标志”字段中，该字段一共 8bit，STP 只使用了其中的最低比特位和最高比特位，而 RSTP 在 STP 的基础上使用了剩余的 6bit，并且分别对这些比特位进行了定义。RSTP 的 BPDU 报文如图 20-2 所示。

TCA (1bit)	Agreement (1bit)	Forwarding (1bit)	Learning (1bit)	Port Role (2bit)	Proposal (1bit)	TC (1bit)

图 20-2　RSTP 的 BPDU 报文

4. 边缘端口

运行了 STP 的交换机，其端口在初始启动之后会进入阻塞状态，如果该端口被选举为根端口或指定端口，那么它还需要经历侦听及学习状态，最终才能进入转发状态，也就是说，一个端口从初始启动之后到进入转发状态至少需要耗费约 30s 的时间。对于交换机上连接到交换网络的端口而言，经历上述过程是必要的，毕竟该端口存在产生环路的风险，然而有些端口引发环路的风险是非常低的，如交换机连接终端设备（计算机或服务器等）的端口，这些端口如果启动之后依然要经历上述过程，那么太低效了，而且用户希望计算机接入交换机后能立即连接到网络，而不是还需要等待一段时间。

在 RSTP 中，可以将交换机的端口配置为边缘端口（Edge Port）来解决上述问题。边缘端口默认不参与生成树计算，当边缘端口被激活之后，它可以立即切换到转发状态并开始收发业务流量，而不用经历转发延迟时间，因此工作效率大大提升了。另外，边缘端口的关闭或激活并不会触发 RSTP 拓扑变更。在实际项目中，通常会将用于连接终端设备的端口配置为边缘端口。

5. P/A 机制

P/A 机制的全称为 Proposal/Agreement（提议/同意）机制，它是交换机之间的一种握手机制。RSTP 通过 P/A 机制来保证一个指定端口能够从丢弃状态快速进入转发状态，从而加快生成树的收敛速度。

项目规划设计

内部局域网中的 SW1 和 SW2 为核心交换机，将 SW1 配置为根交换机，将 SW2 配置为备用根交换机；SW3 和 SW4 作为接入交换机，其中，SW1—SW3 及 SW1—SW4 的链路为主链路，SW2—SW4 及 SW2—SW3 的链路为备份链路。因此，在 STP 配置中需要将 SW1 的优先级设为最高，将 SW2 的优先级设为次高，如 SW1 的优先级为 0，SW2 的优先级为 4096。将连接终端计算机的交换机端口配置为边缘端口，以加速网络的收敛。同时，因技术部计算机被划分在 VLAN10 的网段内，且计算机连接在不同的交换机上，故需要将交换机之间的链路配置为 Trunk 模式。配置步骤如下。

（1）创建 VLAN 并将端口划分到相应的 VLAN。

（2）开启 RSTP 并配置 RSTP 的优先级。

（3）配置边缘端口。

（4）配置计算机的 IP 地址。

VLAN 规划表 1、端口规划表 1 和 IP 地址规划表 1 如表 20-1～表 20-3 所示。

表 20-1　VLAN 规划表 1

VLAN ID	VLAN 描述信息	IP 地址段	用途
Vlan10	Technical	10.0.1.1～10.0.1.10/24	技术部

表 20-2　端口规划表 1

本端设备	本端端口	端口类型	对端设备	对端端口
SW1	E0/0/1	Trunk	SW3	Eth0/0/1
SW1	E0/0/2	Trunk	SW4	Eth 0/0/1
SW1	E0/0/3	Trunk	SW2	Eth 0/0/3
SW2	E0/0/1	Trunk	SW3	Eth0/0/2
SW2	E0/0/2	Trunk	SW4	Eth0/0/2
SW2	E0/0/3	Trunk	SW1	Eth0/0/3
SW3	E0/0/1	Trunk	SW1	Eth0/0/1
SW3	E0/0/2	Trunk	SW2	Eth0/0/1
SW3	E0/0/10	Access	技术部 PC1	Eth0/0/1
SW4	E0/0/1	Trunk	SW1	Eth0/0/2
SW4	E0/0/2	Trunk	SW2	Eth0/0/2
SW4	E0/0/10	Access	技术部 PC2	Eth0/0/1
PC1	Eth0/0/1	Null	SW3	Eth0/0/10
PC2	Eth0/0/1	Null	SW4	Eth0/0/10

表 20-3　IP 地址规划表 1

设备	IP 地址
技术部 PC1	10.0.1.1/24
技术部 PC2	10.0.1.2/24

项目实施

任务 20-1　创建 VLAN 并将端口划分到相应的 VLAN

任务描述

扫一扫，看微课

根据表 20-1 为各部门创建相应的 VLAN 并配置 VLAN 描述，将连接计算机的端口类型转换模式，并将端口划分到相应的 VLAN。

任务实施

（1）在 SW1 上为各部门创建相应的 VLAN，配置命令如下。

```
[Huawei]system-view                    //进入系统视图
[Huawei]sysname SW1                    //将交换机名称更改为 SW1
[SW1]vlan 10                           //创建 VLAN10
[SW1-vlan10]description Technical      //配置 VLAN10 的描述信息为 Technical
```

（2）在 SW2 上为各部门创建相应的 VLAN，配置命令如下。

```
[Huawei]system-view
[Huawei]sysname SW2
[SW2]vlan 10
[SW2-vlan10]description Technical
```

（3）在 SW3 上为各部门创建相应的 VLAN，配置命令如下。

```
[Huawei]system-view
[Huawei]sysname SW3
[SW3]vlan 10
[SW3-vlan10]description Technical
```

（4）在 SW4 上为各部门创建相应的 VLAN，配置命令如下。

```
[Huawei]system-view
[Huawei]sysname SW4
[SW4]vlan 10
[SW4-vlan10]description Technical
```

（5）在 SW1 上将交换机互联所使用的端口组成端口组，统一将端口类型转换为 Trunk 模式，并设置端口放行的 VLAN，配置命令如下。

```
//将端口 Eth0/0/1~Eth0/0/3 组成一个端口组
[SW1]port-group group-member Eth0/0/1 to Eth0/0/3
[SW1-port-group]port link-type trunk              //修改端口类型为 Trunk 模式
[SW1-port-group]port trunk allow-pass vlan 10  // Trunk 允许在 VLAN 列表中添加 VLAN10
```

（6）在 SW2 上将交换机互联所使用的端口组成端口组，统一将端口类型转换为 Trunk 模式，并设置端口放行的 VLAN，配置命令如下。

```
[SW2]port-group group-member Ethernet 0/0/1 to Ethernet 0/0/3
[SW2-port-group]port link-type trunk
[SW2-port-group]port trunk allow-pass vlan 10
```

（7）在 SW3 上将连接计算机的端口类型转换为 Access 模式，并将端口划分给 VLAN10，将交换机互联所使用的端口组成端口组，统一将端口类型转换为 Trunk 模式，并设置端口放行的 VLAN，配置命令如下。

```
[SW3]interface Eth0/0/10
[SW3-Ethernet0/0/10]port link-type access   //修改端口类型为Access模式
[SW3-Ethernet0/0/10]port default vlan 10    //将端口加入VLAN10
[SW3]port-group group-member Ethernet 0/0/1 to Ethernet 0/0/2
[SW3-port-group]port link-type trunk
[SW3-port-group]port trunk allow-pass vlan 10
```

（8）在 SW4 上将连接计算机的端口转换为 Access 模式，并将端口划分给 VLAN10，将交换机互联所使用的端口组成端口组，统一将端口类型转换为 Trunk 模式，并设置端口放行的 VLAN，配置命令如下。

```
[SW4]interface Ethernet0/0/10
[SW4-Ethernet0/0/10]port link-type access
[SW4-Ethernet0/0/10]port default vlan 10
[SW4]port-group group-member Ethernet 0/0/1 to Ethernet 0/0/2
[SW4-port-group]port link-type trunk
[SW4-Ethernet0/0/1]port link-type trunk
[SW4-Ethernet0/0/2]port link-type trunk
[SW4-port-group]port trunk allow-pass vlan 10
[SW4-Ethernet0/0/1]port trunk allow-pass vlan 10
[SW4-Ethernet0/0/2]port trunk allow-pass vlan 10
```

任务验证

（1）在 SW1 上使用【display vlan】命令查看 VLAN 信息，配置命令如下。

```
[SW1]display vlan
The total number of vlans is : 2
--------------------------------------------------------------------------------
U: Up;         D: Down;         TG: Tagged;         UT: Untagged;
MP: Vlan-mapping;               ST: Vlan-stacking;
#: ProtocolTransparent-vlan;    *: Management-vlan;
--------------------------------------------------------------------------------
VID  Type    Ports
--------------------------------------------------------------------------------
1    common  UT:Eth0/0/1(U)     Eth0/0/2(U)     Eth0/0/3(U)     Eth0/0/4(D)
                Eth0/0/5(D)     Eth0/0/6(D)     Eth0/0/7(D)     Eth0/0/8(D)
                Eth0/0/9(D)     Eth0/0/10(D)    Eth0/0/11(D)    Eth0/0/12(D)
                Eth0/0/13(D)    Eth0/0/14(D)    Eth0/0/15(D)    Eth0/0/16(D)
                Eth0/0/17(D)    Eth0/0/18(D)    Eth0/0/19(D)    Eth0/0/20(D)
                Eth0/0/21(D)    Eth0/0/22(D)    GE0/0/1(D)      GE0/0/2(D)
10   common  TG:Eth0/0/1(U)     Eth0/0/2(U)     Eth0/0/3(U)
VID  Status  Property      MAC-LRN Statistics Description
--------------------------------------------------------------------------------
1    enable  default       enable  disable    VLAN 0001
10   enable  default       enable  disable    Technical
```

可以看到，端口已经划分给了相应的 VLAN。

（2）在 SW2 上使用【display vlan】命令查看 VLAN 信息，配置命令如下。

```
[SW2]display vlan
The total number of vlans is : 2
--------------------------------------------------------------------------------
U: Up;         D: Down;         TG: Tagged;         UT: Untagged;
```

```
MP: Vlan-mapping;              ST: Vlan-stacking;
#: ProtocolTransparent-vlan;    *: Management-vlan;
--------------------------------------------------------------------------------
VID  Type    Ports
--------------------------------------------------------------------------------
1    common  UT:Eth0/0/1(U)     Eth0/0/2(U)     Eth0/0/3(U)     Eth0/0/4(D)
                Eth0/0/5(D)     Eth0/0/6(D)     Eth0/0/7(D)     Eth0/0/8(D)
                Eth0/0/9(D)     Eth0/0/10(D)    Eth0/0/11(D)    Eth0/0/12(D)
                Eth0/0/13(D)    Eth0/0/14(D)    Eth0/0/15(D)    Eth0/0/16(D)
                Eth0/0/17(D)    Eth0/0/18(D)    Eth0/0/19(D)    Eth0/0/20(D)
                Eth0/0/21(D)    Eth0/0/22(D)    GE0/0/1(D)      GE0/0/2(D)
10   common  TG:Eth0/0/1(U)     Eth0/0/2(U)     Eth0/0/3(U)
VID  Status  Property      MAC-LRN Statistics Description
--------------------------------------------------------------------------------
1    enable  default       enable  disable    VLAN 0001
10  enable  default       enable  disable    Technical
```

可以看到，端口已经划分给了相应的 VLAN。

（3）在 SW3 上使用【display vlan】命令查看 VLAN 信息，配置命令如下。

```
[SW3]display vlan
The total number of vlans is : 2
--------------------------------------------------------------------------------
U: Up;         D: Down;         TG: Tagged;         UT: Untagged;
MP: Vlan-mapping;              ST: Vlan-stacking;
#: ProtocolTransparent-vlan;    *: Management-vlan;
--------------------------------------------------------------------------------
VID  Type    Ports
--------------------------------------------------------------------------------
1    common  UT:Eth0/0/1(U)     Eth0/0/2(U)     Eth0/0/3(D)     Eth0/0/4(D)
                Eth0/0/5(D)     Eth0/0/6(D)     Eth0/0/7(D)     Eth0/0/8(D)
                Eth0/0/9(D)     Eth0/0/11(D)    Eth0/0/12(D)    Eth0/0/13(D)
                Eth0/0/14(D)    Eth0/0/15(D)    Eth0/0/16(D)    Eth0/0/17(D)
                Eth0/0/18(D)    Eth0/0/19(D)    Eth0/0/20(D)    Eth0/0/21(D)
                Eth0/0/22(D)    GE0/0/1(D)      GE0/0/2(D)
10   common  UT:Eth0/0/10(U)
             TG:Eth0/0/1(U)     Eth0/0/2(U)
VID  Status  Property      MAC-LRN Statistics Description
--------------------------------------------------------------------------------
1    enable  default       enable  disable    VLAN 0001
10  enable  default       enable  disable    Technical
```

可以看到，端口已经划分给了相应的 VLAN。

（4）在 SW4 上使用【display vlan】命令查看 VLAN 信息，配置命令如下。

```
[SW4]display vlan
The total number of vlans is : 2
--------------------------------------------------------------------------------
U: Up;         D: Down;         TG: Tagged;         UT: Untagged;
MP: Vlan-mapping;              ST: Vlan-stacking;
#: ProtocolTransparent-vlan;    *: Management-vlan;
--------------------------------------------------------------------------------
VID  Type    Ports
```

```
--------------------------------------------------------------------------------
1    common  UT:Eth0/0/1(U)     Eth0/0/2(U)     Eth0/0/3(D)     Eth0/0/4(D)
               Eth0/0/5(D)     Eth0/0/6(D)     Eth0/0/7(D)     Eth0/0/8(D)
               Eth0/0/9(D)     Eth0/0/11(D)    Eth0/0/12(D)    Eth0/0/13(D)
               Eth0/0/14(D)    Eth0/0/15(D)    Eth0/0/16(D)    Eth0/0/17(D)
               Eth0/0/18(D)    Eth0/0/19(D)    Eth0/0/20(D)    Eth0/0/21(D)
               Eth0/0/22(D)    GE0/0/1(D)      GE0/0/2(D)
10   common  UT:Eth0/0/10(U)
           TG:Eth0/0/1(U)     Eth0/0/2(U)
VID  Status  Property     MAC-LRN Statistics Description
--------------------------------------------------------------------------------
1    enable  default      enable  disable    VLAN 0001
10   enable  default      enable  disable    Technical
```

可以看到，端口已经划分给了相应的 VLAN。

任务 20-2　开启 RSTP 并配置 RSTP 的优先级

任务描述

根据项目要求在相应的交换机上开启 RSTP。

任务实施

（1）在 SW1 上开启 RSTP，配置命令如下。

```
[SW1]stp mode rstp  //配置生成树模式为 RSTP
Info: This operation may take a few seconds. Please wait for a moment...done.
```

（2）在 SW2 上开启 RSTP，配置命令如下。

```
[SW2]stp mode rstp
Info: This operation may take a few seconds. Please wait for a moment...done.
```

（3）在 SW3 上开启 RSTP，配置命令如下。

```
[SW3]stp mode rstp
Info: This operation may take a few seconds. Please wait for a moment...done.
```

（4）在 SW4 上开启 RSTP，配置命令如下。

```
[SW4]stp mode rstp
Info: This operation may take a few seconds. Please wait for a moment...done.
```

（5）在 SW1 上使用【stp root primary】命令配置 SW1 为主根交换机，配置命令如下。

```
[SW1]stp root priority    //配置当前交换设备为主根交换机
```

（6）在 SW2 上使用【stp root secondary】命令配置 SW2 为备用根交换机，配置命令如下。

```
[SW2]stp root secondary   //配置当前交换设备为备用根交换机
```

任务验证

（1）在 SW1 上使用【display stp】命令查看 STP 模式，配置命令如下。

```
[SW1]display stp   //查看生成树的状态和统计信息
-------[CIST Global Info][Mode RSTP]-------
CIST Bridge         :32768.4c1f-cc91-20c7
Config Times        :Hello 2s MaxAge 20s FwDly 15s MaxHop 20
Active Times        :Hello 2s MaxAge 20s FwDly 15s MaxHop 20
```

```
CIST Root/ERPC      :32768.4c1f-cc52-2ca1 / 200000
CIST RegRoot/IRPC   :32768.4c1f-cc91-20c7 / 0
......
```

可以看到，SW1 开启了生成树，模式为 RSTP。

（2）在 SW2 上使用【display stp】命令查看 STP 模式，配置命令如下。

```
[SW2]display stp
-------[CIST Global Info][Mode RSTP]-------
CIST Bridge         :32768.4c1f-cc8a-17ba
Config Times        :Hello 2s MaxAge 20s FwDly 15s MaxHop 20
Active Times        :Hello 2s MaxAge 20s FwDly 15s MaxHop 20
CIST Root/ERPC      :32768.4c1f-cc52-2ca1 / 200000
CIST RegRoot/IRPC   :32768.4c1f-cc8a-17ba / 0
......
```

可以看到，SW1 开启了生成树，模式为 RSTP。

（3）在 SW3 上使用【display stp brief】命令查看交换机接口的状态，配置命令如下。

```
[SW3]display stp brief   //查看生成树的状态和统计信息
 MSTID  Port                        Role  STP State     Protection
   0    Ethernet0/0/1               ROOT  FORWARDING      NONE
   0    Ethernet0/0/2               ALTE  DISCARDING      NONE
   0    Ethernet0/0/10              DESI  FORWARDING      NONE
```

可以看到，Eth0/0/2 接口为 Discarding 状态。

（4）在 SW4 上使用【display stp brief】命令查看交换机接口的状态，配置命令如下。

```
[SW4]display stp brief
 MSTID  Port                        Role  STP State     Protection
   0    Ethernet0/0/1               ROOT  FORWARDING      NONE
   0    Ethernet0/0/2               ALTE  DISCARDING      NONE
   0    Ethernet0/0/10              DESI  FORWARDING      NONE
```

可以看到，Eth0/0/2 接口为 Discarding 状态。

任务 20-3　配置边缘端口

任务描述

将交换机连接终端的端口配置为边缘端口。

任务实施

（1）在 SW3 上配置 Eth0/0/10 端口为边缘端口。

使用【stp edged-port enable】命令配置端口为生成树边缘端口，当交换机配置的生成树模式为 RSTP 或 MSTP 时，需要在连接计算机的端口上配置该命令，端口可以立即切换到转发状态并开始收发业务流量，而不用经历转发延迟时间，因此工作效率大大提升了。另外，边缘端口的关闭或激活并不会触发 STP 拓扑变更。SW3 配置边缘端口的配置命令如下。

```
[SW3]interface Ethernet0/0/10
[SW3-Ethernet0/0/10]stp edged-port enable    //配置端口为边缘端口
```

（2）在 SW4 上配置 Eth0/0/10 端口为边缘端口，配置命令如下。

```
[SW4]interface Ethernet0/0/10
```

```
[SW4-Ethernet0/0/10]stp edged-port enable
```

任务验证

在 SW3 上使用【display stp interface Ethernet 0/0/10】命令查看 Eth0/0/10 端口的生成树配置，配置命令如下。

```
[SW3]display stp interface Ethernet 0/0/10
----[Port10(Ethernet0/0/10)][FORWARDING]----
 Port Protocol          :Enabled
 Port Role              :Designated Port
 Port Priority          :128
 Port Cost(Dot1T )      :Config=auto / Active=200000
 Designated Bridge/Port   :32768.4c1f-cc59-2100 / 128.10
 Port Edged             :Config=enabled / Active=enabled
 Point-to-point         :Config=auto / Active=true
 Transit Limit          :147 packets/hello-time
 Protection Type        :None
```

结果中的 Port Edged:Config=enabled / Active=enabled 表示该端口被配置为边缘端口且已生效。

任务 20-4　配置计算机的 IP 地址

任务描述

根据表 20-3 为各部门计算机配置 IP 地址。

任务实施

（1）根据表 20-3 为各部门计算机配置 IP 地址。

（2）技术部 PC1 的 IP 地址配置结果如图 20-3 所示。同理，完成技术部 PC2 的 IP 地址配置，如图 20-4 所示。

图 20-3　技术部 PC1 的 IP 地址配置结果

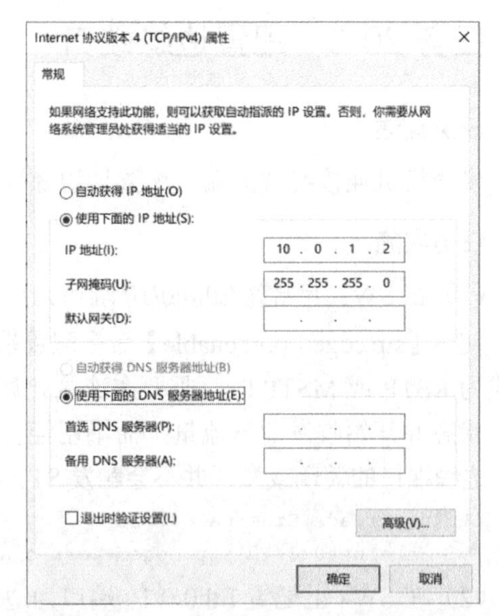

图 20-4　技术部 PC2 的 IP 地址配置结果

任务验证

（1）在技术部 PC1 上使用【ipconfig】命令查看 IP 地址，配置命令如下。

```
PC1>ipconfig

本地连接:

   连接特定的 DNS 后缀 . . . . . . . :
   IPv4 地址 . . . . . . . . . . . . : 10.0.1.1(首选)
   子网掩码  . . . . . . . . . . . . : 255.255.255.0
   默认网关. . . . . . . . . . . . . :
```

可以看到，PC1 上已经配置了 IP 地址。

（2）在其他计算机上同样使用【ipconfig】命令验证 IP 地址是否正确配置。

项目验证

扫一扫，
看微课

（1）使用【ping】命令测试各部门内部通信的情况。

使用技术部 PC1 Ping 本部门的 PC2，测试部门的内部通信情况，并在 Ping 的过程中断开任意一条 SW3 和 SW4 与 SW1 相连接的链路，通信不中断，命令运行过程如下。

```
PC>ping 10.0.1.2 -t
Ping 10.0.1.2: 32 data bytes, Press Ctrl_C to break
From 10.0.1.2: bytes=32 seq=1 ttl=128 time=63 ms
From 10.0.1.2: bytes=32 seq=2 ttl=128 time=62 ms
From 10.0.1.2: bytes=32 seq=3 ttl=128 time=47 ms
From 10.0.1.2: bytes=32 seq=4 ttl=128 time=122 ms
From 10.0.1.2: bytes=32 seq=5 ttl=128 time=47 ms

--- 10.0.1.2 ping statistics ---
  5 packet(s) transmitted
  5 packet(s) received
  0.00% packet loss
  round-trip min/avg/max = 47/76/122 ms
```

可以看到，在改变生成树主链路时，PC1 仍然可以和 PC2 通信，体现了生成树的可靠性。

（2）使用【shutdown】命令将 SW3 的 E0/0/1 端口关闭，同时使用【display stp brief】命令观察 SW2 的其他端口角色及状态变化。

```
[SW3]interface E0/0/1
[SW3-Ethernet0/0/1]shutdown
[SW3-Ethernet0/0/1]display stp brief
 MSTID  Port                        Role  STP State     Protection
   0    Ethernet0/0/2                ROOT  FORWARDING      NONE
   0    Ethernet0/0/10               DESI  FORWARDING      NONE
```

可以发现，当拓扑发生变化时，RSTP 根端口快速切换机制使 Eth0/0/2 端口状态立即从 Discarding 状态进入 Forwarding 状态，缩短了收敛的时间，减少了对网络通信的影响。

项目拓展

一、理论题

1．RSTP 的端口状态不包括（　　）状态。

A．Forwarding　　B．Learning

C．Discarding　　D．Blocking

2. 在RSTP标准中，为了加快收敛速度，将交换机直接与终端相连的端口定义为（　　）。

A．快速端口　　B．根端口

C．备份端口　　D．边缘端口

3．（　　）不是 RSTP 可以加快收敛速度的原因。

A．根端口的快速切换　　B．边缘端口的引入

C．取消了 Forward Delay　　D．P/A 机制

二、项目实训题

1．实训背景

Jan16 公司为提高网络的可靠性，使用了两台高性能交换机作为核心交换机，接入层交换机与核心层交换机互联，为避免交换环路问题，需要配置交换机的 RSTP 功能，加快网络拓扑收敛速度。要求核心交换机有较高的优先级，SW1 为根交换机，SW2 为备用根交换机，SW1—SW3 和 SW1—SW4 为主链路。实训拓扑图如图 20-5 所示。

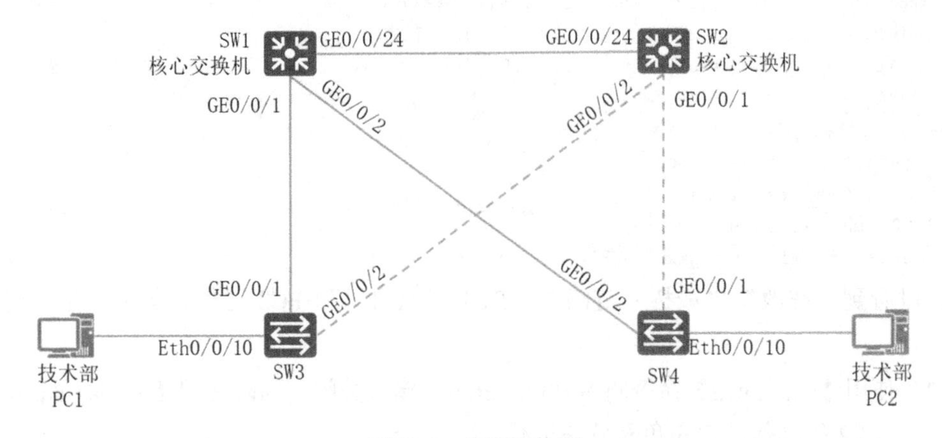

图 20-5　实训拓扑图

2．实训规划

根据项目背景信息、实训拓扑图信息及项目规划设计完成表 20-4～表 20-6 所示的实训题规划表。

表 20-4　VLAN 规划表 2

VLAN ID	VLAN 描述信息	IP 地址段	用途

表 20-5　端口规划表 2

本端设备	本端端口	端口类型	对端设备	对端端口

表 20-6　IP 地址规划表 2

设备	IP 地址

3．实训要求

（1）根据表 20-4 在各交换机上创建相应的 VLAN 并添加 VLAN 描述，将连接计算机的端口类型配置为 Access 模式，并划分端口到相应的 VLAN。

（2）根据项目背景在各交换机上开启 STP，并将生成树的模式修改为 RSTP，将 SW1 的生成树优先级设置为最优，使其成为根桥，将 SW2 的生成树优先级设置为第二优先级，使其成为备份根桥。

（3）为加快终端接入交换网络的速度，在 SW3 和 SW4 上将连接计算机的端口设置为边缘端口，使端口从阻塞状态直接进入转发状态，即不参与生成树计算。

（4）根据表 20-6 完成技术部计算机的 IP 地址配置。

（5）根据以上要求完成配置，按照以下实验验证命令并截图保存。

① 在各交换机上使用【display port vlan】命令查看 VLAN 信息。

② 在各交换机上使用【display stp】命令查看生成树模式及生成树相关参数。

③ 在 SW3 和 SW4 上使用【display stp interface Ethernet0/0/10】命令查看 Eth0/0/10 端口的生成树配置。

④ 在技术部 PC1 上使用【ping】命令测试与技术部 PC2 的通信。

项目 21

基于链路聚合提高交换机级联带宽部署

项目描述

Jan16 公司使用两台二层网管交换机组建了公司的局域网，公司运营一段时间后，两台交换机间用户的通信经常出现较高延迟和卡顿现象。为提高交换机间互联的级联带宽，公司要求网络管理员在两台交换机间的两条千兆链路上进行汇聚，提高公司网络的传输质量。网络拓扑图如图 21-1 所示。项目具体要求如下。

（1）SW1 和 SW2 通过 G0/0/1 和 G0/0/2 两个端口互联，使用链路聚合提高交换机的级联带宽。

（2）测试计算机和交换机的端口信息如图 21-1 所示。

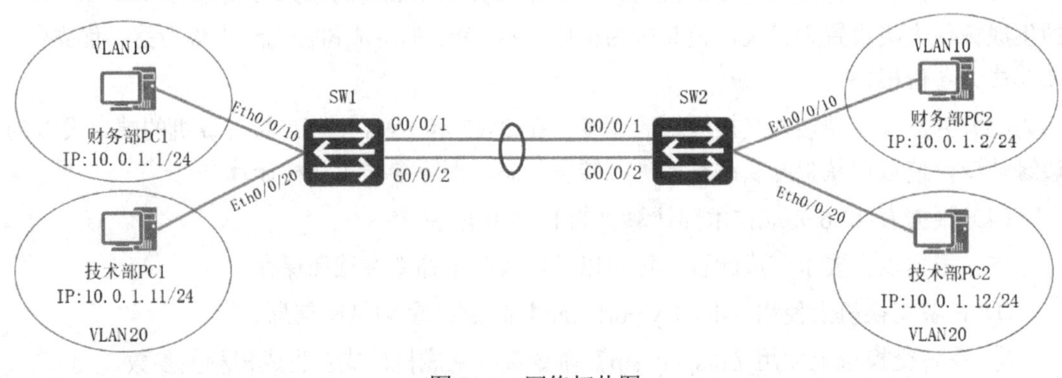

图 21-1　网络拓扑图

相关知识

21.1　链路聚合概述

在企业网三层设计方案的拓扑结构中，接入层交换机的端口是占用率最高的，因为接

入层交换机需要为大量的终端设备提供连接，并且将大多数往返于这些终端的流量转发给汇聚层交换机，而这意味着接入层交换机和汇聚层交换机之间的链路需要承载着更大的流量。所以，接入层交换机与汇聚层交换机之间的链路应该拥有更高的速率。

在汇聚层或核心层，如果希望扩展设备之间的链路带宽，那么也面临着类似的问题。如果采用高速率端口，那么会提高设备成本，而且扩展性差：采用多条平行链路连接两台路由设备的做法虽然不会因为受到 STP 的影响而导致只有一条链路可用，但网络管理员却必须在每条链路上为两端的端口分别分配 1 个 IP 地址，而这样势必会增加 IP 地址资源的耗费，网络的复杂性也会因此增加，如图 21-2 所示。

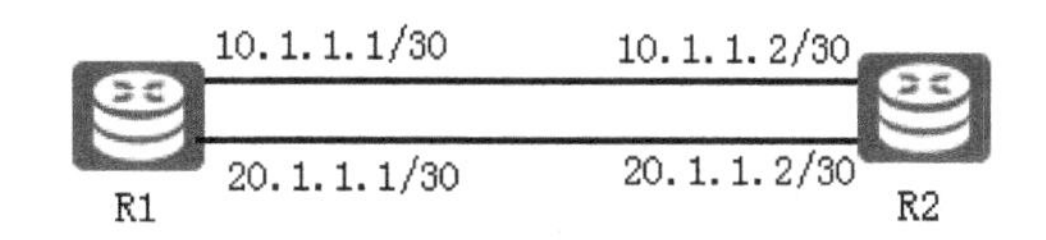

图 21-2　三层环境中双链路增加 IP 地址资源的耗费

通过上面的描述，我们可以得出这样的结论：无论是在接入层、汇聚层还是核心层，链路聚合这种捆绑技术可以将多个以太网链路捆绑为一条逻辑的以太网链路。因此，在采用通过多条以太网链路连接两台设备的链路聚合设计方案时，所有链路的带宽都可以充分用来转发两台设备之间的流量，如果使用三层链路连接两台设备，那么这种方案可以起到节省 IP 地址的作用。

21.2　链路聚合的基本概念

1. 聚合组

聚合组是一组以太网端口的集合。聚合组是随着聚合端口的创建自动生成的，其编号与聚合端口编号相同。

根据加入聚合组中的以太网端口的类型，聚合组可以分为以下两类。

① 二层聚合组，是随着二层聚合端口的创建自动生成的，只包含二层以太网端口。

② 三层聚合组，是随着三层聚合端口的创建自动生成的，只包含三层以太网端口。

2. 聚合成员端口状态

聚合组中的成员端口包含以下两种状态。

① Selected 状态，端口处于此状态时可以参与转发用户业务流量。聚合端口的速率、双工状态由其 Selected 成员端口决定，速率是各成员端口的速率之和，双工状态与成员端口的双工状态一致。

② Unselected 状态，端口处于此状态时不可以参与转发用户业务流量。

3. 链路聚合的实现方式

目前，华为设备的不同系列产品和系统版本对应的配置命令也有所不同。链路聚合可以通过以下 3 种方式实现。

① link-aggregation group 聚合组，主要用于交换机上的以太网链路聚合。

② IP-Trunk 组，主要用于带 POS 接口的路由器、交换机、BAS 的链路聚合。

③ Eth-Trunk 组，主要用于交换机、路由器、BAS 的以太网端口聚合。

21.3 链路聚合的模式

建立链路聚合也像设置端口速率一样有手动配置和动态协商两种方式。在华为的 Eth-Trunk 中，前者称为手动模式（Manual Mode），而后者则根据协商协议被命名为 LACP 模式（LACP Mode）。

1．手动模式

采用 Eth-Trunk 的手动模式就像配置静态路由，或者在本地设置端口速率一样，都是一种把功能设置本地化、静态化的操作方式。说得具体一些，就是网络管理员先在一台设备上创建出 Eth-Trunk，然后根据自己的需求将多条连接同一台交换机的端口都添加到这个 Eth-Trunk 中，最后在对端交换机上执行对应的操作。因此，对于采用手动模式配置的 Eth-Trunk，设备之间不会就建立 Eth-Trunk 而交互信息，它们只会按照网络管理员的操作执行链路捆绑，采用负载均衡的方式通过捆绑的链路发送数据。

手动模式建立 Eth-Trunk 就像静态添加到路由表中的路由条目那样，它比动态学习到的路由更加稳定，但缺乏灵活性。如果静态路由的出接口状态为 DOWN，那么路由器会将这条静态路由从路由表中暂时删掉，直至这个出站接口的状态恢复为止，否则即使这条静态路由是一个路由黑洞，路由器也会毫不知情地进行转发。

同理，如果在手动模式配置的 Eth-Trunk 中有一条链路出现了故障，那么双方设备都可以检测到这一点，并且不再使用那条故障链路，而继续使用仍然正常的链路来发送数据。尽管因为链路故障导致一部分带宽无法使用，但通信的效果仍然可以得到保障，如图 21-3 所示。

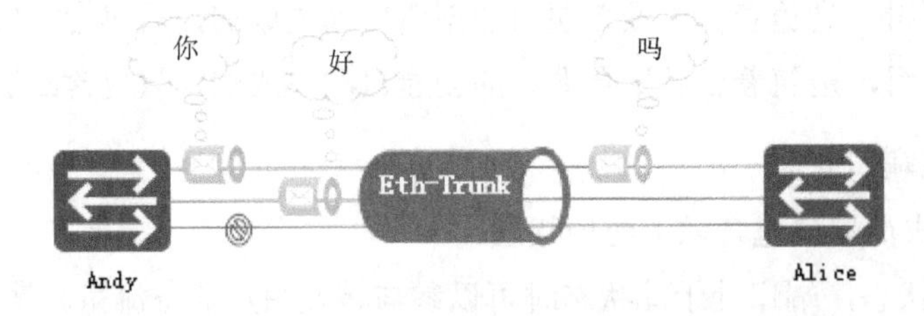

图 21-3　故障后手动模式 Eth-Trunk 使用其他链路发送数据

2．LACP 模式

LACP（Link Aggregation Control Protocol，链路聚合控制协议）旨在为建立链路聚合的设备之间提供协商和维护这条 Eth-Trunk 的标准。网络管理员配置 LACP 模式的 Eth-Trunk 时，需要首先在两边的设备上创建出 Eth-Trunk 逻辑端口，然后将这个端口配置为 LACP 模式，最后把需要捆绑的端口添加到这个 Eth-Trunk 中。

在 Eth-Trunk 环境中，有时也存在以下需求：对于捆绑在 Eth-Trunk 中的链路，有时希

望两台设备只将其中的 M 条链路作为主链路来实现负载均衡流量，另外的 N 条链路则等待主链路出现故障时进行替换。这种需求可以通过 LACP 模式提供的一种称为 M∶N 模式的备份链路机制来实现。下面介绍两台设备是如何协商建立 LACP 模式的 Eth-Trunk 的。

两台设备会分别在网络管理员完成 LACP 配置之后，开始向对端发送 LACP 数据单元（简称 LACPDU），在双方交换的 LACPDU 中，包含了一个称为系统优先级的参数。在完成 LACPDU 交换之后，双方交换机会使用系统优先级来判断谁充当两者中的 LACP 主动端。若双方系统优先级相同，则 MAC 地址较小的交换机会成为 LACP 主动端。

在确定 LACP 主动端之后，双方会继续依次比较 LACP 主动端设备各个端口的 LACP 优先级。端口优先级同样包含在各个端口发出的 LACPDU 当中，其中端口优先级最高（端口优先级的数值越低，代表优先级越高）的 N 个端口会与对端建立 Eth-Trunk 主链路，其余端口则会与对端建立 Eth-Trunk 备份链路。如图 21-4 所示，由于 SW1 的系统优先级高于 SW2，因此 SW1 成为 LACP 主动端。又因为网络管理员将主链路的数量设置为了两条，而 SW1 的端口 1 和端口 3 的端口优先级最高，因此 Eth-Trunk 中的端口 1 和端口 3 连接的链路为主链路，而端口 2 连接的链路则为备份链路。尽管在 SW2 上端口 2 的端口优先级最高，但它也无法成为主链路，因为主备链路的选举只由主动端交换机根据自身端口的优先级来决定。

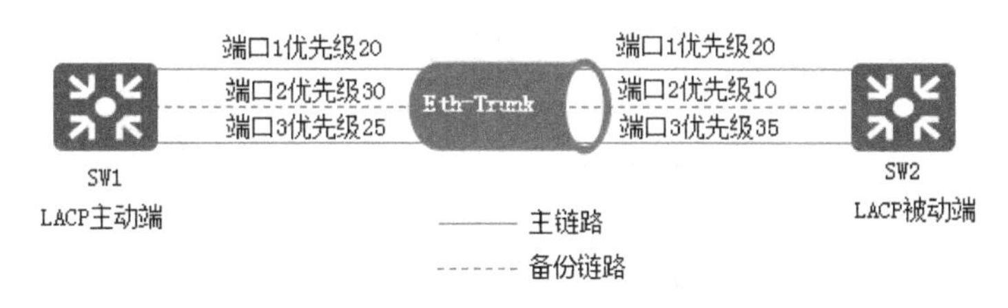

图 21-4　LACP 模式的 Eth-Trunk 的主链路和备份链路

在图 21-4 中，如果 SW1 的端口 1 或端口 3 无法通信，那么端口 2 所连接的链路就会被激活并且开始承担流量负载，这就是 LACP 模式的 Eth-Trunk 提供的 M∶N 备份机制。

如果在 Eth-Trunk 的 LACP 主动端上，有一个比主链路端口优先级更高的端口被添加进来或者故障端口得到了恢复，那么这个端口所连接的链路是否会作为主链路被添加到 Eth-Trunk 中，取决于 Eth-Trunk 是否配置了抢占模式。顾名思义，如果网络管理员没有配置抢占模式，那么即使新加入或恢复的端口的优先级比当前主链路所连端口的优先级更高，这些端口所在的链路也不会成为主链路。

项目规划设计

两台交换机使用 G0/0/1 端口和 G0/0/2 端口进行互联，采用链路聚合的方式提高传输带宽和冗余能力。同时考虑到公司有不同部门 VLAN 间跨交换机通信的情况，该聚合链路应被配置为 Trunk 模式。

配置步骤如下。

（1）创建交换机的 VLAN。

（2）配置交换机的聚合链路。

（3）配置计算机的 IP 地址。

VLAN 规划表 1、端口规划表 1 和 IP 地址规划表 1 如表 21-1～表 21-3 所示。

表 21-1　VLAN 规划表 1

VLAN ID	VLAN 命名	IP 地址段	用途
Vlan10	Fiance	10.0.1.1～10.0.1.10/24	财务部
Vlan20	Technical	10.0.1.11～10.0.1.20/24	技术部

表 21-2　端口规划表 1

本端设备	本端端口	端口类型	对端设备	对端端口
SW1	Eth0/0/10	Access	财务部 PC1	Eth0/0/1
SW1	Eth0/0/20	Access	技术部 PC1	Eth0/0/1
SW1	G0/0/1	Trunk	SW2	G0/0/1
SW1	G0/0/2	Trunk	SW2	G0/0/2
SW2	Eth0/0/10	Access	财务部 PC2	Eth0/0/1
SW2	Eth0/0/20	Access	技术部 PC2	Eth0/0/1
SW2	G0/0/1	Trunk	SW1	G0/0/1
SW2	G0/0/2	Trunk	SW1	G0/0/2

表 21-3　IP 地址规划表 1

设备	IP 地址
财务部 PC1	10.0.1.1/24
财务部 PC2	10.0.1.2/24
技术部 PC1	10.0.1.11/24
技术部 PC2	10.0.1.12/24

项目实施

扫一扫，
看微课

任务 21-1　创建交换机的 VLAN

任务描述

根据项目规划设计，为各部门创建相应的 VLAN，并划分端口。

任务实施

（1）在 SW1 上为各部门创建相应的 VLAN，将端口划分到相应的 VLAN，配置命令如下。

```
[Huawei]system-view                          //进入系统视图
[Huawei]sysname SW1                          //将交换机名称更改为 SW1
[SW1]vlan 10                                 //创建 VLAN10
[SW1-vlan10]description Fiance               //配置 VLAN10 的描述信息为 Fiance
[SW1]vlan 20
[SW1-vlan20]description Technical
[SW1]quit                                    //退出
[SW1]interface Eth0/0/10                     //进入 Eth0/0/10 端口
```

```
[SW1-Ethernet0/0/10]port link-type access      //修改端口类型为 Access 模式
[SW1-Ethernet0/0/10]port default vlan 10       //配置端口的默认 VALN 为 VLAN10
[SW1]interface Ethernet0/0/20
[SW1-Ethernet0/0/10]port link-type access
[SW1-Ethernet0/0/10]port default vlan 20
```

（2）在 SW2 上为各部门创建相应的 VLAN，将端口划分到相应的 VLAN，配置命令如下。

```
[Huawei]system-view
[Huawei]sysname SW2
[SW2]vlan 10
[SW2-vlan10]description Fiance
[SW2]vlan 20
[SW2-vlan20]description Technical
[SW2]quit
[SW2]interface Ethernet0/0/10
[SW2-Ethernet0/0/10]port link-type access
[SW2-Ethernet0/0/10]port default vlan 10
[SW2]interface Ethernet0/0/20
[SW2-Ethernet0/0/10]port link-type access
[SW2-Ethernet0/0/10]port default vlan 20
```

任务验证

（1）在 SW1 上使用【display vlan】命令查看 VLAN 信息，配置命令如下。

```
[SW1]display vlan
The total number of vlans is : 3
--------------------------------------------------------------------------------
U: Up;          D: Down;         TG: Tagged;         UT: Untagged;
MP: Vlan-mapping;                ST: Vlan-stacking;
#: ProtocolTransparent-vlan;    *: Management-vlan;
--------------------------------------------------------------------------------
VID  Type    Ports
--------------------------------------------------------------------------------
1    common  UT:Eth0/0/1(D)     Eth0/0/2(D)      Eth0/0/3(D)      Eth0/0/4(D)
                Eth0/0/5(D)     Eth0/0/6(D)      Eth0/0/7(D)      Eth0/0/8(D)
                Eth0/0/9(D)     Eth0/0/11(D)     Eth0/0/12(D)     Eth0/0/13(D)
                Eth0/0/14(D)    Eth0/0/15(D)     Eth0/0/16(D)     Eth0/0/17(D)
                Eth0/0/18(D)    Eth0/0/19(D)     Eth0/0/21(D)     Eth0/0/22(D)
                Eth-Trunk1(U)
10   common  UT:Eth0/0/10(U)
             TG:Eth-Trunk1(U)
20   common  UT:Eth0/0/20(U)
             TG:Eth-Trunk1(U)
VID  Status  Property      MAC-LRN Statistics Description
--------------------------------------------------------------------------------
1    enable  default       enable  disable    VLAN 0001
10   enable  default       enable  disable    Fiance
20   enable  default       enable  disable    Technical
```

可以看到，已经将端口划分给了相应的 VLAN。

（2）在 SW2 上使用【display vlan】命令查看 VLAN 信息，配置命令如下。

```
[SW2]display vlan
The total number of vlans is : 3
--------------------------------------------------------------------------------
U: Up;         D: Down;         TG: Tagged;         UT: Untagged;
MP: Vlan-mapping;               ST: Vlan-stacking;
#: ProtocolTransparent-vlan;    *: Management-vlan;
--------------------------------------------------------------------------------
VID  Type    Ports
--------------------------------------------------------------------------------
1    common  UT:Eth0/0/1(D)     Eth0/0/2(D)     Eth0/0/3(D)     Eth0/0/4(D)
               Eth0/0/5(D)     Eth0/0/6(D)     Eth0/0/7(D)     Eth0/0/8(D)
               Eth0/0/9(D)     Eth0/0/11(D)    Eth0/0/12(D)    Eth0/0/13(D)
               Eth0/0/14(D)    Eth0/0/15(D)    Eth0/0/16(D)    Eth0/0/17(D)
               Eth0/0/18(D)    Eth0/0/19(D)    Eth0/0/21(D)    Eth0/0/22(D)
               Eth-Trunk1(U)
10   common  UT:Eth0/0/10(U)

20   common  UT:Eth0/0/20(U)
VID  Status  Property      MAC-LRN Statistics Description
--------------------------------------------------------------------------------
1    enable  default       enable  disable    VLAN 0001
10   enable  default       enable  disable    Fiance
20   enable  default       enable  disable    Technical
```

可以看到，已经将端口划分给了相应的 VLAN。

任务 21-2　配置交换机的聚合链路

任务描述

根据项目规划设计在两台交换机上创建聚合链路。

任务实施

（1）在 SW1 上创建 Eth-Trunk 1 聚合口，将聚合口工作模式指定为手工负载分担模式。将端口加入聚合口。

【interface eth-trunk <number>】：系统视图命令，用来创建并进入 Eth-Trunk 聚合口，可以指定 Eth-Trunk 聚合口的编号，取值范围视设备类型不尽相同，一般为 0～63。

【mode manual load-balance】：Eth-Trunk 聚合口视图命令，作用是将链路聚合的工作模式修改为 LACP 手动模式。

【eth-trunk <number>】：在端口视图下使用该命令，可以将当前端口加入聚合口<number>中。

配置命令如下。

```
[SW1]interface Eth-Trunk 1                      //创建并进入 Eth-Trunk 1 聚合口
[SW1-Eth-Trunk1]mode manual load-balance        //启用 LACP 工作模式
[SW1]quit
[SW1]interface G0/0/1
[SW1-GigabitEthernet0/0/1] eth-trunk 1          //将端口加入 Eth-Trunk 1 聚合口
```

```
[SW1]interface G0/0/2
[SW1-GigabitEthernet0/0/2] eth-trunk 1
```

（2）在 SW2 上创建 Eth-Trunk 1 聚合口，将聚合口工作模式指定为手工负载分担模式，将端口加入聚合口，配置命令如下。

```
[SW2]interface Eth-Trunk 1
[SW2-Eth-Trunk1]mode manual load-balance
[SW2]quit
[SW2]interface GigabitEthernet 0/0/1
[SW2-GigabitEthernet0/0/1] eth-trunk 1
[SW2]interface GigabitEthernet 0/0/2
[SW2-GigabitEthernet0/0/2] eth-trunk 1
```

（3）在 SW1 上配置 Eth-Trunk 1 聚合口的端口类型为 Trunk 模式，允许 VLAN10 和 VLAN20 通过，配置命令如下。

```
[SW1]interface Eth-Trunk 1
[SW1-Eth-Trunk1]port link-type trunk                  //修改端口类型为 Trunk 模式
// Trunk 允许在 VLAN 列表中添加 VLAN10 和 VLAN20
[SW1-Eth-Trunk1]port trunk allow-pass vlan 10 20
```

（4）在 SW2 上配置 Eth-Trunk 1 聚合口的端口类型为 Trunk 模式，允许 VLAN10 和 VLAN20 通过，配置命令如下。

```
[SW2]interface Eth-Trunk 1
[SW2-Eth-Trunk1]port link-type trunk
[SW2-Eth-Trunk1]port trunk allow-pass vlan 10 20
```

任务验证

（1）在 SW1 上使用【display eth-trunk 1】命令查看端口状态，配置命令如下。

```
[SW1]display eth-trunk 1
Eth-Trunk1's state information is:
WorkingMode: NORMAL         Hash arithmetic: According to SIP-XOR-DIP
Least Active-linknumber: 1  Max Bandwidth-affected-linknumber: 8
Operate status: up          Number Of Up Port In Trunk: 2
------------------------------------------------------------------------------
PortName                    Status      Weight
GigabitEthernet0/0/1          Up          1
GigabitEthernet0/0/2          Up          1
```

可以看到，G0/0/1 和 G0/0/2 已经加入了链路聚合组。该链路聚合组的总带宽是 G0/0/1 端口和 G0/0/2 端口的带宽之和。

（2）在 SW2 上使用【display eth-trunk 1】命令查看端口状态，配置命令如下。

```
[SW2]display eth-trunk 1
Eth-Trunk1's state information is:
WorkingMode: NORMAL         Hash arithmetic: According to SIP-XOR-DIP
Least Active-linknumber: 1  Max Bandwidth-affected-linknumber: 8
Operate status: up          Number Of Up Port In Trunk: 2
------------------------------------------------------------------------------
PortName                    Status      Weight
GigabitEthernet0/0/1          Up          1
GigabitEthernet0/0/2          Up          1
```

可以看到，G0/0/1 和 G0/0/2 已经加入了链路聚合组。

任务 21-3　配置计算机的 IP 地址

任务描述

根据表 21-3 为各部门计算机配置 IP 地址。

任务实施

财务部 PC1 的 IP 地址配置结果如图 21-5 所示。同理，完成其他计算机的 IP 地址配置。

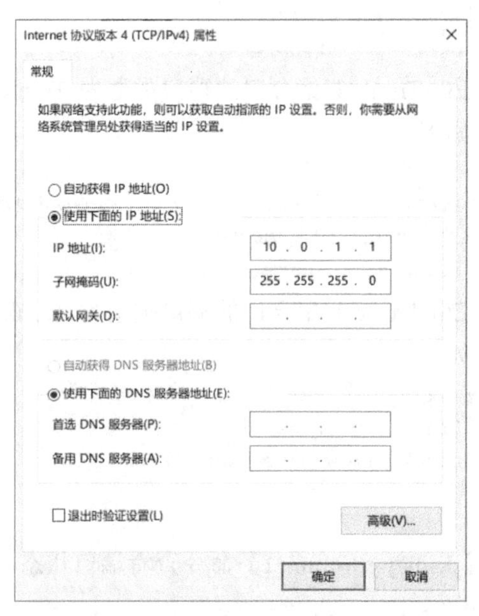

图 21-5　财务部 PC1 的 IP 地址配置结果

任务验证

（1）在财务部 PC1 上使用【ipconfig】命令查看 IP 地址，配置命令如下。

```
PC1>ipconfig     //显示本机的 IP 地址配置信息

本地连接:

   连接特定的 DNS 后缀 . . . . . . . :
   IPv4 地址 . . . . . . . . . . . . : 10.0.1.1(首选)
   子网掩码 . . . . . . . . . . . . : 255.255.255.0
   默认网关. . . . . . . . . . . . . :
```

可以看到，财务部 PC1 上已经配置了 IP 地址。

（2）在其他计算机上同样使用【ipconfig】命令查看 IP 地址。

项目验证

扫一扫，
看微课

（1）使用【ping】命令测试各部门的内部通信情况。

使用财务部计算机 Ping 本部门的计算机，并在 Ping 的过程中断开任意一条交换机互

联链路，通信不中断，命令运行过程如下。

```
PC>ping 10.0.1.2 -t
Ping 10.0.1.2: 32 data bytes, Press Ctrl_C to break
From 10.0.1.2: bytes=32 seq=1 ttl=128 time=63 ms
From 10.0.1.2: bytes=32 seq=2 ttl=128 time=62 ms
From 10.0.1.2: bytes=32 seq=3 ttl=128 time=47 ms
From 10.0.1.2: bytes=32 seq=4 ttl=128 time=47 ms
From 10.0.1.2: bytes=32 seq=5 ttl=128 time=47 ms
From 10.0.1.2: bytes=32 seq=6 ttl=128 time=47 ms
From 10.0.1.2: bytes=32 seq=7 ttl=128 time=109 ms
From 10.0.1.2: bytes=32 seq=8 ttl=128 time=62 ms
From 10.0.1.2: bytes=32 seq=9 ttl=128 time=47 ms
From 10.0.1.2: bytes=32 seq=10 ttl=128 time=47 ms

--- 10.0.1.2 ping statistics ---
  10 packet(s) transmitted
  10 packet(s) received
  0.00% packet loss
  round-trip min/avg/max = 47/53/109 ms
```

可以看到，财务部 PC1 在中断任意一条链路时，仍然可以和财务部 PC2 通信。

（2）使用财务部计算机 Ping 技术部计算机，配置命令如下。

```
PC>ping 10.0.1.12
Ping 10.0.1.12: 32 data bytes, Press Ctrl_C to break
From 10.0.1.1: Destination host unreachable
From 10.0.1.1: Destination host unreachable
From 10.0.1.1: Destination host unreachable
From 10.0.1.1: Destination host unreachable
From 10.0.1.1: Destination host unreachable

--- 10.0.1.12 ping statistics ---
  5 packet(s) transmitted
  0 packet(s) received
  100.00% packet loss
```

可以看到，财务部 PC1 不可以 Ping 通技术部 PC2，链路聚合保持交换机间跨 VLAN 通信的特性。

项目拓展

一、理论题

1. 两台以太网交换机之间使用链路聚合技术进行互联时，各个成员端口不需要满足的条件是（　　）。

A. 两端相连的物理端口数量一致　　B. 两端相连的物理端口速率一致

C. 两端相连的物理端口编号一致　　C. 两端相连的物理端口双工模式一致

2. 下列关于 LACP 模式的链路聚合说法正确的是（　　）。

A. LACP 模式下最多只能有 4 个活动端口

B．LACP 模式下不能设置活动端口的数量

C．LACP 模式下所有活动端口都参与数据的转发，分担负载流量

D．LACP 模式下链路两端的设备相互发送 LACP 报文

3．为保证同一条数据流在同一条物理链路上进行转发，Eth-Trunk 采用（　　）方式的负载分担。

A．基于流的负载分担　　　　B．基于包的负载分担

C．基于应用层信息的负载分担　　　　D．基于数据包入端口的负载分担

4．（多选）以太网链路聚合技术具备的优点是（　　）。

A．实现负载分担　　　　B．增加带宽

C．提高可靠性　　　　D．提高安全性

二、项目实训题

1．实训背景

Jan16 公司使用两台二层网管交换机组建了公司的局域网，公司运营一段时间后，两台交换机间用户的通信经常出现较高延迟和卡顿现象。为提高交换机间互联的级联带宽，公司要求网络管理员在两台交换机间的三条千兆链路上进行汇聚，提高公司网络的传输质量，同时将其中一条链路设置为备份链路。实训拓扑图如图 21-6 所示。

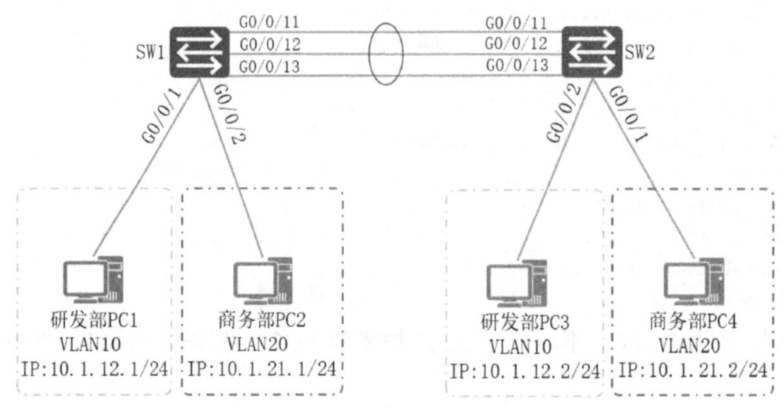

图 21-6　实训拓扑图

2．实训规划

根据项目背景信息、实训拓扑图信息及项目规划设计完成表 21-4～表 21-6 所示的实训题规划表。

表 21-4　VLAN 规划表 2

VLAN ID	VLAN 命名	IP 地址段	用途

表 21-5　端口规划表 2

本端设备	本端端口	端口类型	对端设备	对端端口

表 21-6　IP 地址规划表 2

设备	IP 地址

3．实训要求

（1）根据表 21-4 在 SW1 和 SW2 上创建 VLAN，将端口划分到相应的 VLAN。

（2）在 SW1 上创建 Eth-Trunk 12，指定端口聚合模式为 LACP，将 G0/0/11～G0/0/13 端口加入 Eth-Trunk 12 进行捆绑，并在系统视图上修改系统优先级，将 SW1 设置为 LACP 主动端。

（3）在 SW2 上创建 Eth-Trunk 12，指定端口聚合模式为 LACP，将物理端口加入 Eth-Trunk 12，SW2 默认为被动端。

（4）在各交换机上配置最大活跃链路数为 2，将 G0/0/13 端口设置为该 Eth-Trunk 端口的备份端口。

（5）SW1 的 G0/0/11 端口或者 G0/0/12 端口出现故障 DOWN 之后，G0/0/13 端口立刻成为活动端口，如果故障端口恢复，那么 G0/0/13 端口延时 10s 后进入备份状态。

（6）根据表 21-6 完成各计算机的 IP 地址配置。

（7）根据以上要求完成配置，按照以下实验验证命令并截图保存。

① 在 SW1 和 SW2 上使用【display port vlan】命令查看 VLAN 配置情况。

② 在 SW1 和 SW2 上使用【display eth-trunk 12】命令查看端口状态及主动端和被动端信息。

③ 在 SW1 上将 G0/0/11 端口或者 G0/0/12 端口断开之后，使用【display eth-trunk 12】命令查看主备链路状态。

④ 在研发部计算机和商务部计算机上使用【ping】命令检测各计算机之间的通信。

项目 22

双 ISP 出口下基于 VRRP 的主备链路部署

项目描述

Jan16 公司原采用 ISP-A 作为接入服务商，用于内部计算机访问 Internet 的出口。为提高接入 Internet 的可靠性，现增加 ISP-B 作为备用接入服务商，当 ISP-A 的接入链路出现故障时，启用 ISP-B 的接入链路。网络拓扑图如图 22-1 所示。项目具体要求如下。

（1）R1 和 R2 通过拨号方式接入 ISP 网络的 R3 和 R4，R5 是 Internet 的一台路由器。

（2）网络出口以 ISP-A 作为主链路，以 ISP-B 作为备份链路，当主链路失败时，自动启用备份链路，保证内网与服务器的连通。

（3）路由器间采用 OSPF 动态路由协议互联。

（4）拓扑测试计算机和路由器的 IP 地址与接口信息如图 22-1 所示。

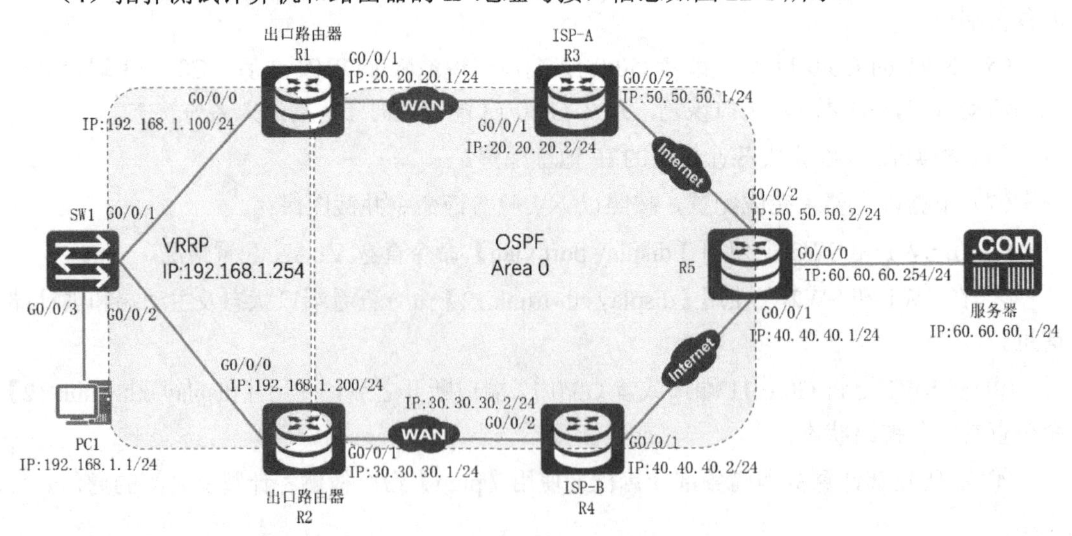

图 22-1　网络拓扑图

相关知识

第一跳冗余协议（First Hop Redundancy Protocol，FHRP）是一类协议的总称，这类协议所提供的服务的共同特点就是为终端设备提供网关的冗余。因为对于局域网中的终端设备来说，局域网的网关就是它们经历的第一跳路由设备，配置在终端设备上的默认网关其实也就是一条将下一跳指向网关设备连接局域网接口的默认路由。

通常情况下，局域网中的所有主机都设置一条相同的默认路由，这条路由指向出口网关，实现主机与外网的通信。当出口网关发生故障时，主机与外网的通信就会中断。因此，配置多个出口网关是提高系统可靠性的常见方法，但局域网内的主机设备通常不支持动态路由协议，如何在多个出口网关之间进行选路是个问题。而 VRRP 是一项在部署冗余网关时最常用的 FHRP。

22.1 VRRP 概述

虚拟路由器冗余协议（Virtual Router Redundancy Protocol，VRRP）是一种容错协议，它通过把几台路由设备联合组成一台虚拟的路由设备，并当主机的下一跳设备出现故障时，可以通过一定的机制来保证及时将业务切换到其他设备，从而保持通讯的连续性和可靠性。

VRRP 在不需要改变组网的情况下，提供了一个虚拟网关指向两个物理网关，实现网关冗余，提升了网络可靠性。

22.2 VRRP 的作用

VRRP 提供了将多台路由器虚拟成一台路由器的服务，它通过虚拟化技术，将多台物理设备在逻辑上合并为一台虚拟设备，同时使物理路由器对外隐藏各自的信息，以便针对其他设备提供一致性的服务，当其中一台路由器出现故障时，该局域网发往 Internet 的数据包会全部由另一台设备转发，此时，局域网终端是完全感知不到出口变化的，因为局域网的网关 IP 始终不变。

1. VRRP 的作用

图 22-2 所示的拓扑是一个典型的双出口网络，交换机的两条线路分别连接两台路由器，此时，交换机有两个出口（网关）接入 Internet。

从功能上看，以上拓扑能够避免与网关相关的单点故障，但如果没有配套机制，那么这种设计方案会存在以下两个问题。

（1）系统只能配置一个默认网关，这表示每个网络只能选择其中一个出口接入 Internet，且实现网关切换需要管理员手动更改。

（2）当其中一个出口路由器出现故障时，该出口对应的网络将无法接入 Internet。

因此，网络中需要一种机制能够让两台网关工作起来像是一台网关设备，VRRP 就提供了这种机制。

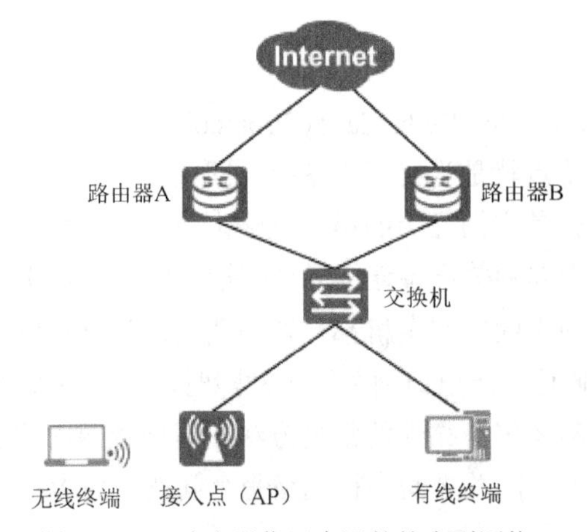

图 22-2　双路由器作冗余网关的小型网络

图 22-2 中的拓扑应用 VRRP 后，结果如图 22-3 所示。

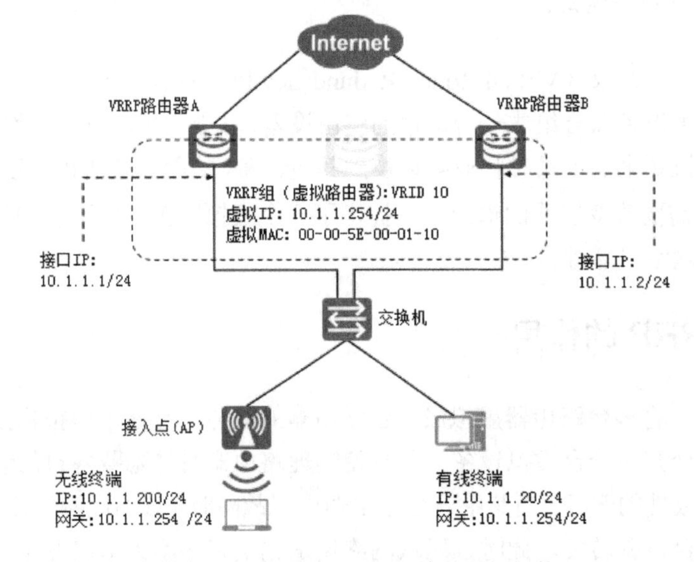

图 22-3　使用了 VRRP 环境的逻辑拓扑

将路由器 A 和路由器 B 连接交换机的接口配置成一个 VRRP 组，两台路由器的接口就会对外使用相同的 IP 地址（10.1.1.254/24）和 MAC 地址（00-00-5E-00-01-10）进行通信。此时，管理员只需要在所有终端设备上将这个 IP 地址（10.1.1.254/24）设置为默认网关的地址，就可以实现网关设备的冗余。

当其中一台路由器出现故障时，该局域网发往 Internet 的数据包会全部由另一台路由器转发，此时，局域网终端是完全感知不到出口变化的，因为局域网的网关 IP 始终不变。

22.3　VRRP 的工作原理

VRRP 可以通过将多台设备（路由器、交换机、防火墙等）虚拟化成一台设备，并通过配置虚拟 IP 地址作为网关就能实现对网关的备份（虚拟 IP 地址代表整个 VRRP 组内的所有设备），当其中一台设备出现故障之时，VRRP 组内的其他设备会通过某些机制来接替故

障设备的工作。

1. VRRP 的相关术语

参照图 22-3 对 VRRP 相关术语进行说明。

（1）VRRP 组：当管理员为了实现网关设备的冗余而通过配置的手段，将连接在同一个局域网中的一组 VRRP 路由器（接口）划分到同一个逻辑网关（接口）组中让它们充当这个局域网中终端设备的主用/备用网关时，管理员所创建的这个逻辑组就是 VRRP 组。这些由 RRP 路由器（连接在相同局域网中的接口）所组成的逻辑组在这个局域网中的终端看来就像是一台网关路由器，因此 VRRP 组也称虚拟路由器。例如，在图 22-3 中，VRRP 路由器 A 和 VRRP 路由器 B 连接局域网交换机的接口就被划分到了同一个 VRRP 组中，这个 VRRP 组在终端设备看来也就是一台虚拟路由器。

（2）虚拟 IP 地址：由于在一个 VRRP 组中，多个路由器（的接口）需要作为一台虚拟路由器对外提供服务。因此，这些路由器（接口）需要对外使用相同的 IP 地址来响应终端发送给默认网关目的 IP 地址的流量，这个 IP 地址也就是 VRRP 组的虚拟 IP 地址。在图 22-3 中，VRRP 组（虚拟路由器）的虚拟 IP 地址为 10.1.1.254/24。同一个 VRRP 组可以有多个虚拟 IP 地址，但不同 VRRP 组的虚拟 IP 地址不能相同。

（3）虚拟 MAC 地址：由于在一个 VRRP 组中，多个路由器（的接口）需要作为一台虚拟路由器对外提供服务。因此，这些路由器（接口）需要对外使用一个（不同于自己实际 MAC 地址的）一致的虚拟 MAC 地址来响应终端发送给默认网关流量的目的 MAC 地址，这个 MAC 地址也就是 VRRP 组的虚拟 MAC 地址，所以虚拟 MAC 地址与 VRRP 组之间存在对应关系。在图 22-3 中，VRRP 组（虚拟路由器）的虚拟 MAC 地址为 00-00-5E-00-01-10。

（4）VRID：同一个 VRRP 路由器（接口）有时需要参与多个 VRRP 组，因此需要有种标识能够区分每个 VRRP 组，VRID 就是标识不同 VRRP 组的标识符。例如，图 22-3 所示的 VRRP 组（虚拟路由器）的 VRID 为“10”。

（5）主用设备（Master）与备用设备（Backup）：每个 VRRP 组中会有一个 VRRP 路由器（接口）充当主用设备，这个主用设备会承担局域网网关的角色，负责转发数据报文和周期性向备用设备发送 VRRP 报文；其他参与这个 VRRP 组的 VRRP 设备（接口）则充当备用设备，备用设备不负责转发数据报文，在主用设备发生故障时会通过选举形式成为新的主用设备。

（6）优先级：优先级是管理员在每个 VRRP 组中分配给各个 VRRP 路由器（接口）的参数，一个 VRRP 组中优先级最高的那个 VRRP 路由器（接口）会在主用路由器中选举胜出，承担主用路由器的角色。

（7）抢占：如果一台 VRRP 路由器工作在抢占模式（Preempt Mode）下，那么当这台 VRRP 路由器（接口）的 VRRP 优先级值高于这个 VRRP 组中当前主用路由器的 VRRP 优先级值时，这台 VRRP 路由器（接口）就会成为主用路由器；如果一台 VRRP 路由器工作在非抢占模式下，那么即使这个 VRRP 路由器（接口）的 VRRP 优先级值高于这个 VRRP

组中当前主用路由器的 VRRP 优先级值，这个 VRRP 路由器也不会在该主用路由器失效之前就替代它成为主用路由器。

2. VRRP 的封装格式

VRRP 当前包含 VRRP V2 和 VRRP V3 两个版本，前者仅适用于 IPv4 环境，后者则同时适用于 IPv6 环境。VRRP 消息是封装在 IP 头部之内的，当内部封装的消息是 VRRP 消息时，IP 头部的协议字段会取值“112”，表示这个 IP 数据包内部封装的上层协议是 VRRP。同时这个 IP 头部的目的 IP 地址封装的地址为组播地址 224.0.0.18。下面介绍一下 VRRP 消息中包含的字段内容。VRRP V2 的头部封装格式如图 22-4 所示。

4bit	4bit	8bit	8bit	8bit
版本	类型	虚拟路由器ID	优先级	IP地址数
认证类型		通告时间间隔	校验和	
IP地址1				
……				
IP地址 n				
认证数据1				
认证数据2				

图 22-4　VRRP V2 的头部封装格式

通过图 22-4 我们可以看到，VRRP 消息中会携带上文中介绍的虚拟路由器 ID 和优先级值，这两个字段在 VRRP V2 封装中定义的长度皆为 8bit，因此虚拟路由器 ID 和优先级取值的上限皆为“255”，即 8 位二进制数全部取“1”时对应的十进制数。其中，虚拟路由器 ID 的取值范围是 1~255，而优先级字段的取值范围是 0~255。优先级值越大，这个接口在主用路由器选举中的优先级就越高，“0”表示这个 VRRP 路由器接口立刻停止参与这个 VRRP 组，如果管理员给主用路由器赋予了“0”这个优先级，那么优先级值最高的备份路由器就会被选举为新的主用路由器，而 IP 地址拥有者的优先级为“255”，优先级为“255”的设备会直接成为主用设备，华为路由器接口默认的优先级值为“100”。

除了这两个字段，VRRP 封装中还包括了下列字段。

（1）版本：对于 VRRP V2 消息，这个字段的取值一律为“2”。

（2）类型：这个字段的取值一律为“1”，表示这是一个 VRRP 通告消息。目前 VRRP V2 只定义了通告消息这种类型的消息。

（3）IP 地址数：同一个 VRRP 组可以有多个虚拟 IP 地址。这个字段的作用就是标识这个 VRRP 组的虚拟 IP 地址数量。

（4）认证类型：VRRP V2 定义了 3 种类型的认证：当这个字段取“0”时，表示该消息

的始发 VRRP 设备未配置认证；当这个字段取“1”时，表示其采用了明文认证；当这个字段取“2”时，表示其采用了 MD5 认证。

（5）通告时间间隔：这个字段标识了 VRRP 设备发送 VRRP 通告的时间间隔，单位为 s。

（6）校验和：这个字段的表意顾名思义，其作用是使接收方 VRRP 设备检测这个 VRRP 消息是否与始发时一致。

（7）IP 地址：这个字段的作用是标识这个 VRRP 组的虚拟 IP 地址。IP 地址数字段显示这个 VRRP 组有多少虚拟 IP 地址，这个消息的头部封装中就会包含多少个 IP。

认证数据：即 VRRP 消息的认证字段。

22.4　VRRP 的工作过程

VRRP 为局域网提供冗余网关的方式主要包含以下步骤。

（1）在 VRRP 组中选举出主用路由器，如图 22-5 所示。

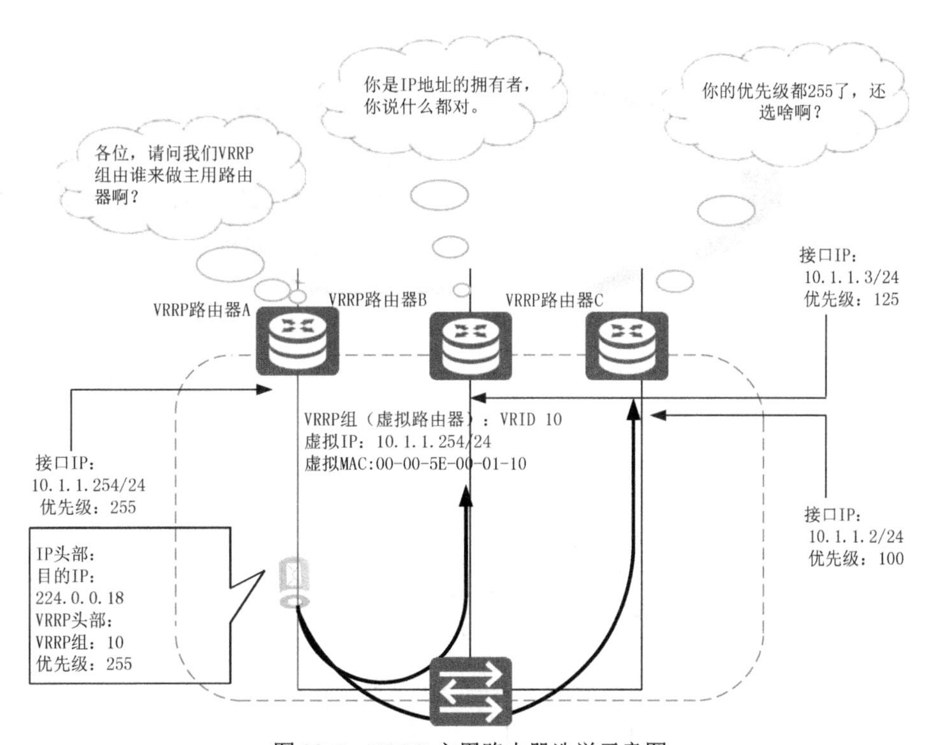

图 22-5　VRRP 主用路由器选举示意图

VRRP 组中的路由器在选举主用路由器时，会对比优先级，优先级最高的接口会成为主用路由器。如果多个 VRRP 路由器接口的优先级相同，那么它们之间会继续对比接口的 IP 地址，IP 地址数值最大的接口会成为主用路由器。

（2）主用路由器主动在这个局域网中发送 ARP 响应消息来通告这个 VRRP 组的虚拟 MAC 地址，并且开始周期性地向 VRRP 组中的其他路由器通告自己的信息和状态，如图 22-6 所示。

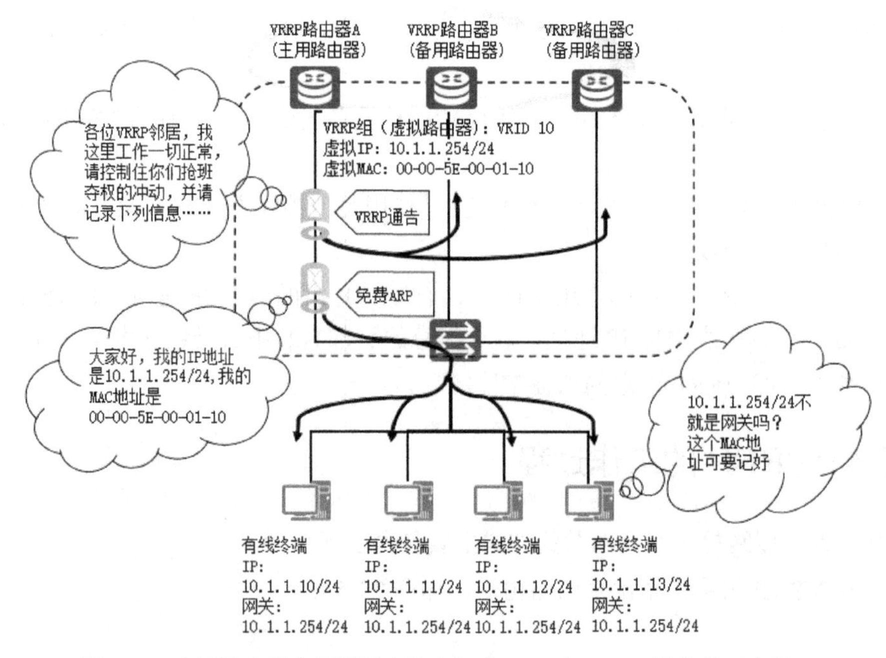

图 22-6　主用路由器在局域网中发布免费 ARP 和 VRRP 通告的示意图

当这个局域网中的终端都获得了网关地址（VRRP 组虚拟 IP 地址）所对应的 MAC 地址（VRRP 组虚拟 MAC 地址）之后，它们就会使用虚拟 IP 地址和虚拟 MAC 地址封装数据。同时，在所有接收到发送给网关虚拟地址的 VRRP 组成员设备中，只有主用设备会对这些数据进行处理或转发，备份路由器则会丢弃发送给虚拟地址的数据，如图 22-7 所示。

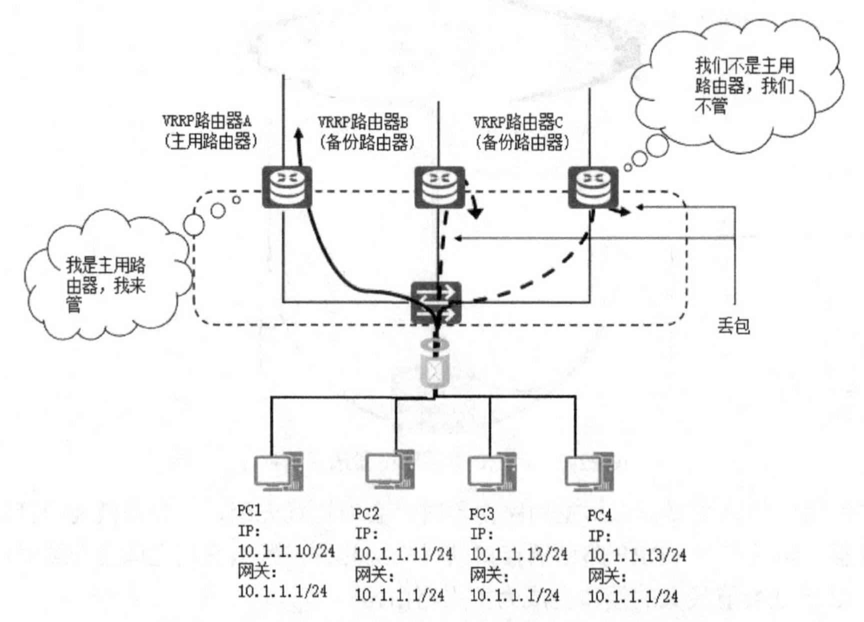

图 22-7　VRRP 主用路由器负责转发往返于外网的流量

如果主用设备出现故障，那么 VRRP 组中的备用设备就会因为在指定时间内没有接收到来自主用设备的 VRRP 通告消息而发觉主用设备已经无法为局域网提供网关服务，于是

它们就会重新选举新的主用设备，并且开始为这个局域网中的终端转发往返于外网的数据。这个物理网关设备对切换的过程终端并不知情，这个过程也并不会影响终端设备继续使用 VRRP 虚拟地址来封装发送给网关设备和外网的数据包。尽管在实际上，对终端设备发送的数据包做出响应的物理设备已经不是过去那台网关设备了。

项目规划设计

R1 和 R2 为连接服务商 ISP-A、ISP-B 的出口路由器。其中，R1 为主用路由器，R2 为备份路由器。为实现出口路由器的主/备自动切换，首先需要在 R1 和 R2 上启用 VRRP 功能，设置虚拟网关 192.168.1.254/24，并将 R1 的优先级设置为 110，即优先级最高，R2 的优先级为默认的 100，此时 R1 为主用路由器；其次，配置对 R1 的 G0/0/1 接口的链路状态跟踪，当链路状态为 DOWN 时，R1 的 VRRP 优先级下降至 50，此时 R2 切换为主用路由器。在内部计算机方面，在连接到网络后，将默认网关指向 VRRP 虚拟网关 192.168.1.254，此时计算机的出口链路会根据 VRRP 的状态选择主用路由器作为出口。在互联网连接方面，由于 ISP-A 和 ISP-B 均采用 OSPF 协议，因此所有路由器均配置 OSPF 协议，并在区域 0 中宣告互联网段。

配置步骤如下。

（1）配置路由器接口。

（2）部署 OSPF 网络。

（3）配置 VRRP 协议。

（4）配置上行接口监视。

（5）配置计算机的 IP 地址。

IP 规划表 1 和端口规划表 1 如表 22-1 和表 22-2 所示。

表 22-1　IP 地址规划表 1

设备	接口	IP 地址	网关
R1	G0/0/0	192.168.1.100/24	—
R1	G0/0/1	20.20.20.1/24	—
R2	G0/0/0	192.168.1.200/24	—
R2	G0/0/1	30.30.30.1/24	—
VRRP	VRRP1	192.168.1.254/24	—
R3	G0/0/1	20.20.20.2/24	—
R3	G0/0/2	50.50.50.1/24	—
R4	G0/0/1	40.40.40.2/24	—
R4	G0/0/2	30.30.30.2/24	—
R5	G0/0/0	60.60.60.254/24	—
R5	G0/0/1	40.40.40.1/24	—
R5	G0/0/2	50.50.50.2/24	—
PC1	Eth0/0/1	192.168.1.1/24	192.168.1.254
服务器	Eth0/0/1	60.60.60.1/24	60.60.60.254

表 22-2　端口规划表 1

本端设备	本端端口	对端设备	对端端口
R1	G0/0/0	SW1	G0/0/1
R1	G0/0/1	R3	G0/0/1
R2	G0/0/0	SW1	G0/0/2
R2	G0/0/1	R4	G0/0/2
R3	G0/0/1	R1	G0/0/1
R3	G0/0/2	R5	G0/0/2
R4	G0/0/1	R5	G0/0/1
R4	G0/0/2	R2	G0/0/1
R5	G0/0/0	服务器	Eth0/0/1
R5	G0/0/1	R4	G0/0/1
R5	G0/0/2	R3	G0/0/2
SW1	G0/0/1	R1	G0/0/0
SW1	G0/0/2	R2	G0/0/0
SW1	G0/0/3	PC1	Eth0/0/1
PC1	Eth0/0/1	SW1	G0/0/3
服务器	Eth0/0/1	R5	G0/0/0

项目实施

扫一扫，
看微课

任务 22-1　配置路由器接口

任务描述

根据表 22-2 对各路由器的相应接口进行配置。

任务实施

（1）在 R1 上对相应接口进行配置，配置命令如下。

```
<Huawei> system-view                          //进入系统视图
[Huawei]sysname R1                            //将路由器名称更改为 R1
[R1]interface G0/0/0                          //进入 G0/0/0 接口
//配置 IP 地址为 192.168.1.100，子网掩码 24 位
[R1-GigabitEthernet0/0/0] ip address 192.168.1.100 255.255.255.0
[R1]interface G0/0/1                          //进入 G0/0/1 接口
[R1-GigabitEthernet0/0/1] ip address 20.20.20.1 255.255.255.0
```

（2）在 R2 上对相应接口进行配置，配置命令如下。

```
[Huawei]system-view
[Huawei]sysname R2
[R2]interface G0/0/0
[R2-GigabitEthernet0/0/0] ip address 192.168.1.200 255.255.255.0
[R2]interface G0/0/1
[R2-GigabitEthernet0/0/1] ip address 30.30.30.1 255.255.255.0
```

（3）在 R3 上对相应接口进行配置，配置命令如下。

```
[Huawei]system-view
```

```
[Huawei]sysname R3
[R3]interface G0/0/1
[R3-GigabitEthernet0/0/1]ip address 20.20.20.2 255.255.255.0
[R3]interface G0/0/2
[R3-GigabitEthernet0/0/2]ip address 50.50.50.1 255.255.255.0
```

（4）在 R4 上对相应接口进行配置，配置命令如下。

```
[Huawei]system-view
[Huawei]sysname R4
 [R4]interface G0/0/1
[R4-GigabitEthernet0/0/1]ip address 40.40.40.2 255.255.255.0
[R4]interface G0/0/2
[R4-GigabitEthernet0/0/2] ip address 30.30.30.2 255.255.255.0
```

（5）在 R5 上对相应接口进行配置，配置命令如下。

```
<Huawei> system-view
[Huawei]sysname R5
[R5]interface G0/0/0
[R5-GigabitEthernet0/0/0]ip address 60.60.60.254 255.255.255.0
[R5]interface G0/0/1
[R5-GigabitEthernet0/0/1]ip address 40.40.40.1 255.255.255.0
[R5]interface G0/0/2
[R5-GigabitEthernet0/0/2]ip address 50.50.50.2 255.255.255.0
```

任务验证

（1）在 R1 上使用【display ip interface brief】命令查看接口的 IP 地址信息，配置命令如下。

```
[R1]display ip interface brief
*down: administratively down
^down: standby
(l): loopback
(s): spoofing
The number of interface that is UP in Physical is 3
The number of interface that is DOWN in Physical is 0
The number of interface that is UP in Protocol is 3
The number of interface that is DOWN in Protocol is 0

Interface                    IP Address/Mask      Physical   Protocol
GigabitEthernet0/0/0           192.168.1.100/24      up         up
GigabitEthernet0/0/1           20.20.20.1/24         up         up
```

可以看到，已经在 R1 的各接口上正确配置了 IP 地址。

（2）在 R2 上使用【display ip interface brief】命令查看接口的 IP 地址信息，配置命令如下。

```
[R2]display ip interface brief
*down: administratively down
^down: standby
(l): loopback
(s): spoofing
The number of interface that is UP in Physical is 3
The number of interface that is DOWN in Physical is 0
```

```
The number of interface that is UP in Protocol is 3
The number of interface that is DOWN in Protocol is 0

Interface                         IP Address/Mask      Physical   Protocol
GigabitEthernet0/0/0                192.168.1.200/24      up         up
GigabitEthernet0/0/1                30.30.30.1/24        up         up
```

可以看到，已经在 R2 的各接口上正确配置了 IP 地址。

（3）在 R3 上使用【display ip interface brief】命令查看接口的 IP 地址信息，配置命令如下。

```
[R3]display ip interface brief
*down: administratively down
^down: standby
(l): loopback
(s): spoofing
The number of interface that is UP in Physical is 3
The number of interface that is DOWN in Physical is 0
The number of interface that is UP in Protocol is 3
The number of interface that is DOWN in Protocol is 0

Interface                         IP Address/Mask      Physical   Protocol
GigabitEthernet0/0/1                20.20.20.2/24         up         up
GigabitEthernet0/0/2                50.50.50.1/24         up         up
```

可以看到，已经在 R3 的各接口上正确配置了 IP 地址。

（4）在 R4 上使用【display ip interface brief】命令查看接口的 IP 地址信息，配置命令如下。

```
[R4]display ip interface brief
*down: administratively down
^down: standby
(l): loopback
(s): spoofing
The number of interface that is UP in Physical is 3
The number of interface that is DOWN in Physical is 0
The number of interface that is UP in Protocol is 3
The number of interface that is DOWN in Protocol is 0

Interface                         IP Address/Mask      Physical   Protocol
GigabitEthernet0/0/1                40.40.40.2/24         up         up
GigabitEthernet0/0/2                30.30.30.2/24         up         up
```

可以看到，已经在 R4 的各接口上正确配置了 IP 地址。

（5）在 R5 上使用【display ip interface brief】命令查看接口的 IP 地址信息，配置命令如下。

```
[R5]display ip interface brief
*down: administratively down
^down: standby
(l): loopback
(s): spoofing
The number of interface that is UP in Physical is 4
```

```
The number of interface that is DOWN in Physical is 0
The number of interface that is UP in Protocol is 4
The number of interface that is DOWN in Protocol is 0

Interface                    IP Address/Mask      Physical   Protocol
GigabitEthernet0/0/0           60.60.60.254/24       up          up
GigabitEthernet0/0/1           40.40.40.1/24         up          up
GigabitEthernet0/0/2           50.50.50.2/24         up          up
```

可以看到，已经在 R5 的各接口上正确配置了 IP 地址。

任务 22-2　配置 OSPF 协议

任务描述

根据项目规划设计在各路由器上配置 OSPF 协议。

任务实施

（1）在 R1 上配置 OSPF 协议，进程号为 1，在区域 0 中宣告所有网段，配置命令如下。

```
[R1]ospf 1                                    //创建进程号为 1 的 OSPF 进程
[R1-ospf-1]area 0                             //进入 OSPF 区域 0，区域未创建时，OSPF 进程会自动创建
[R1-ospf-1-area-0.0.0.0]network 192.168.1.0 0.0.0.255  //宣告网段 192.168.1.0/24
[R1-ospf-1-area-0.0.0.0]network 20.20.20.0 0.0.0.255
```

（2）在 R2 上配置 OSPF 协议，进程号为 1，在区域 0 中宣告所有网段，配置命令如下。

```
[R2]ospf 1
[R2-ospf-1]area 0
[R2-ospf-1-area-0.0.0.0]network 192.168.1.0 0.0.0.255
[R2-ospf-1-area-0.0.0.0]network 30.30.30.0 0.0.0.255
```

（3）在 R3 上配置 OSPF 协议，进程号为 1，在区域 0 中宣告所有网段，配置命令如下。

```
[R3]ospf 1
[R3-ospf-1]area 0
[R3-ospf-1-area-0.0.0.0]network 20.20.20.0 0.0.0.255
[R3-ospf-1-area-0.0.0.0]network 50.50.50.0 0.0.0.255
```

（4）在 R4 上配置 OSPF 协议，进程号为 1，在区域 0 中宣告所有网段，配置命令如下。

```
[R4]ospf 1
[R4-ospf-1]area 0
[R4-ospf-1-area-0.0.0.0]network 30.30.30.0 0.0.0.255
[R4-ospf-1-area-0.0.0.0]network 40.40.40.0 0.0.0.255
```

（5）在 R5 上配置 OSPF 协议，进程号为 1，在区域 0 中宣告所有网段，配置命令如下。

```
[R5]ospf 1
[R5-ospf-1]area 0
[R5-ospf-1-area-0.0.0.0]network 50.50.50.0 0.0.0.255
[R5-ospf-1-area-0.0.0.0]network 40.40.40.0 0.0.0.255
[R5-ospf-1-area-0.0.0.0]network 60.60.60.0 0.0.0.255
```

任务验证

（1）在 R1 上使用【display ospf peer brief】命令查看 OSPF 配置信息，配置命令如下。

```
[R1]display ospf peer brief
```

```
 OSPF Process 1 with Router ID 192.168.1.100
   Peer Statistic Information
----------------------------------------------------------------------------
Area Id          Interface                      Neighbor id      State
0.0.0.0          GigabitEthernet0/0/0             192.168.1.200    Full
0.0.0.0          GigabitEthernet0/0/1             20.20.20.2       Full
----------------------------------------------------------------------------
```

可以看到，R1 的两个 OSPF 邻居状态均为 Full。

（2）在 R2 上使用【display ospf peer brief】命令查看 OSPF 配置信息，配置命令如下。

```
[R2]display ospf peer brief

   OSPF Process 1 with Router ID 192.168.1.200
      Peer Statistic Information
----------------------------------------------------------------------------
Area Id          Interface                      Neighbor id      State
0.0.0.0          GigabitEthernet0/0/0             192.168.1.100    Full
0.0.0.0          GigabitEthernet0/0/1             40.40.40.2       Full
----------------------------------------------------------------------------
```

可以看到，R2 的两个 OSPF 邻居状态均为 Full。

（3）在 R3 上使用【display ospf peer brief】命令查看 OSPF 配置信息，配置命令如下。

```
[R3]display ospf peer brief

   OSPF Process 1 with Router ID 20.20.20.2
      Peer Statistic Information
----------------------------------------------------------------------------
Area Id          Interface                      Neighbor id      State
0.0.0.0          GigabitEthernet0/0/1             192.168.1.100    Full
0.0.0.0          GigabitEthernet0/0/2             60.60.60.254     Full
----------------------------------------------------------------------------
```

可以看到，R3 的两个 OSPF 邻居状态均为 Full。

（4）在 R4 上使用【display ospf peer brief】命令查看 OSPF 配置信息，配置命令如下。

```
[R4]display ospf peer brief

   OSPF Process 1 with Router ID 40.40.40.2
      Peer Statistic Information
----------------------------------------------------------------------------
Area Id          Interface                      Neighbor id      State
0.0.0.0          GigabitEthernet0/0/1             60.60.60.254     Full
0.0.0.0          GigabitEthernet0/0/2             192.168.1.200    Full
----------------------------------------------------------------------------
```

可以看到，R4 的两个 OSPF 邻居状态均为 Full。

（5）在 R5 上使用【display ospf peer brief】命令查看 OSPF 配置信息，配置命令如下。

```
[R5]display ospf peer brief

   OSPF Process 1 with Router ID 60.60.60.254
      Peer Statistic Information
```

```
---------------------------------------------------------------------------
Area Id         Interface                        Neighbor id     State
0.0.0.0         GigabitEthernet0/0/1              40.40.40.2      Full
0.0.0.0         GigabitEthernet0/0/2              20.20.20.2      Full
---------------------------------------------------------------------------
```

可以看到，R5 的两个 OSPF 邻居状态均为 Full。

任务 22-3 配置 VRRP 协议

任务描述

根据项目规划设计在 R1 和 R2 上配置 VRRP 协议，使用【vrrp vrid 1 virtual-ip】命令创建 VRRP 备份组，指定路由器处于同一个 VRRP 备份组内，VRRP 备份组号为 1，配置虚拟 IP 地址为 192.168.1.254。

任务实施

（1）在 R1 上配置 VRRP 协议。

【vrrp vrid <vrrp_id> virtual-ip <ip_address>】命令中指定了 VRRP 备份组为 VRID <vrrp_id>。虚拟 IP 地址为<ip_address>。在实际工作中，管理员可以根据 VLAN ID 来设置 VRRP 备份组的 VRID。配置命令如下。

```
[R1]interface G0/0/0
//配置 VRRP 组 1 的虚拟 IP 地址为 192.168.1.254
[R1-GigabitEthernet0/0/0]vrrp vrid 1 virtual-ip 192.168.1.254
```

（2）在 R2 上配置 VRRP 协议，配置命令如下。

```
[R2]interface G0/0/0
[R2-GigabitEthernet0/0/0]vrrp vrid 1 virtual-ip 192.168.1.254
```

（3）配置 R1 的优先级为 110，R2 的优先级保持默认的 100 不变，这样使 R1 成为 Master，使 R2 成为 Backup。

【vrrp vrid <id> priority <priority>】命令会将这个接口在 VRID 组中的优先级调整为<priority>，调整优先级后，优先级最高的设备会在该 VRID 组中成为 Master。配置命令如下。

```
[R1-GigabitEthernet0/0/0]vrrp vrid 1 priority 110   //配置 VRRP 组 1 的优先级为 110
```

任务验证

（1）在 R1 上使用【display vrrp】命令查看 VRRP 信息，配置命令如下。

```
[R1]display vrrp
  GigabitEthernet0/0/0 | Virtual Router 1
    State : Master
    Virtual IP : 192.168.1.254
    Master IP : 192.168.1.100
    PriorityRun : 110
    PriorityConfig : 110
    MasterPriority : 110
```

```
  Preempt : YES   Delay Time : 0 s
  ......
```

可以看到，R1 的 State 为 Master，虚拟 IP 地址为 192.168.1.254。

（2）在 R2 上使用【display vrrp】命令查看 VRRP 信息，配置命令如下。

```
[R2]display vrrp
 GigabitEthernet0/0/0 | Virtual Router 1
   State : Backup
   Virtual IP : 192.168.1.254
   Master IP : 192.168.1.100
   PriorityRun : 100
   PriorityConfig : 100
   MasterPriority : 110
   Preempt : YES   Delay Time : 0 s
   ......
```

可以看到，R2 的 State 为 Backup，虚拟 IP 地址为 192.168.1.254。

任务 22-4　配置上行接口监视

任务描述

根据项目规划设计在 R1 上配置上行接口监视。

任务实施

在 R1 上配置上行接口监视，监视上行接口 G0/0/1，当此接口断掉时，R1 的优先级降低 60，变为 50，低于 R2 的优先级 100。

【vrrp vrid <vrid> track interface <interface-number> reduced <priority>】命令可以让 VRRP 组联动监视<interface-number>的接口状态，当该接口状态变为 DOWN 时，VRRP 的优先级降低<priority>。配置命令如下。

```
//配置 VRRP 组 1 联动监视接口功能，当接口状态变为 DOWN 时，优先级降低 60
[R1-GigabitEthernet0/0/0]vrrp vrid 1 track interface G0/0/1 reduced 60
```

任务验证

在 R1 上使用【display vrrp】命令查看 VRRP 信息，配置命令如下。

```
<R1>display vrrp
 GigabitEthernet0/0/0 | Virtual Router 1
   State : Master
   Virtual IP : 192.168.1.254
   Master IP : 192.168.1.100
   PriorityRun : 110
   PriorityConfig : 110
   MasterPriority : 110
   Preempt : YES   Delay Time : 0 s
   TimerRun : 1 s
   TimerConfig : 1 s
   Auth type : NONE
   Virtual MAC : 0000-5e00-0101
   Check TTL : YES
```

```
Config type : normal-vrrp
Backup-forward : disabled
Track IF : GigabitEthernet0/0/1   Priority reduced : 60
IF state : UP
Create time : 2023-03-09 10:15:48 UTC-08:00
Last change time : 2023-03-09 10:15:55 UTC-08:00
```

可以看到，R1 上 VRRP 组跟踪了 G0/0/1 接口的状态，优先级降低值为 60。

任务 22-5　配置计算机的 IP 地址

任务描述

根据表 22-1 为各部门计算机配置 IP 地址。

任务实施

PC1 的 IP 地址配置结果如图 22-8 所示。同理，完成服务器的 IP 地址配置，如图 22-9 所示。

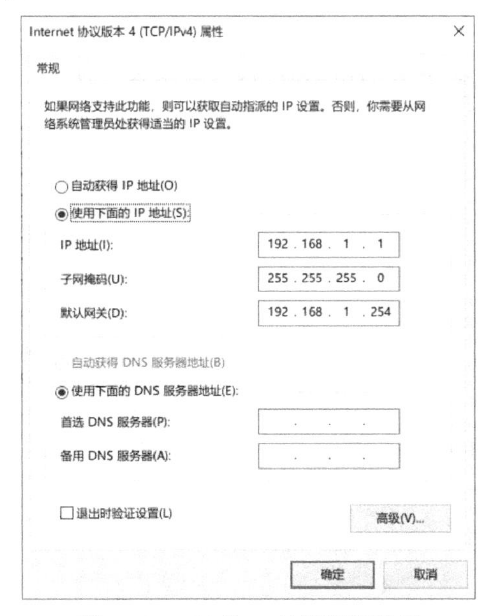

图 22-8　PC1 的 IP 地址配置结果

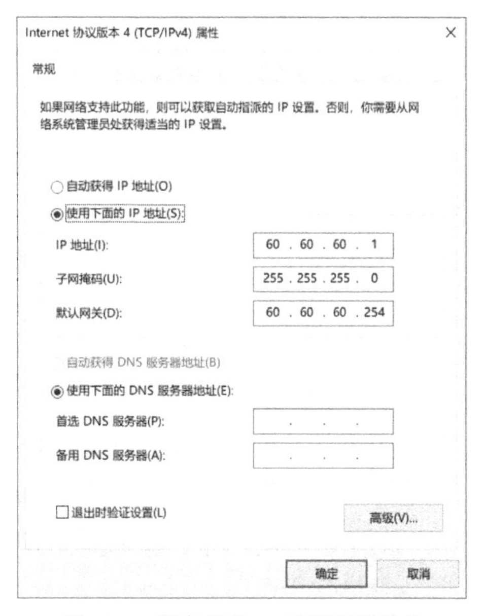

图 22-9　服务器的 IP 地址配置结果

任务验证

（1）在 PC1 上使用【ipconfig】命令查看 IP 地址，配置命令如下。

```
PC1>ipconfig

本地连接：

   连接特定的 DNS 后缀 . . . . . . . :
   IPv4 地址 . . . . . . . . . . . . : 192.168.1.1(首选)
   子网掩码 . . . . . . . . . . . . . : 255.255.255.0
   默认网关. . . . . . . . . . . . . : 192.168.1.254
```

可以看到，PC1 上已经配置了 IP 地址。

（2）在其他计算机上同样使用【ipconfig】命令查看 IP 地址。

项目验证

扫一扫，
看微课

（1）在 PC1 上使用【tracert】命令测试计算机访问服务器时的数据包转发路径，配置命令如下。

```
PC>tracert 60.60.60.1

traceroute to 60.60.60.1, 8 hops max
(ICMP), press Ctrl+C to stop
 1  192.168.1.100   31 ms  47 ms  47 ms
 2  20.20.20.2   47 ms  31 ms  31 ms
 3  50.50.50.2   47 ms  47 ms  47 ms
 4  60.60.60.1   47 ms  47 ms  31 ms
```

通过 IP 地址可以分析出，PC1 访问服务器时，转发路径为 R1—R3—R5。

（2）将路由器 R1 的 G0/0/1 接口关闭，模拟链路故障效果，配置命令如下。

```
[R1]interface G0/0/1
[R1-GigabitEthernet0/0/1]shutdown
```

（3）经过 3s 左右，使用【display vrrp】命令查看 R1 VRRP 信息，配置命令如下。

```
[R1]display vrrp
  GigabitEthernet0/0/0 | Virtual Router 1
    State : Backup
    Virtual IP : 192.168.1.254
    Master IP : 192.168.1.200
    PriorityRun : 50
    PriorityConfig : 110
    MasterPriority : 100
Preempt : YES   Delay Time : 0 s
……
```

可以看到，R1 在 Virtual Router 1 的 State 切换成 Backup，且 R1 的 VRRP 优先级降低 60，变为 50，低于路由器 R2 的优先级 100。

（4）使用【display vrrp】命令查看 R2 的 VRRP 信息，配置命令如下。

```
[R2]display vrrp
  GigabitEthernet0/0/0 | Virtual Router 1
    State : Master
    Virtual IP : 192.168.1.254
    Master IP : 192.168.1.200
    PriorityRun : 100
    PriorityConfig : 100
    MasterPriority : 100
    Preempt : YES   Delay Time : 0 s
……
```

可以看到，R2 在 Virtual Router 1 的 State 切换为 Master。

（5）测试计算机访问服务器时的数据包转发路径，配置命令如下。

```
PC>tracert 60.60.60.1
traceroute to 60.60.60.1, 8 hops max
```

```
(ICMP), press Ctrl+C to stop
 1  192.168.1.200   31 ms  47 ms  47 ms
 2  30.30.30.2   63 ms  46 ms  47 ms
 3  40.40.40.1   63 ms  31 ms  78 ms
 4  60.60.60.1   63 ms  62 ms  63 ms
```

通过 IP 地址可以分析出，PC1 访问服务器时，转发路径已经切换为 R2—R4—R5。

项目拓展

一、理论题

1．在 VRRP 备份组中，IP 地址拥有者的优先级是（　　）。

A．0　　B．100　　C．125　　D．255

2．第一跳冗余协议（First Hop Redundancy Protocol，FHRP）是一类协议的总称，这类协议所提供的服务的共同特点就是为终端设备提供网关的冗余。以下属于第一跳冗余协议的是（　　）。

A．HSRP　　B．VRRP　　C．GLBP　　D．以上都是

3．下列关于 VRRP 主设备的描述，说法错误的是（　　）。

A．VRRP 主设备会周期性地发送 VRRP 报文

B．以虚拟 MAC 地址响应对虚拟 IP 地址的 ARP 请求

C．即使路由器已经为主用路由器，也会被优先级高的备份组中的路由器抢占

D．备份路由器会一直处于备份状态

4．链路聚合静态 LACP 模式下默认的系统优先级为（　　）。

A．1　　B．32768　　C．4096　　D．65535

二、项目实训题

1．实训背景

Jan16 公司原采用 ISP-A 作为接入服务商，用于内部计算机访问互联网的出口。为提高接入互联网的可靠性，现增加 ISP-B 作为备用接入服务商，当 ISP-A 的接入链路出现故障时，启用 ISP-B 的接入链路。实训拓扑图如图 22-10 所示。

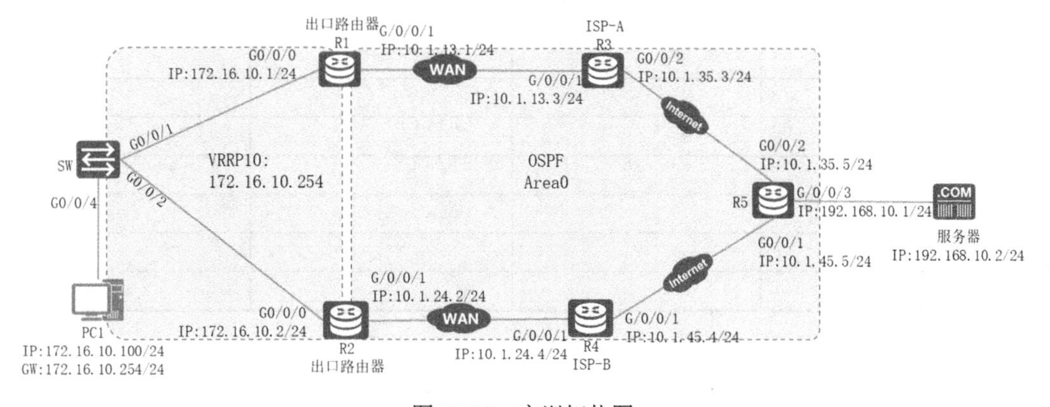

图 22-10　实训拓扑图

2．实训规划

根据项目背景信息、实训拓扑图信息及项目规划设计完成表 22-3 和表 22-4 所示的实训题规划表。

表 22-3　IP 地址规划表 2

设备	接口	IP 地址	网关

表 22-4　端口规划表 2

本端设备	本端端口	对端设备	对端端口

3．实训要求

（1）根据表 22-3 完成各路由器接口的 IP 地址配置。

（2）根据项目所需为拓扑中的 R1～R5 各设备配置 OSPF 协议，将所有网段宣告到同

一个区域。

（3）根据实训规划在 R1 和 R2 上配置 VRRP 协议，使用【vrrp vrid 10 virtual-ip】命令创建 VRRP 备份组，VRRP 备份组号为 10，配置虚拟 IP 地址为 172.16.10.254，R1 作为主设备，其优先级需要被修改为 100，R2 则保持默认不变。

（4）在 R1 上配置上行接口监视，监视上行接口 G0/0/1，当此接口断掉时，R1 的优先级降低 60，变为 50，低于 R2 的优先级 100，实现链路的主/备切换。

（5）根据表 22-3 完成各计算机及服务器的 IP 地址配置。

（6）根据以上要求完成配置，按照以下实验验证命令并截图保存。

① 在各路由器上使用【display ip interface brief】命令查看接口的 IP 地址信息。

② 在各路由器上使用【display ospf peer brief】命令查看 OSPF 邻居关系信息。

③ 在 R1 和 R2 上使用【display vrrp】命令查看 VRRP 信息。

④ 在 R1 上使用【display vrrp】命令查看 VRRP 的上行接口监视配置信息。

项目 23

双 ISP 出口下基于 VRRP 的负载均衡链路部署

项目描述

Jan16 公司采用 ISP-A 和 ISP-B 作为互联网接入服务商，通过出口路由器 R1 和 R2 分别连接两个互联网，通过 VRRP 功能实现了路由器的主/备自动切换。由于公司业务的开展，原来的主备链路模式无法满足出口带宽的需求，现需要将链路模式更改为负载均衡模式，在出口链路互为备份的同时还能分流出口流量，增加出口带宽。网络拓扑图如图 23-1 所示。项目具体要求如下。

（1）R1 和 R2 通过拨号方式接入 ISP 网络的 R3 和 R4，R5 是 Internet 的一台路由器。

（2）公司要求配置部分计算机从 R1 访问 Internet，部分计算机从 R2 访问 Internet，且要求当 R1 或 R2 的链路故障时，自动切换到无故障链路上，既能保障充分利用出口流量，又能在出现链路故障时确保网络的连通性。

（3）路由器间采用 OSPF 动态路由协议互联。

（4）拓扑测试计算机和路由器的 IP 地址与接口信息如图 23-1 所示。

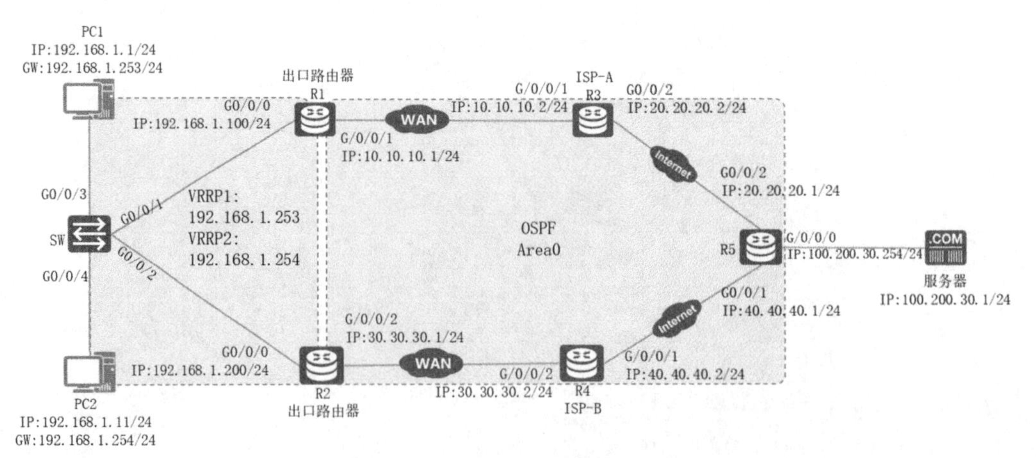

图 23-1　网络拓扑图

相关知识

VRRP 负载均衡

负载均衡是指多个 VRRP 备份组同时承担业务转发，VRRP 负载分担与 VRRP 主备备份的基本原理和报文协商过程都是相同的。每一个 VRRP 备份组都包含一个 Master 设备和若干 Backup 设备。

VRRP 负载均衡与主备备份方式的不同点在于：负载分担方式需要建立多个 VRRP 备份组，各备份组的 Master 设备被分担在不同设备上；单台设备可以加入多个备份组，在不同的备份组中扮演不同的角色。

项目规划设计

为实现双出口的流量负载均衡，可以为不同的计算机分别指定两个不同的网关，使内部流量能通过两个出口路由器进行转发。网关可以使用两个 VRRP 组来实现，并通过设置 VRRP 组中两个路由器的不同优先级，使每个虚拟网关以其中一个路由器作为主用路由器，另一个作为备份路由器，即可实现流量的分流和链路的备份。

公司有开发部和市场部 2 个部门，IP 地址段分别为 192.168.1.1～192.168.1.10/24 和 192.168.1.11～192.168.1.20/24，这两个地址段可以为不同的部门指定不同的出口网关以实现均衡流量。在 R1 和 R2 上创建 VRRP1 和 VRRP2，并创建虚拟网关地址 192.168.1.253 和 192.168.1.254，这两个地址分别用于开发部和市场部的默认网关。其中，VRRP1 的主用路由器为 R1，即 R1 的 VRRP1 优先级为 110，R2 的优先级不变；VRRP2 的主用路由器为 R2，即 R2 的 VRRP2 优先级为 110，R1 的优先级不变，这样即可实现流量的负载均衡。同时，配置对 R1 和 R2 路由器上行接口的链路状态跟踪，当上联接口的链路状态为 DOWN 时，VRRP 主用路由器的优先级下降至 50，此时备份路由器即可切换为主用路由器，实现自动的主/备链路切换。在互联网连接方面，由于 ISP-A、ISP-B 均采用 OSPF 协议，因此所有路由器均配置 OSPF 协议，创建区域 0 并宣告所有网段，以实现路由器之间的通信。

配置步骤如下。

（1）配置路由器接口。

（2）部署 OSPF 网络。

（3）配置 VRRP 协议。

（4）配置上行接口监视。

（5）配置计算机的 IP 地址。

IP 地址规划表 1 和端口规划表 1 如表 23-1 和表 23-2 所示。

表 23-1 IP 地址规划表 1

设备	接口	IP 地址	网关
R1	G0/0/0	192.168.1.100/24	—
R1	G0/0/1	10.10.10.1/24	—
R2	G0/0/0	192.168.1.200/24	—

续表

设备	接口	IP 地址	网关
R2	G0/0/2	30.30.30.1/24	—
VRRP	VRRP 1	192.168.1.253/24	—
VRRP	VRRP 2	192.168.1.254/24	—
R3	G0/0/1	10.10.10.2/24	—
R3	G0/0/2	20.20.20.1/24	—
R4	G0/0/1	40.40.40.2/24	—
R4	G0/0/2	30.30.30.2/24	—
R5	G0/0/0	100.200.30.254/24	—
R5	G0/0/1	40.40.40.1/24	—
R5	G0/0/2	20.20.20.2/24	—
PC1	Eth0/0/1	192.168.1.1/24	192.168.1.253
PC2	Eth0/0/1	192.168.1.11 /24	192.168.1.254
服务器	Eth0/0/1	100.200.30.1/24	100.200.300.254

表 23-2　端口规划表 1

本端设备	本端端口	对端设备	对端端口
R1	G0/0/0	SW1	G0/0/1
R1	G0/0/1	R3	G0/0/1
R2	G0/0/0	SW1	G0/0/2
R2	G0/0/2	R4	G0/0/2
R3	G0/0/1	R1	G0/0/1
R3	G0/0/2	R5	G0/0/2
R4	G0/0/1	R5	G0/0/1
R4	G0/0/2	R2	G0/0/2
R5	G0/0/0	服务器	Eth0/0/1
R5	G0/0/1	R4	G0/0/1
R5	G0/0/2	R3	G0/0/2
SW1	G0/0/1	R1	G0/0/0
SW1	G0/0/2	R2	G0/0/0
SW1	G0/0/3	PC1	Eth0/0/1
SW1	G0/0/4	PC2	Eth0/0/1
PC1	Eth0/0/1	SW1	G0/0/3
PC2	Eth0/0/1	SW1	G0/0/4
服务器	Eth0/0/1	R5	G0/0/0

项目实施

扫一扫，
看微课

任务 23-1　配置路由器接口

任务描述

根据表 23-2 对各路由器的相应接口进行配置。

任务实施

（1）在 R1 上对相应接口进行配置，配置命令如下。

```
<Huawei> system-view                        //进入系统视图
[Huawei]sysname R1                          //将路由器名称更改为 R1
[R1]interface G0/0/0                        //进入 G0/0/0 接口
//配置 IP 地址为 192.168.1.100，子网掩码 24 位
[R1-GigabitEthernet0/0/0] ip address 192.168.1.100 255.255.255.0
[R1]interface G0/0/1
[R1-GigabitEthernet0/0/1] ip address 10.10.10.1 255.255.255.0
```

（2）在 R2 上对相应接口进行配置，配置命令如下。

```
[Huawei]system-view
[Huawei]sysname R2
[R2]interface G0/0/0
[R2-GigabitEthernet0/0/0] ip address 192.168.1.200 255.255.255.0
[R2]interface G0/0/1
[R2-GigabitEthernet0/0/1] ip address 30.30.30.1 255.255.255.0
```

（3）在 R3 上对相应接口进行配置，配置命令如下。

```
[Huawei]system-view
[Huawei]sysname R3
[R3]interface G0/0/1
[R3-GigabitEthernet0/0/1]ip address 10.10.10.2 255.255.255.0

[R3-GigabitEthernet0/0/2]ip address 20.20.20.2 255.255.255.0
```

（4）在 R4 上对相应接口进行配置，配置命令如下。

```
[Huawei]system-view
[Huawei]sysname R4
[R4]interface G0/0/1
[R4-GigabitEthernet0/0/1]ip address 40.40.40.2 255.255.255.0
[R4]interface G0/0/2
[R4-GigabitEthernet0/0/2] ip address 30.30.30.2 255.255.255.0
```

（5）在 R5 上对相应接口进行配置，配置命令如下。

```
<Huawei> system-view
[Huawei]sysname R5
[R5]interface G0/0/0
[R5-GigabitEthernet0/0/0]ip address 100.200.30.254 255.255.255.0
[R5]interface G0/0/1
[R5-GigabitEthernet0/0/1]ip address 40.40.40.1 255.255.255.0
[R5]interface G0/0/2
[R5-GigabitEthernet0/0/2]ip address 20.20.20.1 255.255.255.0
```

任务验证

（1）在 R1 上使用【display ip interface brief】命令查看接口的 IP 地址信息，配置命令如下。

```
[R1]display ip interface brief
*down: administratively down
^down: standby
(l): loopback
```

```
(s): spoofing
The number of interface that is UP in Physical is 3
The number of interface that is DOWN in Physical is 0
The number of interface that is UP in Protocol is 3
The number of interface that is DOWN in Protocol is 0

Interface                         IP Address/Mask      Physical   Protocol
GigabitEthernet0/0/0              192.168.1.100/24       up         up
GigabitEthernet0/0/1              10.10.10.1/24          up         up
```

可以看到，已经在接口上配置了 IP 地址。

（2）在 R2 上使用【display ip interface brief】命令查看接口的 IP 地址信息，配置命令如下。

```
[R2]display ip interface brief
*down: administratively down
^down: standby
(l): loopback
(s): spoofing
The number of interface that is UP in Physical is 3
The number of interface that is DOWN in Physical is 0
The number of interface that is UP in Protocol is 3
The number of interface that is DOWN in Protocol is 0

Interface                         IP Address/Mask      Physical   Protocol
GigabitEthernet0/0/0              192.168.1.200/24       up         up
GigabitEthernet0/0/1              30.30.30.1/24          up         up
```

可以看到，已经在接口上配置了 IP 地址。

（3）在 R3 上使用【display ip interface brief】命令查看接口的 IP 地址信息，配置命令如下。

```
[R3]display ip interface brief
*down: administratively down
^down: standby
(l): loopback
(s): spoofing
The number of interface that is UP in Physical is 3
The number of interface that is DOWN in Physical is 0
The number of interface that is UP in Protocol is 3
The number of interface that is DOWN in Protocol is 0

Interface                         IP Address/Mask      Physical   Protocol
GigabitEthernet0/0/1              10.10.10.2/24          up         up
GigabitEthernet0/0/2              20.20.20.2/24          up         up
```

可以看到，已经在接口上配置了 IP 地址。

（4）在 R4 上使用【display ip interface brief】命令查看接口的 IP 地址信息，配置命令如下。

```
[R4]display ip interface brief
*down: administratively down
^down: standby
```

```
(l): loopback
(s): spoofing
The number of interface that is UP in Physical is 3
The number of interface that is DOWN in Physical is 0
The number of interface that is UP in Protocol is 3
The number of interface that is DOWN in Protocol is 0

Interface                     IP Address/Mask      Physical   Protocol
GigabitEthernet0/0/1            40.40.40.2/24        up         up
GigabitEthernet0/0/2            30.30.30.2/24        up         up
```

可以看到，已经在接口上配置了 IP 地址。

（5）在 R5 上使用【display ip interface brief】命令查看接口的 IP 地址信息，配置命令如下。

```
[R5]display ip interface brief
*down: administratively down
^down: standby
(l): loopback
(s): spoofing
The number of interface that is UP in Physical is 4
The number of interface that is DOWN in Physical is 0
The number of interface that is UP in Protocol is 4
The number of interface that is DOWN in Protocol is 0

Interface                     IP Address/Mask      Physical   Protocol
GigabitEthernet0/0/0            100.200.30.254/24       up         up
GigabitEthernet0/0/1            40.40.40.1/24          up         up
GigabitEthernet0/0/2            20.20.20.1/24          up         up
```

可以看到，已经在接口上配置了 IP 地址。

任务 23-2　部署 OSPF 网络

任务描述

根据项目规划设计在各路由器上配置 OSPF 协议，进程号为 1，在区域 0 中宣告所有网段。

任务实施

（1）在 R1 上配置 OSPF 协议，配置命令如下。

```
[R1]ospf 1                                     //创建进程号为 1 的 OSPF 进程
[R1-ospf-1]area 0                              //进入 OSPF 区域 0，区域未创建时，OSPF 进程会自动创建
[R1-ospf-1-area-0.0.0.0]network 192.168.1.0 0.0.0.255  //宣告网段 192.168.1.0/24
[R1-ospf-1-area-0.0.0.0]network 10.10.10.0 0.0.0.255
```

（2）在 R2 上配置 OSPF 协议，配置命令如下。

```
[R2]ospf 1
[R2-ospf-1]area 0
[R2-ospf-1-area-0.0.0.0]network 192.168.1.0 0.0.0.255
[R2-ospf-1-area-0.0.0.0]network 30.30.30.0 0.0.0.255
```

（3）在 R3 上配置 OSPF 协议，配置命令如下。

```
[R3]ospf 1
[R3-ospf-1]area 0
[R3-ospf-1-area-0.0.0.0]network 10.10.10.0 0.0.0.255
[R3-ospf-1-area-0.0.0.0]network 20.20.20.0 0.0.0.255
```

（4）在 R4 上配置 OSPF 协议，配置命令如下。

```
[R4]ospf 1
[R4-ospf-1]area 0
[R4-ospf-1-area-0.0.0.0]network 30.30.30.0 0.0.0.255
[R4-ospf-1-area-0.0.0.0]network 40.40.40.0 0.0.0.255
```

（5）在 R5 上配置 OSPF 协议，配置命令如下。

```
[R5]ospf 1
[R5-ospf-1]area 0
[R5-ospf-1-area-0.0.0.0]network 20.20.20.0 0.0.0.255
[R5-ospf-1-area-0.0.0.0]network 40.40.40.0 0.0.0.255
[R5-ospf-1-area-0.0.0.0]network 100.200.30.0 0.0.0.255
```

任务验证

在各路由器上查看 OSPF 邻居关系建立情况。

（1）在 R1 上使用【display ospf peer brief】命令查看 OSPF 邻居关系建立情况，配置命令如下。

```
[R1]display ospf peer brief

   OSPF Process 1 with Router ID 192.168.1.100
       Peer Statistic Information
 ----------------------------------------------------------------------------
 Area Id          Interface                      Neighbor id      State
 0.0.0.0          GigabitEthernet0/0/0             192.168.1.200    Full
 0.0.0.0          GigabitEthernet0/0/1             10.10.10.2      Full
 ----------------------------------------------------------------------------
```

可以看到，R1 的两个 OSPF 邻居状态均为 Full。

（2）在 R2 上使用【display ospf peer brief】命令查看 OSPF 邻居关系建立情况，配置命令如下。

```
<R2>display ospf peer brief

   OSPF Process 1 with Router ID 192.168.1.200
       Peer Statistic Information
 ----------------------------------------------------------------------------
 Area Id          Interface                      Neighbor id      State
 0.0.0.0          GigabitEthernet0/0/0             192.168.1.100    Full
 0.0.0.0          GigabitEthernet0/0/2             40.40.40.2      Full
 ----------------------------------------------------------------------------
```

可以看到，R2 的两个 OSPF 邻居状态均为 Full。

（3）在 R3 上使用【display ospf peer brief】命令查看 OSPF 邻居关系建立情况，配置命令如下。

```
<R3>display ospf peer brief

   OSPF Process 1 with Router ID 10.10.10.2
       Peer Statistic Information
 ----------------------------------------------------------------------------
 Area Id          Interface                      Neighbor id      State
 0.0.0.0          GigabitEthernet0/0/1             192.168.1.100    Full
 0.0.0.0          GigabitEthernet0/0/2             100.200.30.254   Full
 ----------------------------------------------------------------------------
```

可以看到，R3 的两个 OSPF 邻居状态均为 Full。

（4）在 R4 上使用【display ospf peer brief】命令查看 OSPF 邻居关系建立情况，配置命令如下。

```
<R4>display ospf peer brief

   OSPF Process 1 with Router ID 40.40.40.2
       Peer Statistic Information
 ----------------------------------------------------------------------------
 Area Id          Interface                      Neighbor id      State
 0.0.0.0          GigabitEthernet0/0/1             100.200.30.254   Full
 0.0.0.0          GigabitEthernet0/0/2             192.168.1.200    Full
 ----------------------------------------------------------------------------
```

可以看到，R4 的两个 OSPF 邻居状态均为 Full。

（5）在 R5 上使用【display ospf peer brief】命令查看 OSPF 邻居关系建立情况，配置命令如下。

```
<R5>display ospf peer brief

   OSPF Process 1 with Router ID 100.200.30.254
       Peer Statistic Information
 ----------------------------------------------------------------------------
 Area Id          Interface                      Neighbor id      State
 0.0.0.0          GigabitEthernet0/0/1             40.40.40.2      Full
 0.0.0.0          GigabitEthernet0/0/2             10.10.10.2      Full
 ----------------------------------------------------------------------------
```

可以看到，R5 的两个 OSPF 邻居状态均为 Full。

任务 23-3　配置 VRRP 协议

任务描述

根据项目规划设计在 R1 和 R2 上配置 VRRP 协议。

（1）创建 VRRP 备份组 1，配置虚拟 IP 地址为 192.168.1.253，创建 VRRP 备份组 2，配置虚拟 IP 地址为 192.168.1.254。

（2）配置 R1 的备份组 1 的 VRRP 优先级为 110，配置 R2 的备份组 2 的 VRRP 优先级为 110。VRRP 备份组 1 中 R1 为 Master，R2 为 Backup；VRRP 备份组 2 中 R1 为 Backup，R2 为 Master。

任务实施

（1）在 R1 上配置 VRRP 协议，配置命令如下。

```
[R1]interface G0/0/0
//配置 VRRP 备份组 1 的虚拟 IP 地址为 192.168.1.253
[R1-GigabitEthernet0/0/0]vrrp vrid 1 virtual-ip 192.168.1.253
[R1-GigabitEthernet0/0/0] vrrp vrid 2 virtual-ip 192.168.1.254
```

（2）在 R2 上配置 VRRP 协议，配置命令如下。

```
[R2]interface G0/0/0
[R2-GigabitEthernet0/0/0]vrrp vrid 1 virtual-ip 192.168.1.253
[R2-GigabitEthernet0/0/0]vrrp vrid 2 virtual-ip 192.168.1.254
```

（3）在 R1 上配置 VRRP 备份组的优先级，配置命令如下。

```
[R1-GigabitEthernet0/0/0]vrrp vrid 1 priority 110  //配置 VRRP 组 1 的优先级为 110
```

（4）在 R2 上配置 VRRP 备份组的优先级，配置命令如下。

```
[R2-GigabitEthernet0/0/0] vrrp vrid 2 priority 110
```

任务验证

（1）在 R1 上使用【display vrrp】命令查看 VRRP 信息，配置命令如下。

```
<R1>display vrrp
  GigabitEthernet0/0/0 | Virtual Router 1
    State : Master
    Virtual IP : 192.168.1.253
    Master IP : 192.168.1.100
    PriorityRun : 110
    PriorityConfig : 110
    MasterPriority : 110
    Preempt : YES   Delay Time : 0 s
    TimerRun : 1 s
    TimerConfig : 1 s
    Auth type : NONE
    Virtual MAC : 0000-5e00-0101
    Check TTL : YES
    Config type : normal-vrrp
    Backup-forward : disabled
    Track IF : GigabitEthernet0/0/1   Priority reduced : 60
    IF state : UP
    ......
  GigabitEthernet0/0/0 | Virtual Router 2
    State : Backup
    Virtual IP : 192.168.1.254
    Master IP : 192.168.1.200
    PriorityRun : 100
    PriorityConfig : 100
    MasterPriority : 110
    Preempt : YES   Delay Time : 0 s
    TimerRun : 1 s
    TimerConfig : 1 s
    Auth type : NONE
    Virtual MAC : 0000-5e00-0102
    Check TTL : YES
```

```
   Config type : normal-vrrp
   Backup-forward : disabled
   ......
```

可以看到，R1 在 Virtual Router 1 中的 State 为 Master，在 Virtual Router 2 中的 State 为 Backup。

（2）在 R2 上使用【display vrrp】命令查看 VRRP 信息，配置命令如下。

```
<R2>display vrrp
 GigabitEthernet0/0/0 | Virtual Router 1
   State : Backup
   Virtual IP : 192.168.1.253
   Master IP : 192.168.1.100
   PriorityRun : 100
   PriorityConfig : 100
   MasterPriority : 110
   Preempt : YES   Delay Time : 0 s
   TimerRun : 1 s
   TimerConfig : 1 s
   Auth type : NONE
   Virtual MAC : 0000-5e00-0101
   Check TTL : YES
   Config type : normal-vrrp
   Backup-forward : disabled
   ......
 GigabitEthernet0/0/0 | Virtual Router 2
   State : Master
   Virtual IP : 192.168.1.254
   Master IP : 192.168.1.200
   PriorityRun : 110
   PriorityConfig : 110
   MasterPriority : 110
   Preempt : YES   Delay Time : 0 s
   TimerRun : 1 s
   TimerConfig : 1 s
   Auth type : NONE
   Virtual MAC : 0000-5e00-0102
   Check TTL : YES
   Config type : normal-vrrp
   Backup-forward : disabled
   Track IF : GigabitEthernet0/0/2   Priority reduced : 60
   IF state : UP
   ......
```

可以看到，R2 在 Virtual Router 1 中的 State 为 Backup，在 Virtual Router 2 中的 State 为 Master。

任务 23-4　配置上行接口监视

任务描述

根据项目规划设计在 R1 和 R2 上配置上行接口监视。

任务实施

（1）在 R1 上配置 VRRP 备份组 1 的上行接口监视，监视上行接口 G0/0/1，当此接口断掉时，R1 的优先级降低 60，变为 50，小于 R2 中 VRRP 备份组 1 的优先级 100，配置命令如下。

```
//配置 VRRP 组 1 的联动监视接口功能，当接口状态变为 DOWN 时，优先级降低 60
[R1-GigabitEthernet0/0/0]vrrp vrid 1 track interface G 0/0/1 reduced 60
```

（2）在 R2 上配置 VRRP 备份组 2 的上行接口监视，监视上行接口 G0/0/2，当此接口断掉时，R1 的优先级降低 60，变为 50，小于 R1 中 VRRP 备份组 2 的优先级 100，配置命令如下。

```
[R2-GigabitEthernet0/0/0] vrrp vrid 2 track interface G0/0/2 reduced 60
```

任务验证

（1）在 R1 上使用【display vrrp 1】命令查看 VRRP 1 的配置信息，配置命令如下。

```
[R1]display vrrp 1
 GigabitEthernet0/0/0 | Virtual Router 1
   State : Master
   Virtual IP : 192.168.1.253
   Master IP : 192.168.1.100
   PriorityRun : 110
   PriorityConfig : 110
   MasterPriority : 110
   Preempt : YES   Delay Time : 0 s
   TimerRun : 1 s
   TimerConfig : 1 s
   Auth type : NONE
   Virtual MAC : 0000-5e00-0101
   Check TTL : YES
   Config type : normal-vrrp
   Backup-forward : disabled
   Track IF : GigabitEthernet0/0/1   Priority reduced : 60
   IF state : UP
   Create time : 2023-03-09 10:52:42 UTC-08:00
   Last change time : 2023-03-09 10:52:51 UTC-08:00
```

可以看到，R1 上 VRRP 组跟踪了 G0/0/1 接口的状态，优先级降低值为 60。

（2）在 R2 上使用【display vrrp 2】命令查看 VRRP 2 的配置信息，配置命令如下。

```
<R2>display vrrp 2
 GigabitEthernet0/0/0 | Virtual Router 2
   State : Master
   Virtual IP : 192.168.1.254
   Master IP : 192.168.1.200
   PriorityRun : 110
   PriorityConfig : 110
   MasterPriority : 110
   Preempt : YES   Delay Time : 0 s
   TimerRun : 1 s
   TimerConfig : 1 s
   Auth type : NONE
```

```
    Virtual MAC : 0000-5e00-0102
    Check TTL : YES
    Config type : normal-vrrp
    Backup-forward : disabled
    Track IF : GigabitEthernet0/0/2   Priority reduced : 60
    IF state : UP
    Create time : 2023-03-09 10:52:46 UTC-08:00
    Last change time : 2023-03-09 10:52:54 UTC-08:00
```

可以看到，R2 上 VRRP 组跟踪了 G0/0/2 接口的状态，优先级降低值为 60。

任务 23-5　配置计算机的 IP 地址

任务描述

根据表 23-1 为各部门计算机配置 IP 地址。

任务实施

PC1 的 IP 地址配置结果如图 23-2 所示。同理，完成其他计算机的 IP 地址配置。

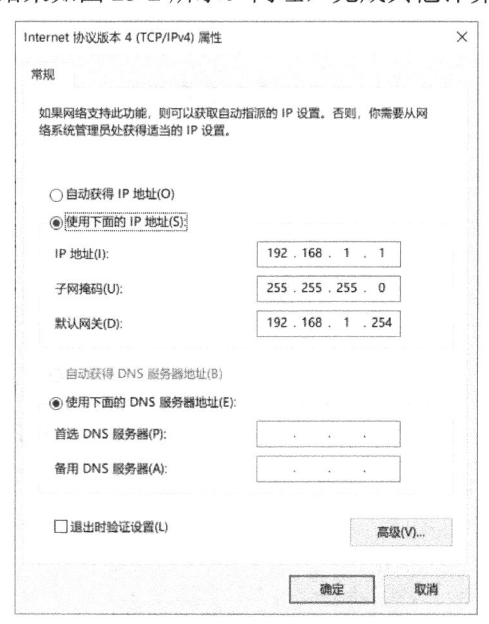

图 23-2　PC1 的 IP 地址配置结果

任务验证

（1）在 PC1 上使用【ipconfig】命令查看 IP 地址，配置命令如下。

```
PC1>ipconfig      //显示本机的 IP 地址配置信息

本地连接：

   连接特定的 DNS 后缀 . . . . . . . :
   IPv4 地址 . . . . . . . . . . . . : 192.168.1.1(首选)
   子网掩码 . . . . . . . . . . . . : 255.255.255.0
   默认网关. . . . . . . . . . . . . : 192.168.1.254
```

可以看到，PC1 上已经配置了 IP 地址。

（2）在其他计算机上同样使用【ipconfig】命令查看 IP 地址。

扫一扫，
看微课

项目验证

（1）VRRP 基于双网关实现了负载均衡，PC1 和 PC2 分别代表通过不同路径访问外网的计算机，它们访问外网时将通过不同的路径转发，实现了负载均衡，验证如下。

① 在 PC1 上使用【tracert 100.200.30.1】命令查看访问服务器时的数据包转发路径，配置命令如下。

```
PC1>tracert 100.200.30.1

traceroute to 100.200.30.1, 8 hops max
(ICMP), press Ctrl+C to stop
 1  192.168.1.100   32 ms  47 ms  46 ms
 2  10.10.10.2   47 ms  32 ms  46 ms
 3  20.20.20.1   47 ms  63 ms  62 ms
 4  100.200.30.1   63 ms  78 ms  31 ms
```

通过 IP 地址可以分析出，PC1 访问服务器时，转发路径为 R1—R3—R5。

② 在 PC2 上使用【tracert 100.200.30.1】命令查看访问服务器时的数据包转发路径，配置命令如下。

```
PC2>tracert 100.200.30.1

traceroute to 100.200.30.1, 8 hops max
(ICMP), press Ctrl+C to stop
 1  192.168.1.200   78 ms  47 ms  47 ms
 2  30.30.30.2   46 ms  47 ms  32 ms
 3  40.40.40.1   62 ms  47 ms  47 ms
 4  100.200.30.1   47 ms  62 ms  47 ms
```

通过 IP 地址可以分析出，PC2 访问服务器时，转发路径为 R2—R4—R5。

（2）当 VRRP 负载均衡出现故障时，会自动切换到无故障链路，验证如下。

① 将 R1 的 G0/0/1 接口关闭，模拟链路故障效果，配置命令如下。

```
[R1]interface G0/0/1
[R1-GigabitEthernet0/0/1]shutdown
```

② 经过 3s 左右，使用【display vrrp 1】命令查看 R1 的 VRRP 配置。配置命令如下。

```
[R1]display vrrp 1
  GigabitEthernet0/0/0 | Virtual Router 1
    State : Backup
    Virtual IP : 192.168.1.253
    Master IP : 192.168.1.200
    PriorityRun : 50
    PriorityConfig : 110
    MasterPriority : 100
    Preempt : YES   Delay Time : 0 s
    TimerRun : 1 s
    TimerConfig : 1 s
    Auth type : NONE
```

```
    Virtual MAC : 0000-5e00-0101
    Check TTL : YES
    Config type : normal-vrrp
    Backup-forward : disabled
    Track IF : GigabitEthernet0/0/1   Priority reduced : 60
    IF state : DOWN
```

可以观察到 R1 在 VRRP 1 的 State 切换成 Backup，且 R1 的 VRRP 优先级降低 60，变为 50，小于 R2 的优先级 100。

③ 使用【display vrrp 1】查看 R2 的 VRRP 配置。配置命令如下。

```
<R2>display vrrp 1
  GigabitEthernet0/0/0 | Virtual Router 1
    State : Master
    Virtual IP : 192.168.1.253
    Master IP : 192.168.1.200
    PriorityRun : 100
    PriorityConfig : 100
    MasterPriority : 100
    Preempt : YES   Delay Time : 0 s
    TimerRun : 1 s
    TimerConfig : 1 s
    Auth type : NONE
    Virtual MAC : 0000-5e00-0101
    Check TTL : YES
    Config type : normal-vrrp
    Backup-forward : disabled
    ......
```

可以看到，R2 上 VRRP 1 的 State 为 Master。

④ 再次使用【tracert 100.200.30.1】命令测试 PC1 访问服务器时的数据包转发路径，配置命令如下。

```
PC>tracert 100.200.30.1

traceroute to 100.200.30.1, 8 hops max
(ICMP), press Ctrl+C to stop
 1  192.168.1.200   47 ms  47 ms  31 ms
 2  30.30.30.2   47 ms  47 ms  47 ms
 3  40.40.40.1   47 ms  62 ms  32 ms
 4  100.200.30.1   78 ms  31 ms  47 ms
```

通过 IP 地址可以分析出，PC1 访问服务器时，转发路径已经切换为 R2—R4—R5。

项目拓展

一、理论题

1．如图 23-3 所示，根据所查询信息选择正确的一项（　　）。

A．VRRP 的备份组号为 10　　B．VRRP 的虚拟 IP 地址为 10.2.129.10

C．VRRP 抢占模式开启　　D．VRRP 主用路由器的优先级为 100

```
<AR1>display vrrp
  GigabitEthernet0/0/0 | Virtual Router 1
    State : Master
    Virtual IP : 10.2.129.254
    Master IP : 10.2.129.10
    PriorityRun : 200
    PriorityConfig : 200
    MasterPriority : 200
    Preempt : YES   Delay Time : 1 s
    TimerRun : 1 s
    TimerConfig : 1 s
    Auth type : MD5   Auth key : %$%$z<@sHH2C5Kh[\s6#]}C2I`kl%$%$
    Virtual MAC : 0000-5e00-0101
    Check TTL : YES
    Config type : normal-vrrp
    Backup-forward : disabled
    Track BFD : 1 Prioritu reduced:120
    BFD-session static : UP
    Create time : 2014-07-17 20:59:30 UTC-05:13
    Last change time : 2014-07-17 20:59:41 UTC-05:13
```

图 23-3　VRRP 查询配置

2．VRRP 备份组中的主用路由器发送报文使用的目的 IP 地址为（　　）。

A．192.168.1.1　　　　B．224.0.0.1

C．224.0.0.13　　　　D．224.0.0.18

3．当 VRRP 备份组使用的 IP 地址为路由器的物理接口地址时，优先级为（　　）。

A．255　　B．100　　C．0　　D．00

4．VRRP 负载均衡是指（　　）VRRP 备份组同时承担业务转发。

A．1 个　　B．2 个　　C．6 个　　D．多个

二、项目实训题

1．实训背景

Jan16 公司采用 ISP-A 和 ISP-B 作为互联网接入服务商，通过出口路由器 R1 和 R2 分别连接 ISP-A 和 ISP-B，通过 VRRP 功能实现了路由器的主/备自动切换。由于公司业务的开展，原来的主备链路模式无法满足出口带宽的需求，现需要将链路模式更改为负载均衡模式，在出口链路互为备份的同时还能分流出口流量，增加出口带宽。实训拓扑图如图 23-4 所示。

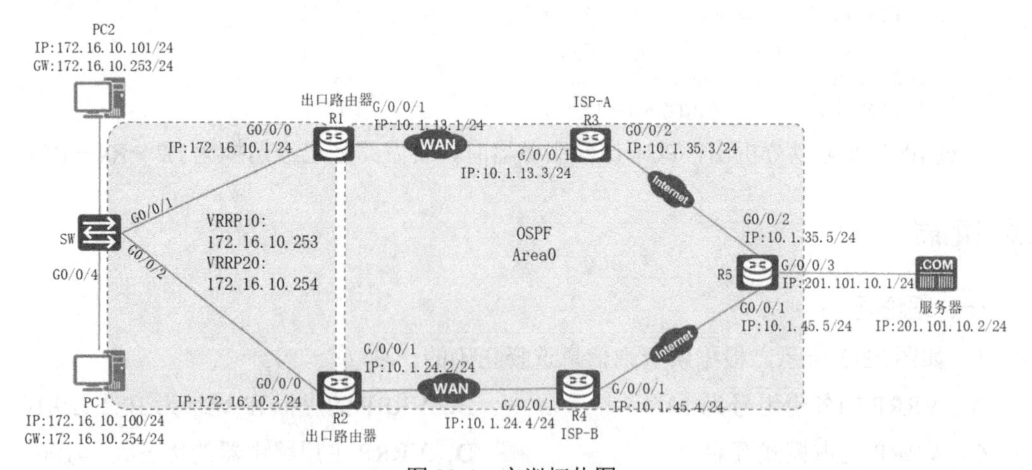

图 23-4　实训拓扑图

2．实训规划

根据项目背景信息、实训拓扑图信息及项目规划设计完成表 23-3 和表 23-4 所示的实训题规划表。

表 23-3　IP 地址规划表 2

设备	接口	IP 地址	网关

表 23-4　端口规划表 2

本端设备	本端端口	对端设备	对端端口

3．实训要求

（1）根据表 23-3 完成各路由器接口的 IP 地址配置。

（2）在 R1～R5 上配置 OSPF 协议，将所有网段宣告到同一个区域。

（3）根据实训规划在 R1 和 R2 上配置 VRRP 协议。

① 在 R1 上创建 VRRP 备份组 10，R1 作为备份组 10 的 Master 主用路由器，虚拟 IP 地址为 172.16.10.253，将优先级修改为 150，在 R2 上创建 VRRP 备份组 10，R2 作为备份组 10 的 Backup 备份路由器。

② 在 R2 上创建 VRRP 备份组 20，R2 作为备份组 20 的 Master 主用路由器，虚拟 IP 地址为 172.16.10.254，将优先级修改为 150，在 R1 上创建 VRRP 备份组 20，R1 作为备份组 10 的 Backup 备份路由器。

（4）在 R1 上配置上行接口监视，监视上行接口 G0/0/1，当此接口断掉时，该 VRRP 组的优先级降低 60，变为 90，小于 R2 的优先级 100，实现链路主/备切换。

（5）在 R2 上配置上行接口监视，监视上行接口 G0/0/1，当此接口断掉时，该 VRRP 组的优先级降低 60，变为 90，小于 R1 的优先级 100，实现链路主/备切换。

（6）根据表 23-3 完成各计算机及服务器的 IP 地址配置。

（7）根据以上要求完成配置，按照以下实验验证命令并截图保存。

① 在各路由器上使用【display ip interface brief】命令查看接口的 IP 地址信息。

② 在各路由器上使用【display ospf peer brief】命令查看 OSPF 邻居关系信息。

③ 在 R1 和 R2 上使用【display vrrp】命令查看 VRRP 信息。

④ 在 R1 上使用【display vrrp】命令查看 VRRP 的上行接口监视配置信息。

项目 24

总部与多个分部基于IPv6静态路由的互联部署

项目描述

Jan16 公司有北京总部、广州分部和上海分部 3 个办公地点，各分部与总部之间使用路由器互联。北京、上海、广州的路由器分别为 R1、R2、R3，全网使用 IPv6 进行组网，需要配置静态路由，使所有计算机都能够相互访问。网络拓扑图如图 24-1 所示。项目具体要求如下。

（1）路由器之间通过 VPN 互联。

（2）公司总部和分部之间通过静态路由互联。

（3）测试计算机和路由器的 IP 地址与接口信息如图 24-1 所示。

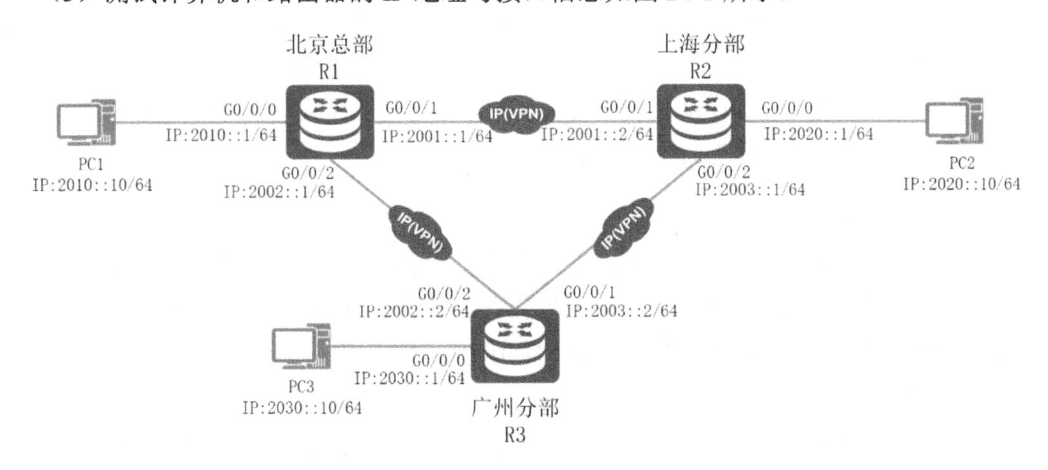

图 24-1　网络拓扑图

相关知识

IETF 在 20 世纪 90 年代提出了下一代互联网协议——IPv6，IPv6 支持几乎无限的地址空间。IPv6 使用了全新的地址配置方式，使得配置更加简单。IPv6 还采用了全新的报文格式，提高了报文处理的效率和安全性，也能更好地支持 QoS。

本节将简要介绍 IPv4 与 IPv6 的对比、IPv6 地址的表示方式和 IPv6 地址的配置等内容。

24.1　IPv4 与 IPv6 的对比

1．IPv4 的局限性

IPv4 是目前广泛部署的互联网协议，它经过了多年的发展，已经非常成熟，易于实现，得到了所有厂商和设备的支持，但也有一些不足之处。

（1）能够提供的地址空间不足且分配不均。

互联网起源于 20 世纪 60 年代的美国国防部，每台联网的设备都需要一个 IP 地址，初期只有上千台设备联网，使得采用 32 位长度的 IP 地址看来几乎不可能被耗尽。但随着互联网的发展，用户数量大量增加，尤其是随着互联网的商业化后，用户呈现几何倍数的增长，IPv4 地址资源即将耗尽，IPv4 可以提供的 2^{32} 个地址。由于协议设计初的规划问题，部分地址不能被分配使用，如 D 类地址（组播地址）和 E 类地址（实验保留），造成整个地址空间进一步缩小。

另外，在初期看来不可能被耗尽的 IP 地址，在具体数量的分配上也是非常不均匀的，美国的 IP 地址数量占了一半以上，特别是一些大型公司（如 IBM），申请并获得了 1000 万个以上的 IP 地址，但实际上往往用不了这么多，造成非常大的浪费。另一方面，亚洲人口众多，但获得的地址却非常有限，互联网发展起步较晚，地址不足的问题显得更加突出，这进一步地限制了互联网的发展和壮大。

（2）互联网骨干路由器的路由表非常庞大。

由于 IPv4 发展初期缺乏合理的地址规划，造成地址分配的不连续，导致当今互联网骨干设备的 BGP 路由表非常庞大，已经达到数十万条的规模，并且还在持续增长中。由于缺乏合理的规划，导致无法实现进一步的路由汇总，这样给骨干设备的处理能力和内存空间带来较大压力，影响了数据包的转发效率。

2．IPv6 的优势

IPv6 采用 128 位地址长度，其地址数量可达 2^{128} 个，它使得地球上的每一粒沙子都可以拥有一个 IP 地址。这不但解决了网络地址资源数量的问题，同时也为万物互联所限制的 IP 地址数量扫清了障碍。因此，相比于 IPv4，IPv6 具有诸多优点。

（1）地址空间巨大。

相比于 IPv4 的地址空间而言，IPv6 可以提供 2^{128} 个地址空间，几乎不会被耗尽，可以满足未来网络的任何应用，如物联网等新应用。

（2）层次化的路由设计。

在规划设计 IPv6 地址时，避免了 IPv4 地址分配不连续带来的问题，采用了层次化的设计方法，前 3 位固定，第 4～16 位顶级聚合，理论上，互联网骨干设备上的 IPv6 路由表

只有 2^{13}=8192 条路由信息。

（3）效率高，扩展灵活。

相对于 IPv4 的报头大小可变成 20～60 字节，IPv6 报头采用定长设计，大小固定为 40 字节。相对 IPv4 报头中数量多达 12 个的选项，IPv6 将报头分为基本报头和扩展报头，基本报头中只包含选路所需要的 8 个基本选项，很多其他的功能都被设计为扩展报头，这样有利于提高路由器的转发效率，同时可以根据新的需求设计出新的扩展报头，具有良好的扩展性。

（4）支持即插即用。

设备连接到网络中后，可以通过自动配置的方式获取网络前缀和参数，并自动结合设备自身的链路地址生成 IP 地址，简化了网络管理过程。

（5）更好的安全性保障。

由于 IPv6 协议通过扩展报头的形式支持 IPSec 协议，无须借助其他安全加密设备，所以可以直接为上层数据提供加密和身份验证，保障数据传输的安全。

（6）引入了流标签的概念。

使用 IPv6 新增加的 Flow Label 字段，加上相同的源地址和目的地址，可以标记数据包同属于某个相同的流量，业务可以根据不同的数据流进行更细的分类，实现优先级控制，例如，基于流的 QoS 等应用适用于对连接的服务质量有特殊要求的通信，诸如音频或视频等实时数据传输。

24.2　IPv6 地址的表示方式

对于 IPv4 的 32 位地址，我们习惯将其分成 4 块，每块有 8 位，中间用“.”相隔，为了方便书写和记忆，一般将 IP 地址换算成十进制表示。例如，11000000.10101000.00000001.00000001 可以表示为 192.168.1.1。这种表达方法可以称为点分十进制。

对于 IPv6 的 128 位地址，我们将其每 16 位分成 1 块，一共分为 8 块，每块用“:”相隔。下面就是一个 IPv6 地址的完整表达。

【2001:0fe4:0001:2c00:0000:0000:0001:0ba1】

显然这样的地址是非常不便于书写和记忆的，所以在这个基础上可以对 IPv6 的地址表达方法做一些简化。

（1）简化规则 1：每一个地址块的起始部分的 0 都可以省略。

例如，上述地址可以简化表达为【2001:fe4:1:2c00:0:0:1:ba1】。

需要注意，只有每个地址块前面部分的 0 可以被省略，但中间和后面部分的 0 是不能被省略的，否则将无法确定到底哪些位置的 0 被省略。在上述例子中，第 5 块和第 6 块地址都是由 4 个 0 组成的，可以将其简化为 1 个 0。

（2）简化规则 2：由 1 个或连续多个 0 组成的地址块可以用“::”取代。

上述地址又可以简化表达为【2001:fe4:1:2c00::1:ba1】。

需要注意，在整个地址中，只能出现一次“::”。例如，以下完整的 IPv6 地址：

【2001:0000:0000:0001:0000:0000:0000:0001】

错误的简化表达为【2001::1::1】，由于上述表达方式中出现了 2 次“::”，因此将导致无法判断具体哪几块地址被省略，会引起歧义。

上述 IPv6 地址可以正确表示为以下两种表达方式。

表达方式 1：【2001::1:0:0:0:1】

表达方式 2：【2001:0:0:1::1】

IPv6 地址也分为两部分：网络位和主机位，为了区分这两部分，在 IPv6 地址后面加上“/数字（十进制）”的组合，数字用来确定从头开始的几位是网络位。

例如，2001::1/64。

项目规划设计

北京总部使用 2010::0/64 网段，上海分部使用 2020::0/64 网段，广州分部使用 2030::0/64 网段，R1 与 R2 之间为 2001::0/64 网段，R1 与 R3 之间为 2002::0/64 网段，R2 与 R3 之间为 2003::0/64 网段。为路由器配置相应的静态路由，使所有计算机均能互访。

配置步骤如下。

（1）配置路由器接口。

（2）配置 IPv6 静态路由。

（3）配置计算机的 IPv6 地址。

IP 地址规划表 1、接口规划表 1 和路由规划表 1 如表 24-1～表 24-3 所示。

表 24-1　IP 地址规划表 1

设备	接口	IP 地址	网关
R1	G0/0/0	2010::1/64	—
R1	G0/0/1	2001::1/64	—
R1	G0/0/2	2002::1/64	—
R2	G0/0/0	2020::1/64	—
R2	G0/0/1	2001::2/64	—
R2	G0/0/2	2003::1/64	—
R3	G0/0/0	2030::1/64	—
R3	G0/0/1	2003::2/64	—
R3	G0/0/2	2002::2/64	—
PC1	E0/0/1	2010::10/64	2010::1
PC2	E0/0/1	2020::10/64	2020::1
PC3	E0/0/1	2030::10/64	2030::1

表 24-2　接口规划表 1

本端设备	本端接口	对端设备	对端接口
R1	G0/0/0	PC1	Eth0/0/1

续表

本端设备	本端接口	对端设备	对端接口
R1	G0/0/1	R2	G0/0/1
R1	G0/0/2	R3	G0/0/2
R2	G0/0/0	PC2	Eth0/0/1
R2	G0/0/1	R1	G0/0/1
R2	G0/0/2	R3	G0/0/1
R3	G0/0/0	PC3	Eth0/0/1
R3	G0/0/1	R2	G0/0/2
R3	G0/0/2	R1	G0/0/2
PC1	Eth0/0/1	R1	G0/0/0
PC2	Eth0/0/1	R2	G0/0/0
PC3	Eth0/0/1	R3	G0/0/0

表 24-3　路由规划表 1

路由器	目的网段	下一跳地址/接口
R1	2020::/64	2001::2
R1	2030::/64	2002::2
R2	2010::/64	2001::1
R2	2030::/64	2003::2
R3	2010::/64	2002::1
R3	2020::/64	2003::1

项目实施

扫一扫，
看微课

任务 24-1　配置路由器接口

任务描述

根据表 24-1 为各路由器配置 IPv6 地址。

任务实施

（1）在 R1 系统视图模式下全局开启 IPv6 功能。在 R1 的接口上使用【ipv6 enable】命令开启 IPv6 功能并配置 IPv6 地址。

【ipv6】为系统视图配置命令，用于开启全局 IPv6 功能；【ipv6 enable】为接口视图命令，用于开启接口的 IPv6 功能；【ipv6 address ipv6_address/perfix】为接口视图命令，用于配置接口的 IPv6 地址及前缀。配置命令如下。

```
[Huawei]system-view                                   //进入系统视图
[Huawei]sysname R1                                    //将路由器名称更改为 R1
[R1]ipv6                                              //开启全局 IPv6 功能
[R1]interface G0/0/0                                  //进入 G0/0/0 接口
[R1-GigabitEthernet0/0/0]ipv6 enable                  //开启接口的 IPv6 功能
[R1-GigabitEthernet0/0/0]ipv6 address 2010::1/64     //配置 IPv6 地址
[R1]interface G0/0/1
```

```
[R1-GigabitEthernet0/0/1]ipv6 enable
[R1-GigabitEthernet0/0/1]ipv6 address 2001::1/64
[R1]interface G0/0/2
[R1-GigabitEthernet0/0/2]ipv6 enable
[R1-GigabitEthernet0/0/2]ipv6 address 2002::1/64
```

（2）在 R2 系统视图模式下全局开启 IPv6 功能。在 R2 的接口上使用【ipv6 enable】命令开启 IPv6 功能并配置 IPv6 地址，配置命令如下。

```
[Huawei]system-view
[Huawei]sysname R2
[R2]ipv6
[R2]interface G0/0/0
[R2-GigabitEthernet0/0/0]ipv6 enable
[R2-GigabitEthernet0/0/0]ipv6 address 2020::1/64
[R2]interface G0/0/1
[R2-GigabitEthernet0/0/1]ipv6 enable
[R2-GigabitEthernet0/0/1]ipv6 address 2001::2/64
[R2]interface G0/0/2
[R2-GigabitEthernet0/0/2]ipv6 enable
[R2-GigabitEthernet0/0/2]ipv6 address 2003::1/64
```

（3）在 R3 系统视图模式下全局开启 IPv6 功能。在 R1 的接口上使用【ipv6 enable】命令开启 IPv6 功能并配置 IPv6 地址，配置命令如下。

```
[Huawei]system-view
[Huawei]sysname R3
[R3]ipv6
[R3]interface G0/0/0
[R3-GigabitEthernet0/0/0]ipv6 enable
[R3-GigabitEthernet0/0/0]ipv6 address 2030::1/64
[R3]interface G0/0/1
[R3-GigabitEthernet0/0/1]ipv6 enable
[R3-GigabitEthernet0/0/1]ipv6 address 2003::2/64
[R3]interface G0/0/2
[R3-GigabitEthernet0/0/2]ipv6 enable
[R3-GigabitEthernet0/0/2]ipv6 address 2002::2/64
```

任务验证

（1）在 R1 上使用【display ipv6 interface brief】命令查看 IPv6 地址配置信息，配置命令如下。

```
[R1]display ipv6 interface brief
*down: administratively down
(l): loopback
(s): spoofing
Interface                    Physical             Protocol
GigabitEthernet0/0/0          up                   up
[IPv6 Address] 2010::1
GigabitEthernet0/0/1          up                   up
[IPv6 Address] 2001::1
GigabitEthernet0/0/2          up                   up
[IPv6 Address] 2002::1
```

可以看到，R1 已经配置了 G0/0/0、G0/0/1 和 G0/0/2 接口的 IPv6 地址。

（2）在 R2 上使用【display ipv6 interface brief】命令查看 IPv6 地址配置信息，配置命令如下。

```
[R2]display ipv6 interface brief
*down: administratively down
(l): loopback
(s): spoofing
Interface                    Physical             Protocol
GigabitEthernet0/0/0           up                  up
[IPv6 Address] 2020::1
GigabitEthernet0/0/1           up                  up
[IPv6 Address] 2001::2
GigabitEthernet0/0/2           up                  up
[IPv6 Address] 2003::1
```

可以看到，R2 已经配置了 G0/0/0、G0/0/1 和 G0/0/2 接口的 IPv6 地址。

（3）在 R3 上使用【display ipv6 interface brief】命令查看 IPv6 地址配置信息，配置命令如下。

```
[R3]display ipv6 interface brief
*down: administratively down
(l): loopback
(s): spoofing
Interface                    Physical             Protocol
GigabitEthernet0/0/0           up                  up
[IPv6 Address] 2030::1
GigabitEthernet0/0/1           up                  up
[IPv6 Address] 2003::2
GigabitEthernet0/0/2           up                  up
[IPv6 Address] 2002::2
```

可以看到，R3 已经配置了 G0/0/0、G0/0/1 和 G0/0/2 接口的 IPv6 地址。

任务 24-2　配置 IPv6 静态路由

任务描述

根据表 24-3 为各路由器配置 IPv6 静态路由。

任务实施

（1）在 R1 上配置目的网段为 PC2 所在网段的静态路由。

【ipv6 route-static ipv6_network ipv6_perfix nexthop_ipv6_address】为系统视图命令，用于配置 IPv6 静态路由，目的网段为 ipv6_network 且前缀为 ipv6_perfix 的网段，下一跳地址为 nexthop_ipv6_address。 配置命令如下。

```
[R1]ipv6 route-static 2020:: 64 2001::2   //配置 IPv6 静态路由，目的网段 2020:: /64 的下一跳地址为 2001::2
```

（2）在 R1 上配置目的网段为 PC3 所在网段的静态路由，配置命令如下。

```
[R1]ipv6 route-static 2030:: 64 2002::2
```

（3）采取同样的方式在 R2 上配置目的网段为 PC1 和 PC3 所在网段的静态路由，配置命令如下。

```
[R2]ipv6 route-static 2010:: 64 2001::1
[R2]ipv6 route-static 2030:: 64 2003::2
```

（4）采取同样的方式在 R3 上配置目的网段为 PC1 和 PC2 所在网段的静态路由，配置命令如下。

```
[R3]ipv6 route-static 2010:: 64 2002::1
[R3]ipv6 route-static 2020:: 64 2003::1
```

任务验证

（1）在 R1 上使用【display ipv6 routing-table】命令查看路由表配置信息，配置命令如下。

```
[R1]display ipv6 routing-table
Routing Table : Public
 Destinations : 8 Routes : 8
......

 Destination  : 2020::                          PrefixLength : 64
 NextHop      : 2001::2                         Preference   : 60
 Cost         : 0                               Protocol     : Static
 RelayNextHop : ::                              TunnelID     : 0x0
 Interface    : GigabitEthernet0/0/1            Flags        : RD

 Destination  : 2030::                          PrefixLength : 64
 NextHop      : 2002::2                         Preference   : 60
 Cost         : 0                               Protocol     : Static
 RelayNextHop : ::                              TunnelID     : 0x0
 Interface    : GigabitEthernet0/0/2            Flags        : RD

......
```

可以看到，R1 已经配置了 2020::/64 和 2030::/64 两条静态路由。

（2）在 R2 上使用【display ipv6 routing-table】命令查看路由表配置信息，配置命令如下。

```
[R2]display ipv6 routing-table
Routing Table : Public
    Destinations : 8 Routes : 8
......

 Destination  : 2010::                          PrefixLength : 64
 NextHop      : 2001::1                         Preference   : 60
 Cost         : 0                               Protocol     : Static
 RelayNextHop : ::                              TunnelID     : 0x0
 Interface    : GigabitEthernet0/0/1            Flags        : RD

 Destination  : 2030::                          PrefixLength : 64
 NextHop      : 2003::2                         Preference   : 60
 Cost         : 0                             Protocol     : Static
 RelayNextHop : ::                            TunnelID     : 0x0
 Interface    : GigabitEthernet0/0/2          Flags        : RD

......
```

可以看到，R2 已经配置了 2010::/64 和 2030::/64 两条静态路由。

（3）在 R3 上使用【display ipv6 routing-table】命令查看路由表配置信息，配置命令如下。

```
[R3]display ipv6 routing-table
Routing Table : Public
    Destinations : 8 Routes : 8
......

 Destination  : 2010::                          PrefixLength : 64
 NextHop      : 2002::1                         Preference   : 60
 Cost         : 0                               Protocol     : Static
 RelayNextHop : ::                              TunnelID     : 0x0
 Interface    : GigabitEthernet0/0/2            Flags        : RD

 Destination  : 2020::                          PrefixLength : 64
 NextHop      : 2003::1                         Preference   : 60
 Cost         : 0                               Protocol     : Static
 RelayNextHop : ::                              TunnelID     : 0x0
 Interface    : GigabitEthernet0/0/1            Flags        : RD

......
```

可以看到，R3 已经配置了 2010::/64 和 2020::/64 两条静态路由。

任务 24-3　配置计算机的 IPv6 地址

任务描述

根据表 24-1 为各计算机配置 IPv6 地址及网关。

任务实施

PC1 的 IPv6 地址配置结果如图 24-2 所示。同理，完成其他计算机的 IPv6 地址配置。

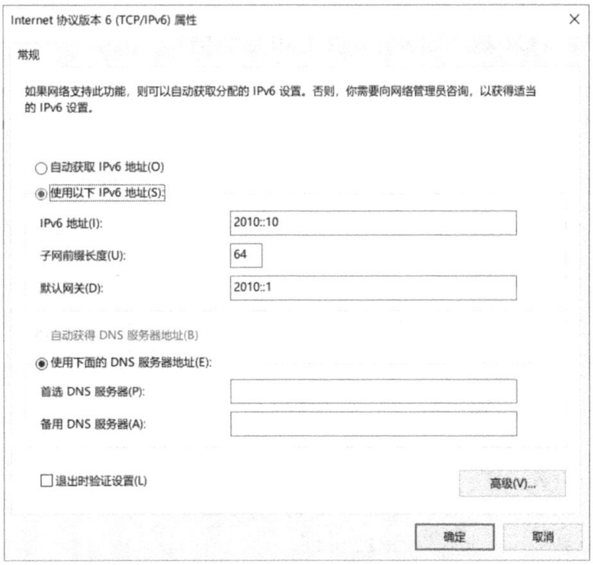

Internet 协议版本 6 (TCP/IPv6) 属性

常规

如果网络支持此功能，则可以自动获取分配的 IPv6 设置。否则，你需要向网络管理员咨询，以获得适当的 IPv6 设置。

自动获取 IPv6 地址(O)

使用以下 IPv6 地址(S):

IPv6 地址(I): 2010::10

子网前缀长度(U): 64

默认网关(D): 2010::1

自动获得 DNS 服务器地址(B)

使用下面的 DNS 服务器地址(E):

首选 DNS 服务器(P):

备用 DNS 服务器(A):

退出时验证设置(L)　　高级(V)...

确定　取消

图 24-2　PC1 的 IPv6 地址配置结果

任务验证

（1）在 PC1 上使用【ipconfig】命令查看 IPv6 地址，配置命令如下。

```
PC1>ipconfig

本地连接:

  IPv6 地址 . . . . . . . . . . . . : 2010::10
  本地链接 IPv6 地址. . . . . . . . : fe80::ddd3:ce41:67bd:ea5d%17
  默认网关. . . . . . . . . . . . . : 2010::1
```

可以看到，PC1 上已经配置了 IPv6 地址。

（2）在其他计算机上同样使用【ipconfig】命令查看 IPv6 地址。

项目验证

扫一扫，
看微课

（1）使用 PC1 Ping PC2，配置命令如下。

```
PC>ping 2020::10

Ping 2020::10: 32 data bytes, Press Ctrl_C to break
From 2020::10: bytes=32 seq=1 hop limit=253 time=16 ms
From 2020::10: bytes=32 seq=2 hop limit=253 time=16 ms
From 2020::10: bytes=32 seq=3 hop limit=253 time=31 ms
From 2020::10: bytes=32 seq=4 hop limit=253 time=16 ms
From 2020::10: bytes=32 seq=5 hop limit=253 time=15 ms

--- 2020::10 ping statistics ---
  5 packet(s) transmitted
  5 packet(s) received
  0.00% packet loss
  round-trip min/avg/max = 15/18/31 ms
```

结果显示，PC1 和 PC2 基于 IPv6 实现了相互通信。

（2）使用 PC1 Ping PC3，配置命令如下。

```
PC>ping 2030::10

Ping 2030::10: 32 data bytes, Press Ctrl_C to break
From 2030::10: bytes=32 seq=1 hop limit=253 time=15 ms
From 2030::10: bytes=32 seq=2 hop limit=253 time=16 ms
From 2030::10: bytes=32 seq=3 hop limit=253 time=31 ms
From 2030::10: bytes=32 seq=4 hop limit=253 time=16 ms
From 2030::10: bytes=32 seq=5 hop limit=253 time=31 ms

--- 2030::10 ping statistics ---
  5 packet(s) transmitted
  5 packet(s) received
  0.00% packet loss
  round-trip min/avg/max = 15/21/31 ms
```

结果显示，PC1 和 PC3 基于 IPv6 实现了相互通信。

项目拓展

一、理论题

1．IPv6 的地址长度为（　　）。

A．32　　　　B．12

C．128　　　　D．64

2．IPv6 的优点不包括（　　）。

A．地址空间巨大　　　　B．更好的安全性保障

C．效率高，拓展不便　　　　D．层次化的路由设计

3．下列对 IPv6 地址 FE80:0000:0000:0000:80E0:0DC1:EEF0:009A 的简写正确的是（　　）。

A．FE8::80E0:0DC1:EEF:009A　　　　B．FE80::80E0:DC1:EEF0:9A

C．FE80:0:0:0:8E0:0DC1:EEF0:09A　　　　D．FE8::80E::DC1:EEF:9A

4．IPv6 地址分类不包括（　　）。

A．单播地址　　　　B．任播地址

C．组播地址　　　　D．广播地址

二、项目实训题

1．实训背景

Jan16 公司有广州总部、深圳分部和上海分部 3 个办公地点，各分部与总部之间使用路由器互联。广州、深圳、上海的路由器分别为 R1、R2、R3，广州总部设有服务器一台，全网使用 IPv6 进行组网，通过部署静态路由协议实现分部访问总部服务器。实训拓扑图如图 24-3 所示。

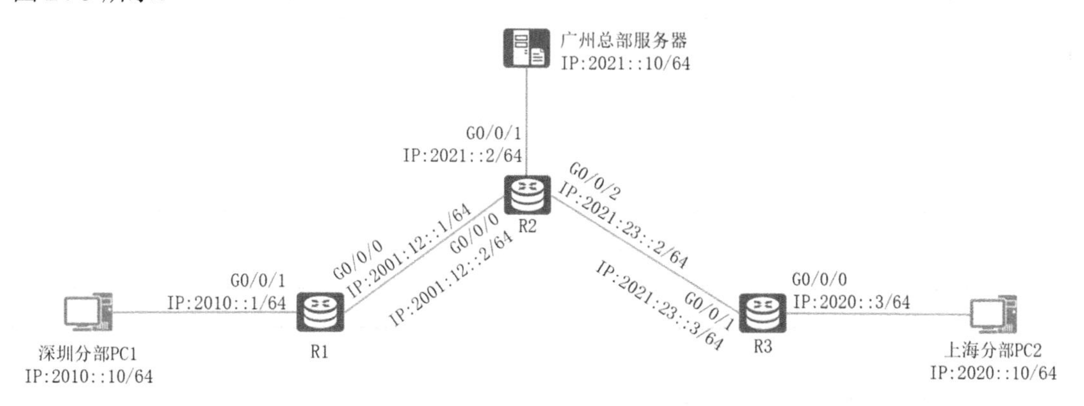

图 24-3　实训拓扑图

2．实训规划

根据项目背景信息、实训拓扑图信息及项目规划设计完成表 24-4～表 24-6 所示的实训题规划表。

表 24-4　IP 地址规划表 2

设备	接口	IP 地址	网关

表 24-5　接口规划表 2

本端设备	本端接口	对端设备	对端接口

表 24-6　路由规划表 2

路由器	目的网段	下一跳地址/接口

3．实训要求

（1）根据表 24-4 在各路由器系统视图模式下全局开启 IPv6 功能。在各路由器的接口上使用【ipv6 enable】命令开启 IPv6 功能并配置 IPv6 地址。

（2）根据表 24-6 在各路由器上完成 IPv6 静态路由配置，在 R1 上配置广州总部服务器、上海分部计算机及 R2 和 R3 互联网段的 IPv6 静态路由，在 R2 上配置深圳分部和上海分部的 IPv6 静态路由，在 R3 上配置广州总部和深圳分部及 R1 和 R2 互联网端的 IPv6 静态路由。

（3）根据以上要求完成配置，按照以下实验验证命令并截图保存。

① 在各路由器上使用【display ipv6 interface brief】命令查看 IPv6 地址配置信息。

② 在各路由器上使用【display ipv6 routing-table】命令查看路由表配置信息。

③ 在深圳分部计算机上使用【ping】命令测试与广州总部服务器、上海分部计算机的通信。

④ 在上海分部计算机上使用【ping】命令测试与广州总部服务器、深圳分部计算机的通信。

项目 25

总部与多个分部基于 IPv6 汇总路由的互联部署

项目描述

Jan16 公司有北京总部、广州分部和上海分部 3 个办公地点，各分部与总部之间使用路由器互联。北京、上海、广州的路由器分别为 R1、R2、R3，全网使用 IPv6 进行组网。北京总部共有财务部、市场部和技术部 3 个部门，需要为每个部门各划分一个 VLAN。现需要为每个部门的路由器进行相应配置，使所有计算机能够相互访问，网络拓扑图如图 25-1 所示。项目具体要求如下。

（1）路由器之间通过 VPN 互联。

（2）公司总部和分部之间通过静态路由互联。

（3）测试计算机和路由器的 IP 地址与接口信息如图 25-1 所示。

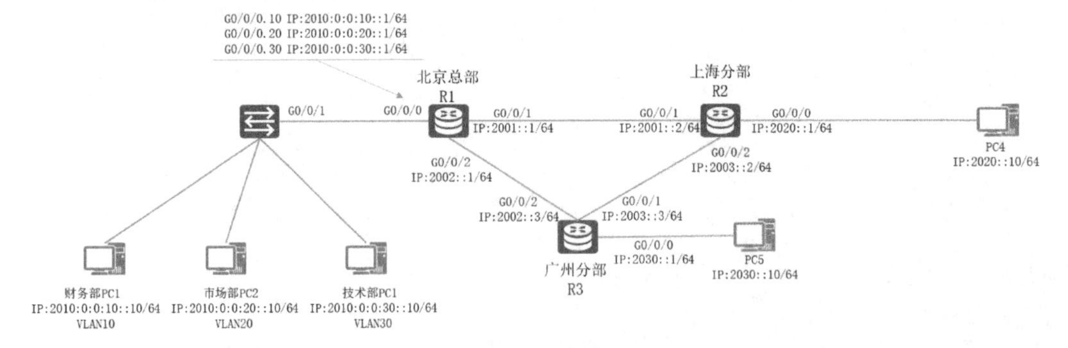

图 25-1　网络拓扑图

相关知识

目前，IPv6 地址空间中还有很多地址尚未分配。这一方面是因为 IPv6 有着巨大的地址空间，足够在未来很多年使用，另一方面是因为寻址方案还有待发展，同时关于地址类型的适用范围也多有值得商榷的地方。本项目将简要介绍 IPv6 的地址结构、IPv6 单播地址、

IPv6 组播地址和 IPv6 任播地址等内容。

25.1　IPv6 的地址结构

IPv6 的地址结构为网络前缀+接口 ID，网络前缀相当于 IPv4 中的网络位，接口 ID 相当于 IPv4 中的主机位。

IPv6 的地址构成如图 25-2 所示。

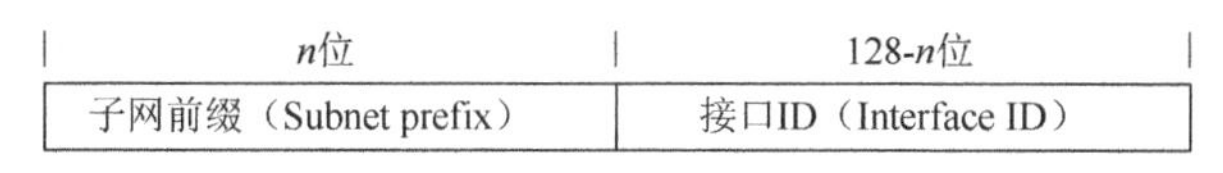

图 25-2　IPv6 的地址构成

IPv6 中较常用的网络是 64 位前缀长度的网络。

25.2　IPv6 单播地址

IPv6 单播地址表示唯一标识的一个接口，类似于 IPv4 的单播地址。发送到单播地址的数据包将被传输到此地址所标识的唯一接口，一个单播地址只能标识一个接口，但一个接口可以有多个单播地址。

单播地址可以细分为以下几类。

1. 链路本地地址

链路本地地址（Link-local）的引入是 IPv6 地址的一个非常方便的地方，它在节点未配置全球单播地址的前提下仍然可以相互通信。

链路本地地址只在同一链路上的节点之间有效，在 IPv6 启动后就自动生成，链路本地地址使用了特定的前缀 FE80::/10，接口 ID 使用 EUI-64 自动生成，也可以使用手动配置。链路本地地址用于实现无状态自动配置、邻居发现等应用。同时，OSPFv3、RIPng 等协议都工作在该地址上。eBGP 邻居也可以使用该地址来建立邻居关系。路由表中路由的下一跳或主机的默认网关都是链路本地地址。

EUI-64 自动生成方法如下。

48 位 MAC 地址的前 24 位为公司标识，后 24 位为扩展标识符。第一步，将 FFFE 插入 MAC 地址的公司标识和扩展标识符之间；第二步，将第 7 位求反。

例如，MAC 地址为 A1-B2-C3-D4-E5-F6 的主机的 IPv6 地址的生成过程如下。

（1）将 MAC 地址拆分为两部分：【A1B2C3】和【D4E5F6】。

（2）在 MAC 地址的中间加上 FFFE，MAC 地址变成【A1B2C3FFFED4E5F6】。

（3）将第 7 位求反：【A3B2C3FFFED4E5F6】。

（4）EUI-64 计算得出的接口 ID 为【A3B2:C3FF:FED4:E5F6】。

2. 唯一本地地址

唯一本地地址是 IPv6 网络中可以自己随意使用的私网 IP 地址，使用特定的前缀 FD00/8。IPv6 唯一本地地址的格式如图 25-3 所示。

Prefix	Global ID	Subnet ID	Interface ID

图 25-3　IPv6 唯一本地地址的格式

① 固定前缀：8 位，FD00/8。

② Global ID：40 位，全球唯一前缀；通过伪随机方式产生。

③ Subnet ID：16 位，工程师根据网络规划自定义的子网 ID。

④ Interface ID：64 位，相当于 IPv4 中的主机位。

唯一本地地址的设计使私网 IP 地址具备唯一性，即使任意两个使用私网 IP 地址的 Site 互联也不用担心地址会冲突。

3. 全球单播地址

全球单播地址相当于 IPv4 中的公网 IP 地址，目前已经分配出去的前 3 位固定是 001，所以已经分配的地址范围是 2000::/3。全球单播地址的格式如图 25-4 所示。

001	TLA	RES	NLA	SLA	Interface ID

图 25-4　全球单播地址的格式

① 001：3 位，目前已分配的固定前缀为 001。

② TLA（Top Level Aggregation，顶级聚合）：13 位，IPv6 的管理机构根据 TLA 分配不同的地址给某些骨干网的 ISP，最大可以得到 8192 个顶级路由。

③ RES：8 位，保留使用，为未来扩充 TLA 或者 NLA 预留。

④ NLA（Next Level Aggregation，次级聚合）：24 位，骨干网 ISP 根据 NLA 为各个中小 ISP 分配不同的地址段，中小 ISP 也可以针对 NLA 进一步分割不同地址段，将分割后的地址段分配给不同用户。

⑤ SLA（Site Level Aggregation，站点级聚合）：16 位，公司或企业内部根据 SLA 把同一大块地址分成不同的网段，将不同的网段分配给各站点使用。SLA 一般用作公司内网规划，最大可以有 65536 个子网。

4. 嵌入 IPv4 地址的 IPv6 地址

（1）兼容 IPv4 的 IPv6 地址。

这种 IPv6 地址的低 32 位携带一个 IPv4 的单播地址，主要用于 IPv4 兼容 IPv6 自动隧道，但由于每个主机都需要一个单播 IPv4 地址，扩展性差，IPv4 兼容 IPv6 自动隧道基本已经被 6to4 隧道取代。兼容 IPv4 的 IPv6 地址如图 25-5 所示。

图 25-5　兼容 IPv4 的 IPv6 地址

（2）映射 IPv4 的 IPv6 地址。

这种地址的最前 80 位全为 0，中间 16 位全为 1，最后 32 位是 IPv4 地址。这种地址将 IPv4 地址用 IPv6 表示。映射 IPv4 的 IPv6 地址如图 25-6 所示。

图 25-6　映射 IPv4 的 IPv6 地址

（3）6to4 地址。

6to4 地址用在 6to4 隧道中，它将 IANA 指定的 2002::/16 作为前缀，其后是 32 位的 IPv4 地址，6to4 地址中后 80 位由用户自己定义，可对其中前 16 位划分，定义多个 IPv6 子网。不同的 6to4 网络使用不同的 48 位前缀，6to4 网络彼此之间使用其中内嵌的 32 位 IPv4 地址的自动隧道来连接。IPv6 单播地址分类如表 25-1 所示。

表 25-1　IPv6 单播地址分类

地址类型	高位二进制	十六进制
链路本地地址	1111111010	FE80::/10
唯一本地地址	11111101	FD00:8
全球单播地址（已分配）	001	2…/4 或者 3…/4
全球单播地址（未分配）	其余所有地址	

25.3　IPv6 组播地址

在 IPv6 中不存在广播报文，广播的功能要通过组播来实现，广播本身就是组播的一种应用。

组播地址标识一组接口，目的地址是组播地址的数据包会被属于该组的所有接口所接收。IPv6 组播地址构成如图 25-7 所示。

FF	Left time	Scope	Group ID

图 25-7　IPv6 组播地址构成

① FF：8 位，IPv6 组播地址前 8 位都是 FF/8，以 FF::/8 开头。

② Left time：4 位，第 1 位的固定取值为 0，格式为|0|r|p|t|。

r 位：取值 0 表示非内嵌 RP；取值 1 表示内嵌 RP。

p 位：取值 0 表示非基于单播前缀的组播地址；取值 1 表示基于单播前缀的组播地址。若 p 位为 1，则 t 位必须为 1。

t 位：取值 0 表示永久分配组播地址，取值 1 表示临时分配组播地址。

③ Scope：4 位，标识传播范围。

取值 0001 表示传播范围为 node（节点），取值 0010 表示传播范围为 link（链路），取值 0101 表示传播范围为 site（站点），取值 1000 表示传播范围为 organization（组织），取值 1110 表示传播范围为 global（全球）。

④ Group ID：112 位，组播组标识号。

1．IPv6 的固定组播地址

IPv6 的固定组播地址如表 25-2 所示。

表 25-2 IPv6 的固定组播地址

固定组播地址	IPv6 组播地址	对应的 IPv4 地址
所有节点的组播地址	FF02::1	广播地址
所有路由器的组播地址	FF02::2	225.0.0.2
所有 OSPFv3 路由器地址	FF02::5	225.0.0.5
所有 OSPFv3DR 和 BDR	FF02::6	225.0.0.6
所有 RP 路由器	FF02::9	225.0.0.9
所有 PIM 路由器	FF02::D	225.0.0.13

被请求节点组播地址：由固定前缀 FF02::1:FF00:0/104 和单播地址的最后 24 位组成。

2. 特殊地址

0:0:0:0:0:0:0:0（简化为::）未指定地址：它不能分配给任何节点，表示当前状态下没有地址，若设备刚接入网络后，本身没有地址，则设备发送数据包的源地址使用该地址，例如，RA 消息和 DAD（重复地址检测）。该地址不能用作目的地址。

0:0:0:0:0:0:0:1（简化为::1）环回地址：节点用它作为发送后返回给自己的 IPv6 报文，不能分配给任何物理接口。

25.4 IPv6 任播地址

任播的概念最初是在 RFC1546（Host Anycasting Service）中提出并定义的，主要为 DNS 和 HTTP 提供服务。IPv6 中没有为任播规定单独的地址空间，任播地址和单播地址使用相同的地址空间。IPv6 任播地址可以同时被分配给多个设备，也就是说多台设备可以有相同的任播地址，以任播地址为目标的数据包会通过路由器的路由表被路由到离源设备最近的拥有该目的地址的设备。

如图 25-8 所示，服务器 A、服务器 B 和服务器 C 的接口配置的是同一个任播地址，根据路径的开销，用户访问该任播地址选择的是开销为 2 的路径。

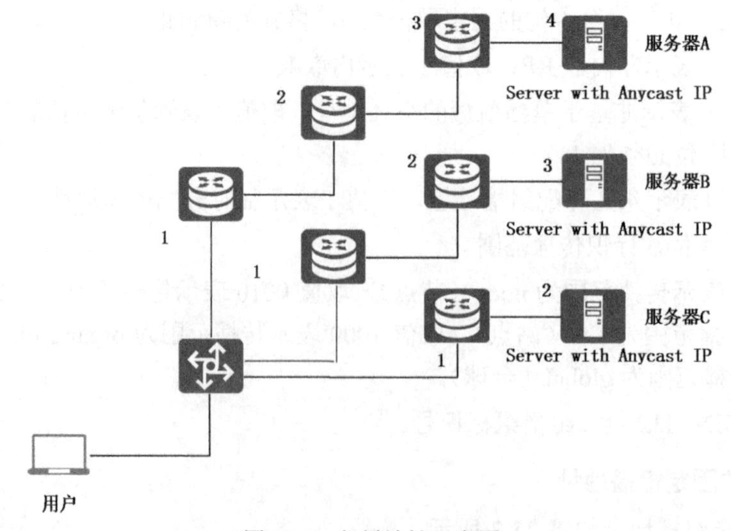

图 25-8 任播地址示意图

任播技术的优势在于源节点不需要了解为其提供服务的具体节点，而可以接收特定服务，当一个节点无法工作时，带有任播地址的数据包又被发往其他两个主机节点，根据路由协议重新收敛后的路由表情况来确定任播成员中合适的目的地节点。

任播可以分为基于网络层的任播和基于应用层的任播。两者主要的区别是网络层的任播仅仅依靠网络本身（如路由表）来选择目标服务器节点，而应用层任播是基于一定的探测手段和算法来选择性能最好的目标服务器节点的。RFC2491 和 RFC2526 定义了一些保留的任播地址格式，如子网路由器任播地址是用来满足不同的任播应用访问需求的。

项目规划设计

在全网地址划分中，上海分部使用 2020::0/64 网段，广州分部使用 2030::0/64 网段。为便于管理，北京总部内部的财务部、市场部和技术部分别使用 2010:0:0:10::0/64、2010:0:0:20::0 和 2010:0:0:30::0 网段，在 R1 上配置单臂路由，实现内部 VLAN 通信。各路由器需要配置静态路由，使所有计算机均能互访。同时，为简化路由条目，北京总部的 3 个网段使用 2010::0/48 进行汇总。

配置步骤如下。

（1）配置交换机。

（2）配置路由器。

（3）配置 IPv6 静态路由。

（4）配置计算机的 IPv6 地址。

IP 地址规划表 1、端口规划表 1 和路由规划表 1 如表 25-3～表 25-5 所示。

表 25-3　IP 地址规划表 1

设备	接口	IP 地址	网关
R1	G0/0/0.10	2010:0:0:10::1/64	—
R1	G0/0/0.20	2010:0:0:20::1/64	—
R1	G0/0/0.30	2010:0:0:30::1/64	—
R1	G0/0/1	2001::1/64	—
R1	G0/0/2	2002::1/64	—
R2	G0/0/0	2020::1/64	—
R2	G0/0/1	2001::2/64	—
R2	G0/0/2	2003::2/64	—
R3	G0/0/0	2030::1/64	—
R3	G0/0/1	2003::3/64	—
R3	G0/0/2	2002::3/64	—
PC1	—	2010:0:0:10::10/64	2010:0:0:10::1
PC2	—	2010:0:0:20::10/64	2010:0:0:20::1
PC3	—	2010:0:0:30::10/64	2010:0:0:30::1
PC4	—	2020::10/64	2020::1
PC5	—	2030::10/64	2030::1

表 25-4　端口规划表 1

本端设备	本端端口	对端设备	对端端口
SW1	Eth0/0/5	PC1	—
SW1	Eth0/0/10	PC2	—
SW1	Eth0/0/15	PC3	—
R1	G0/0/0	SW1	G0/0/1
R1	G0/0/1	R2	G0/0/1
R1	G0/0/2	R3	G0/0/2
R2	G0/0/0	PC4	—
R2	G0/0/1	R1	G0/0/1
R2	G0/0/2	R3	G0/0/1
R3	G0/0/0	PC5	—
R3	G0/0/1	R2	G0/0/2
R3	G0/0/2	R1	G0/0/2

表 25-5　路由规划表 1

路由器	目的网段	下一跳地址/接口
R1	2020::/64	2001::2
R1	2030::/64	2002::3
R2	2010::/48	2001::1
R2	2030::/64	2003::3
R3	2010::/48	2002::1
R3	2020::/64	2003::2

项目实施

扫一扫，
看微课

任务 25-1　配置交换机

任务描述

根据表 25-3 为各交换机进行接口配置。

任务实施

在 SW1 上为各部门创建相应的 VLAN，将端口划分到相应的 VLAN，配置命令如下。

```
[Huawei]system-view                          //进入系统视图
[Huawei]sysname SW1                          //将交换机名称更改为 SW1
[SW1]vlan batch 10 20 30                     //批量创建 VLAN10、VLAN20 和 VLAN30
[SW1]interface Eth0/0/5                      //进入 Eth0/0/5 端口
[SW1-Ethernet0/0/5]port link-type access     //修改端口类型为 Access 模式
[SW1-Ethernet0/0/5]port default vlan 10      //配置端口的默认 VALN 为 VLAN10
[SW1-Ethernet0/0/5]quit                      //退出
[SW1]interface Ethernet0/0/10
[SW1-Ethernet0/0/10]port link-type access
[SW1-Ethernet0/0/10]port default vlan 20
[SW1-Ethernet0/0/10]quit
```

```
[SW1]interface Ethernet0/0/15
[SW1-Ethernet0/0/15]port link-type access
[SW1-Ethernet0/0/15]port default vlan 30
[SW1-Ethernet0/0/15]quit
[SW1]interface G0/0/1
[SW1-GigabitEthernet0/0/1]port link-type trunk              //修改端口类型为 Trunk 模式
// Trunk 允许在 VLAN 列表中添加 VLAN10、VLAN20 和 VLAN30
[SW1-GigabitEthernet0/0/1]port trunk allow-pass vlan 10 20 30
```

任务验证

在 SW1 上使用【display vlan】命令查看 VLAN 信息，配置命令如下。

```
[SW1]display vlan
The total number of vlans is : 4
--------------------------------------------------------------------------------
U: Up;         D: Down;         TG: Tagged;         UT: Untagged;
MP: Vlan-mapping;               ST: Vlan-stacking;
#: ProtocolTransparent-vlan;    *: Management-vlan;
--------------------------------------------------------------------------------

VID  Type    Ports
--------------------------------------------------------------------------------
1    common  UT:Eth0/0/1(D)     Eth0/0/2(D)     Eth0/0/3(D)     Eth0/0/4(D)
                Eth0/0/6(D)     Eth0/0/7(D)     Eth0/0/8(D)     Eth0/0/9(D)
                Eth0/0/11(D)    Eth0/0/12(D)    Eth0/0/13(D)    Eth0/0/14(D)
                Eth0/0/16(D)    Eth0/0/17(D)    Eth0/0/18(D)    Eth0/0/19(D)
                Eth0/0/20(D)    Eth0/0/21(D)    Eth0/0/22(D)    GE0/0/1(U)
                GE0/0/2(D)

10   common  UT:Eth0/0/5(U)
             TG:GE0/0/1(U)

20   common  UT:Eth0/0/10(U)

             TG:GE0/0/1(U)

30   common  UT:Eth0/0/15(U)

             TG:GE0/0/1(U)


VID  Status  Property      MAC-LRN Statistics Description
--------------------------------------------------------------------------------

1    enable  default       enable  disable    VLAN 0001
10   enable  default       enable  disable    VLAN 0010
20   enable  default       enable  disable    VLAN 0020
30   enable  default       enable  disable    VLAN 0030
```

可以看到，已经将接口划分给了相应的 VLAN。

任务 25-2 配置路由器

任务描述

根据表 25-3 在各路由器以太网接口上建立子接口，并配置 IPv6 地址，将其作为 VLAN 的网关。

任务实施

（1）在 R1 系统视图模式下全局开启 IPv6 功能。在 R1 的接口上使用【ipv6 enable】命令开启 IPv6 功能并配置 IPv6 地址，配置命令如下。

```
[Huawei]system-view
[Huawei]sysname R1
[R1]ipv6                                        //开启全局 IPv6 功能
[R1]interface G0/0/0.10                         //创建并进入 G0/0/0.10 子接口
//配置封装方式为 dot1q，通过的报文外层 Tag 为 10
[R1-GigabitEthernet0/0/0.10]dot1q termination vid 10
[R1-GigabitEthernet0/0/0.10]ipv6 enable         //开启接口的 IPv6 功能
[R1-GigabitEthernet0/0/0.10]ipv6 address 2010:0:0:10::1/64 //配置 IPv6 地址
[R1-GigabitEthernet0/0/0.10]arp broadcast enable            //开启 ARP 广播功能
[R1]interface G0/0/0.20
[R1-GigabitEthernet0/0/0.20]dot1q termination vid 20
[R1-GigabitEthernet0/0/0.20]ipv6 enable
[R1-GigabitEthernet0/0/0.20]ipv6 address 2010:0:0:20::1/64
[R1-GigabitEthernet0/0/0.20]arp broadcast enable
[R1]interface G0/0/0.30
[R1-GigabitEthernet0/0/0.30]dot1q termination vid 30
[R1-GigabitEthernet0/0/0.30]ipv6 enable
[R1-GigabitEthernet0/0/0.30]ipv6 address 2010:0:0:30::1/64
[R1-GigabitEthernet0/0/0.30]arp broadcast enable
[R1-GigabitEthernet0/0/0.30]quit
[R1]interface G0/0/1
[R1-GigabitEthernet0/0/1]ipv6 enable
[R1-GigabitEthernet0/0/1]ipv6 address 2001::1/64
[R1]interface G0/0/2
[R1-GigabitEthernet0/0/2]ipv6 enable
[R1-GigabitEthernet0/0/2]ipv6 address 2002::1/64
```

（2）在 R2 系统视图模式下全局开启 IPv6 功能。在 R2 的接口上使用【ipv6 enable】命令开启 IPv6 功能并配置 IPv6 地址，配置命令如下。

```
[Huawei]system-view
[Huawei]sysname R2
[R2]interface G0/0/0
[R2-GigabitEthernet0/0/0]ipv6 enable
[R2-GigabitEthernet0/0/0]ipv6 address 2020::1/64
[R2]interface G0/0/1
[R2-GigabitEthernet0/0/1]ipv6 enable
[R2-GigabitEthernet0/0/1]ipv6 address 2001::2/64
[R2]interface G0/0/2
[R2-GigabitEthernet0/0/2]ipv6 enable
```

```
[R2-GigabitEthernet0/0/2]ipv6 address 2003::2/64
```

（3）在 R3 系统视图模式下全局开启 IPv6 功能。在 R3 的接口上使用【ipv6 enable】命令开启 IPv6 功能并配置 IPv6 地址，配置命令如下。

```
[Huawei]system-view
[Huawei]sysname R3
[R3]interface G0/0/0
[R3-GigabitEthernet0/0/0]ipv6 enable
[R3-GigabitEthernet0/0/0]ipv6 address 2030::1/64
[R3]interface G0/0/1
[R3-GigabitEthernet0/0/1]ipv6 enable
[R3-GigabitEthernet0/0/1]ipv6 address 2003::3/64
[R3]interface G0/0/2
[R3-GigabitEthernet0/0/2]ipv6 enable
[R3-GigabitEthernet0/0/2]ipv6 address 2002::3/64
```

任务验证

（1）在 R1 上使用【display ipv6 interface brief】命令查看配置信息，配置命令如下。

```
[R1]display ipv6 interface brief
*down: administratively down
(l): loopback
(s): spoofing
Interface                  Physical             Protocol
GigabitEthernet0/0/0.10      up                   up
[IPv6 Address] 2010:0:0:10::1
GigabitEthernet0/0/0.20      up                   up
[IPv6 Address] 2010:0:0:20::1
GigabitEthernet0/0/0.30      up                   up
[IPv6 Address] 2010:0:0:30::1
GigabitEthernet0/0/1        up                   up
[IPv6 Address] 2001::1
GigabitEthernet0/0/2        up                   up
[IPv6 Address] 2002::1
```

可以看到，R1 已经创建了 G0/0/0.10、G0/0/0.20 和 G0/0/0.30 的子接口，并且配置了 IPv6 地址，G0/0/1 和 G0/0/2 接口也已经配置了 IPv6 地址。

（2）在 R2 上使用【display ipv6 interface brief】命令查看配置信息，配置命令如下。

```
[R2]display ipv6 interface brief
*down: administratively down
(l): loopback
(s): spoofing
Interface                  Physical             Protocol
GigabitEthernet0/0/0        up                   up
[IPv6 Address] 2020::1
GigabitEthernet0/0/1        up                   up
[IPv6 Address] 2001::2
GigabitEthernet0/0/2        up                   up
[IPv6 Address] 2003::2
```

可以看到，R2 已经配置了 G0/0/0、G0/0/1 和 G0/0/2 接口的 IPv6 地址。

（3）在 R3 上使用【display ipv6 interface brief】命令查看配置信息，配置命令如下。

```
[R3]display ipv6 interface brief
*down: administratively down
(l): loopback
(s): spoofing
Interface                   Physical              Protocol
GigabitEthernet0/0/0         up                    up
[IPv6 Address] 2030::1
GigabitEthernet0/0/1         up                    up
[IPv6 Address] 2003::3
GigabitEthernet0/0/2         up                    up
[IPv6 Address] 2002::3
```

可以看到，R3 已经配置了 G0/0/0、G0/0/1 和 G0/0/2 接口的 IPv6 地址。

任务 25-3　配置 IPv6 静态路由

任务描述

根据项目规划设计为 R1 和 R2 配置 IPv6 静态路由。

任务实施

（1）在 R1 上配置目的网段为 PC4 和 PC5 所在网段的静态路由，配置命令如下。

```
//配置 IPv6 静态路由，目的网段 2020:: /64 的下一跳地址为 2001::2
[R1]ipv6 route-static 2020:: 64 2001::2
[R1]ipv6 route-static 2030:: 64 2002::3
```

（2）在 R2 上配置目的网段为 PC1、PC2 和 PC3 所在网段的静态汇总路由，配置命令如下。

```
[R2]ipv6 route-static 2010:: 48 2001::1
```

（3）在 R2 上配置目的网段为 PC5 所在网段的静态路由，配置命令如下。

```
[R2]ipv6 route-static 2030:: 64 2003::3
```

（4）在 R3 上配置目的网段为 PC1、PC2 和 PC3 所在网段的静态汇总路由，以及目的网静态路由，配置命令如下。

```
[R3]ipv6 route-static 2010:: 48 2002::1
[R3]ipv6 route-static 2020:: 64 2003::2
```

任务验证

（1）在 R1 上使用【display ipv6 routing-table】命令查看路由表配置信息，配置命令如下。

```
[R1]display ipv6 routing-table
Routing Table : Public
    Destinations : 8 Routes : 8

......

 Destination  : 2020::                          PrefixLength : 64
 NextHop      : 2001::2                         Preference   : 60
```

```
 Cost         : 0                       Protocol     : Static
 RelayNextHop : ::                      TunnelID     : 0x0
 Interface    : GigabitEthernet0/0/1    Flags        : RD

 Destination  : 2030::                  PrefixLength : 64
 NextHop      : 2002::3                 Preference   : 60
 Cost         : 0                       Protocol     : Static
 RelayNextHop : ::                      TunnelID     : 0x0
 Interface    : GigabitEthernet0/0/2    Flags        : RD
......
```

可以看到，R1 已经配置了 2020::/64 和 2030::/64 两条静态路由。

（2）在 R2 上使用【display ipv6 routing-table】命令查看路由表配置信息，配置命令如下。

```
[R2]display ipv6 routing-table
Routing Table   : Public
    Destinations : 8 Routes : 8
......

 Destination  : 2010::                  PrefixLength : 48
 NextHop      : 2001::1                 Preference   : 60
 Cost         : 0                       Protocol     : Static
 RelayNextHop : ::                      TunnelID     : 0x0
 Interface    : GigabitEthernet0/0/1    Flags        : RD

 Destination  : 2030::                  PrefixLength : 64
 NextHop      : 2003::3                 Preference   : 60
 Cost         : 0                       Protocol     : Static
 RelayNextHop : ::                      TunnelID     : 0x0
 Interface    : GigabitEthernet0/0/2    Flags        : RD

......
```

可以看到，R2 已经配置了 2010::/48 和 2030::/64 两条静态路由。

（3）在 R3 上使用【display ipv6 routing-table】命令查看路由表配置信息，配置命令如下。

```
[R3]display ipv6 routing-table
Routing Table : Public
    Destinations  : 8 Routes  : 8
......

 Destination  : 2010::                  PrefixLength : 48
 NextHop      : 2002::1                 Preference   : 60
 Cost         : 0                       Protocol     : Static
 RelayNextHop : ::                      TunnelID     : 0x0
 Interface    : GigabitEthernet0/0/2    Flags        : RD

 Destination  : 2020::                  PrefixLength : 64
 NextHop      : 2003::2                 Preference   : 60
 Cost         : 0                       Protocol     : Static
 RelayNextHop : ::                      TunnelID     : 0x0
```

```
Interface     : GigabitEthernet0/0/1       Flags          : RD
......
```

可以看到，R3 已经配置了 2010::/48 和 2020::/64 两条静态路由。

任务 25-4　配置计算机的 IPv6 地址

任务描述

根据表 25-3 为各计算机配置 IPv6 地址。

任务实施

PC1 的 IPv6 地址配置结果如图 25-9 所示。同理，完成其他计算机的 IPv6 地址配置。

图 25-9　PC1 的 IPv6 地址配置结果

任务验证

（1）在 PC1 上使用【ipconfig】命令查看 IPv6 地址，配置命令如下。

```
PC1>ipconfig     //显示本机 IPv6 地址配置的信息

本地连接:

   连接特定的 DNS 后缀 . . . . . . . :
   IPv6 地址 . . . . . . . . . . . . : 2010:0:0:10::10
   本地链接 IPv6 地址. . . . . . . . : fe80::ddd3:ce41:67bd:ea5d%17
   默认网关. . . . . . . . . . . . . : 2010:0:0:10::1
```

可以看到，PC1 上已经配置了 IPv6 地址。

（2）在其他计算机上同样使用【ipconfig】命令查看 IPv6 地址。

项目验证

扫一扫，
看微课

（1）使用 PC1 Ping PC2，配置命令如下。

```
PC>ping 2010:0:0:20::10

Ping 2010:0:0:20::10: 32 data bytes, Press Ctrl_C to break
From 2010:0:0:20::10: bytes=32 seq=1 hop limit=254 time=94 ms
From 2010:0:0:20::10: bytes=32 seq=2 hop limit=254 time=78 ms
From 2010:0:0:20::10: bytes=32 seq=3 hop limit=254 time=93 ms
From 2010:0:0:20::10: bytes=32 seq=4 hop limit=254 time=79 ms
From 2010:0:0:20::10: bytes=32 seq=5 hop limit=254 time=93 ms

--- 2010:0:0:20::10 ping statistics ---
  5 packet(s) transmitted
  5 packet(s) received
  0.00% packet loss
  round-trip min/avg/max = 78/87/94 ms
```

结果显示，PC1 可以基于 IPv6 与 PC2 相互通信。

（2）使用 PC1 Ping PC4，配置命令如下。

```
PC>ping 2020::10

Ping 2020::10: 32 data bytes, Press Ctrl_C to break
From 2020::10: bytes=32 seq=1 hop limit=253 time=31 ms
From 2020::10: bytes=32 seq=2 hop limit=253 time=16 ms
From 2020::10: bytes=32 seq=3 hop limit=253 time=32 ms
From 2020::10: bytes=32 seq=4 hop limit=253 time=47 ms
From 2020::10: bytes=32 seq=5 hop limit=253 time=31 ms

--- 2020::10 ping statistics ---
  5 packet(s) transmitted
  5 packet(s) received
  0.00% packet loss
  round-trip min/avg/max = 16/31/47 ms
```

结果显示，PC1 可以基于 IPv6 与 PC4 相互通信。

项目拓展

一、理论题

1．下列关于 IPv6 地址的描述中，正确的是（　　）。

A．IPv6 的地址长度为 128 位，解决了地址资源不足的问题

B．IPv6 地址中包容了 IPv4 地址，从而可保证地址向前兼容

C．IPv4 地址存放在 IPv6 地址的高 32 位

D．IPv6 中的自环地址为 0:0:0:0:0:0:0:10

2．下列属于组播地址的是（　　）。

A．192.168.1.1　　　　　　　　B．127.0.0.1

C．225.1.1.1　　D．255.255.255.255

3．IPv6 地址 1002::5:100F 中的::代表的比特位 0 的个数是（　　）。

A．64　　B．32　　C．80　　D．48

二、项目实训题

1．实训背景

Jan16 公司有广州总部、北京分部、深圳分部和上海分部 4 个办公地点，各分部与总部之间使用路由器互联。北京分部和深圳分部同时连接 R1，广州总部和上海分部的路由器分别为 R2、R3，全网使用 IPv6 进行组网，部署 IPv6 静态路由，使所有计算机能够相互访问。为减少路由表压力，将部分路由信息做汇总处理。实训拓扑图如图 25-10 所示。

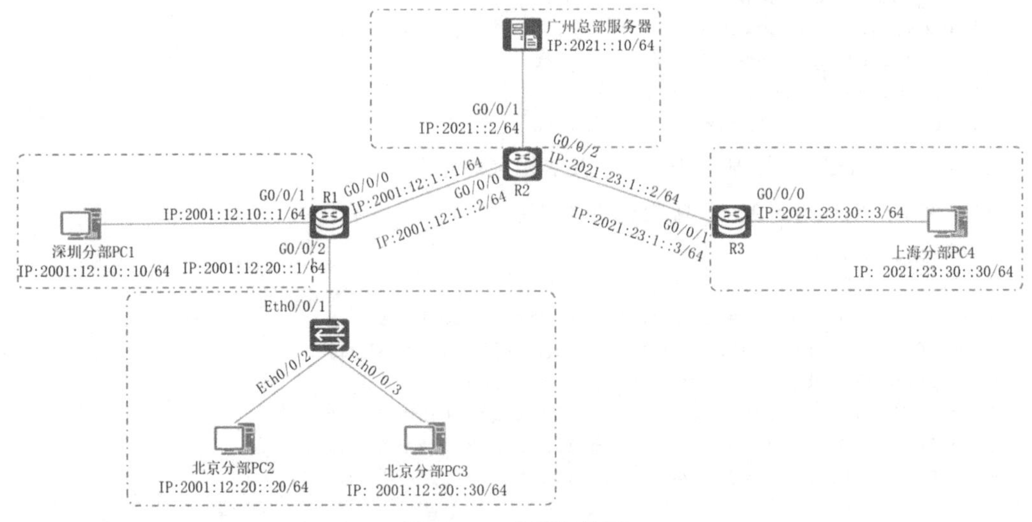

图 25-10　实训拓扑图

2．实训规划

根据项目背景信息、实训拓扑图信息及项目规划设计完成表 25-6～表 25-8 所示的实训题规划表。

表 25-6　IP 地址规划表 2

设备	接口	IP 地址	网关

表 25-7　端口规划表 2

本端设备	本端端口	对端设备	对端端口

表 25-8　路由规划表 2

路由器	目的网段	下一跳地址/接口

3．实训要求

（1）根据表 25-6 在各路由器系统视图模式下全局开启 IPv6 功能。在接口上使用【ipv6 enable】命令开启 IPv6 功能并配置 IPv6 地址。

（2）根据表 25-8 在各路由器上完成 IPv6 静态路由配置。

① 在 R2 上为上海分部及 R2 和 R3 互联网段配置 IPv6 静态汇总路由，配置一条广州总部服务器的静态路由。

② 在 R3 上为深圳分部和广州分部，以及 R1 和 R2 互联网段配置 IPv6 静态汇总路由，配置一条广州总部服务器的静态路由。

（3）根据以上要求完成配置，按照以下实验验证命令并截图保存。

① 在各路由器上使用【display ipv6 interface brief】命令查看 IPv6 地址配置信息。

② 在各路由器上使用【display ipv6 routing-table】命令查看路由表配置信息。

③ 在深圳分部计算机上使用【ping】命令测试与广州总部服务器、上海分部、北京分部计算机的通信。

④ 在上海分部计算机上使用【ping】命令测试与广州总部服务器、深圳分部、北京分部计算机的通信。

⑤ 在北京分部计算机上使用【ping】命令测试与广州总部服务器、深圳分部、上海分部计算机的通信。

项目 26

基于 802.11 的公司无线局域网搭建

项目描述

Jan16 公司深圳分部已通过二层交换机和出口路由器建成了内部有线网络，部门之间采用 VLAN 进行隔离。目前，公司大多数员工开始使用笔记本电脑，同时来访客户也有接入无线网络的需求，无线网络的接入需求日益增长。因此，公司将在已有的有线网络中部署无线网络，以方便移动设备的接入。同时，为保障网络的安全，需要配置相应的无线网络安全策略。网络拓扑图如图 26-1 所示。项目具体要求如下。

（1）公司使用一台路由器连接交换机，并通过 R1 的单臂路由功能实现两个部门及来访客户的网络通信。

（2）为路由器配置 DHCP 服务，为各部门计算机及来访客户分配 IP 地址，市场部使用 192.168.10.0/24 网段，技术部使用 192.168.20.0/24 网段，来访客户使用 192.168.30.0/24 网段。

（3）AP 配置 3 个无线网络，分别用于市场部、技术部及来访客户的接入，这 3 个无线网络分别将 Market、Technology、Guest 作为 SSID。

（4）配置无线网络的安全策略，市场部和技术部使用 WPA/WPA2 加密，保障内部数据的安全。

（5）计算机和路由器的 IP 地址和接口信息如图 26-1 所示。

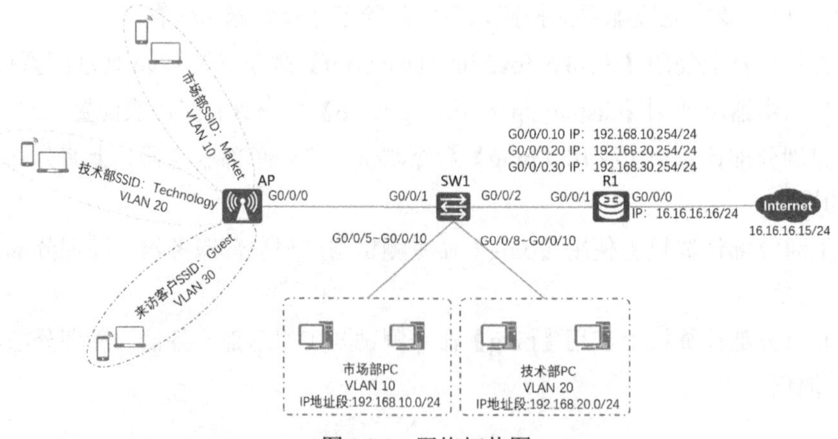

图 26-1　网络拓扑图

相关知识

无线技术以其可移动性、使用方便等优点越来越受到人们的欢迎。为了能够更好地掌握无线技术与相关产品，我们需要先了解一下与无线相关的基础知识。

26.1　无线应用概况

1. 无线网络的概念

无线网络（Wireless Network）是采用无线通信技术实现的网络。无线网络既包括允许用户建立远距离无线连接的全球语音和数据网络，也包括对近距离无线连接进行优化的红外线技术及射频技术。无线网络与有线网络的用途十分类似，最大的不同在于传输媒介不同，它利用无线电技术取代网线。无线网络相比有线网络具有以下特点。

（1）高灵活性。

无线网络使用无线信号通信，网络接入更加灵活，只要有信号的地方就可以随时随地将网络设备接入网络。

（2）可扩展性强。

无线网络终端设备接入数量限制更少，相比有线网络一个接口对应一个设备，由于无线路由器容许多个无线终端设备同时接入无线网络，因此在网络规模升级时，无线网络的优势更加明显。

2. 无线网络现状与发展趋势

无线网络摆脱了有线网络的束缚，可以在家里、花园里、商城等任何一个角落，抱着笔记本电脑、Pad、手机等移动设备，享受网络带来的便捷。据统计，目前中国网民数量约占全国人口的 50%，而通过无线网络上网的用户超过 9 成，可见，无线网络正改变着人们的工作、生活和学习习惯，人们对无线网络的依赖性越来越强。

国家将加快构建高速、移动、安全、泛在的新一代信息基础设施，推进信息网络技术广泛运用，形成万物互联、人机交互、天地一体的网络空间，在城镇热点公共区域推广免费高速无线局域网接入。目前，无线网络在机场、地铁、客运站等公共交通领域、医疗机构、教育园区、产业园区、商城等公共区域实现了重点城市的全覆盖，下一阶段将实现城镇级别的公共区域全覆盖，无线网络规模将持续增长。

3. 无线局域网的概念

无线局域网络（Wireless Local Area Network，WLAN）是指以无线信道作传输媒介的计算机局域网。

无线联网方式是有线联网方式的一种补充，它是在有线网的基础上发展起来的，使网上的计算机具有可移动性，能快速、方便地解决有线方式不易实现的网络接入问题。

IEEE 802.11 协议簇是由 IEEE（Institute of Electrical and Electronics Engineers，电气电子工程师学会）所定义的无线网络通信的标准，无线局域网基于 IEEE 802.11 协议工作。

如果询问一般用户什么是 802. 11 无线网络，那么他们可能会感到困惑和不解，因为多数人习惯将这项技术称为 Wi-Fi。Wi-Fi 是一个市场术语，世界各地的人们将“Wi-Fi”作为 801. 11 无线网络的代名词。

26.2 无线协议标准

IEEE 802.11 是现今无线局域网通用的标准，它包含多个子协议标准，下面介绍常见的几个子协议标准。

1．IEEE 802.11a

IEEE 802.11a 是 IEEE 无线网络标准之一，指定最大 54Mbit/s 的数据传输速率和 5GHz 的工作频段。IEEE 802.11a 的传输技术为多载波调制技术。IEEE 802.11a 标准是已在办公室、家庭、宾馆、机场等众多场合得到广泛应用的 IEEE 802.11b 无线联网标准的后续标准。它工作在 5GHz 频段，物理层速率可达 54Mbit/s，传输层速率可达 25Mbit/s，可提供 25Mbit/s 的无线 ATM 接口和 10Mbit/s 的以太网无线帧结构接口，支持语音、数据、图像业务。一个扇区可接入多个用户，每个用户可带多个用户终端。

802.11a 协议标准工作在 5.8GHz 频段时，频率范围是 5.15GHz～5.35GHz、5.725GHz～5.850GHz。

2．IEEE 802.11b

IEEE 802.11b 的运作模式基本分为两种：点对点模式（AD-HOC Mode）和基本模式（Infrastructure Mode）。点对点模式是指站点（如无线网卡）和站点之间的通信方式。它提供 11Mbit/s 的传输速率和扩展的直接序列扩频（Direct Sequencing Spread Spectrum，DSSS），使用标准的补码键控（Complementary Code Keying，CCK）调制，工作在 2.4GHz，支持 13 个信道，其中 3 个为不重叠信道（1、6、11）。

3．IEEE 802.11g

IEEE 802.11 工作组近年来开始定义新的物理层标准 IEEE 802.11g。与以前的 IEEE 802.11 协议标准相比，IEEE 802.11g 草案有以下两个特点：在 2.4GHz 频段使用正交频分复用（OFDM）调制技术，使数据传输速率提高到 20Mbit/s 以上。

4．IEEE 802.11n

IEEE 802.11n 是在 IEEE 802.11g 和 IEEE 802.11a 基础之上发展起来的一项技术，最大的特点是速率提升，理论速率最高可达 600Mbit/s。IEEE 802.11n 可工作在 2.4GHz 和 5GHz 两个频段，可向后兼容 IEEE 802.11a/b/g。

5．IEEE 802.11ac

IEEE 802.11ac 是 IEEE 802.11n 的继承者，它采用并扩展了源自 IEEE 802.11n 的空中接口（Air Interface）概念，包括更宽的 RF 带宽（提升至 160MHz）、更多的 MIMO 空间流（Spatial Streams）（增加到 8）、多用户的 MIMO，以及更高阶的调制（Modulation）（达到

256QAM）。

6．IEEE 802.11ax

IEEE 802.11ax 也称为高效无线网络（High-Efficiency Wireless，HEW），通过一系列系统特性和多种机制增加系统容量，通过更好的一致覆盖和减少空口介质拥塞来改善 Wi-Fi 的工作方式，使用户获得最佳体验；尤其在密集用户环境中，为更多的用户提供一致和可靠的数据吞吐量，其目标是将用户的平均吞吐量提高至少 4 倍。也就是说基于 IEEE 802.11ax 的 Wi-Fi 意味着前所未有的高容量和高效率。

IEEE 802.11ax 标准在物理层导入了多项大幅变更。然而，它依旧可向下兼容于 IEEE 802.11a/b/g/n 与 ac 设备。因此，IEEE 802.11ax STA 能与旧的 STA 进行数据传送和接收，旧的客户端也能解调和译码 IEEE 802.11ax 封包表头（虽然不是整个 IEEE 802.11ax 封包），并于 IEEE 802.11ax STA 传输期间进行轮询。

IEEE 802.11 协议的频率和速率表如表 26-1 所示。

表 26-1　IEEE 802.11 协议的频率和速率表

协议	兼容性	频率	理论最高速率
IEEE 802.11a		5.8GHz	54Mbit/s
IEEE 802.11b		2.4GHz	11 Mbit/s
IEEE 802.11g	兼容 IEEE 802.11b	2.4GHz	54 Mbit/s
IEEE 802.11n	兼容 IEEE 802.11a/b/g	2.4GHz 或 5.8GHz	600 Mbit/s
IEEE 802.11ac	兼容 IEEE 802.11a/n	5.8GHz	6.9Gbit/s
IEEE 802.11ax	兼容 IEEE 802.11a/b/g/n/ac	2.4GHz 或 5.8GHz	9.6Gbit/s

26.3　无线射频与 AP 天线

1．2.4GHz 和 5.8GHz 无线射频、频段与信道

（1）2.4GHz 频段。

当 AP（Access Point，无线接入点）工作在 2.4GHz 频段时，频率范围是 2.4GHz～2.4835GHz。在此频率范围内划分出 14 个信道。每个信道的中心频率相隔 5MHz，每个信道可供占用的带宽为 22MHz，如图 26-2 所示，信道 1 的中心频率为 2412MHz，信道 6 的中心频率为 2437MHz，信道 11 的中心频率为 2462MHz，3 个信道理论上是不相干扰的。

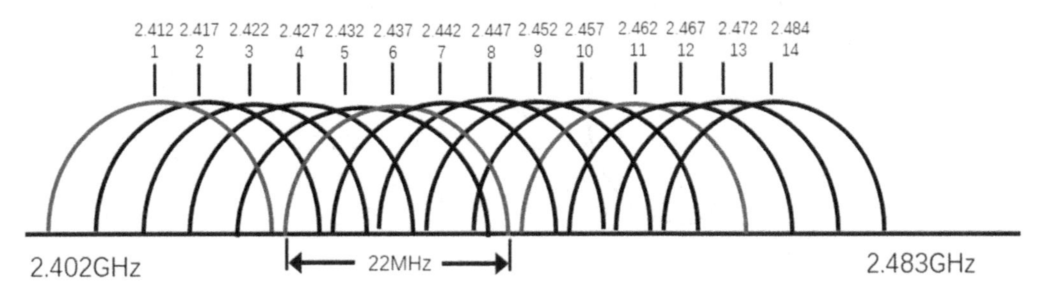

图 26-2　2.4GHz 频段的各信道频率范围

（2）5.8GHz 频段。

当 AP 工作在 5.8GHz 频段时，中国 WLAN 工作的频率范围是 5.725GHz~5.850GHz。在此频率范围内划分出 5 个信道，每个信道的中心频率相隔 20MHz，如图 26-3 所示。

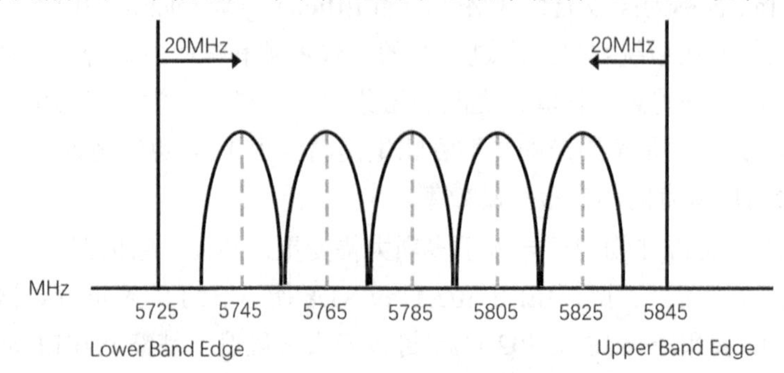

图 26-3　5.8GHz 频段的各信道频率范围

在 5.8GHz 频段以 5MHz 为补进划分信道，信道编号 *n*=(信道中心频率 GHz−5GHz)×1000/5。因此，中国 IEEE 802.11a 的 5 个信道编号分别为 149、153、157、161、165，如表 26-2 所示。

表 26-2　5.8GHz 频段信道与频率表

信道	频率
149	5.745 GHz
153	5.765 GHz
157	5.785 GHz
161	5.805 GHz
165	5.825 GHz

2. AP 天线类型

（1）全向天线。

全向天线，即在水平方向图上表现为 360° 均匀辐射，如图 26-4 所示，也就是平常所说的无方向性，在垂直方向图上表现为有一定宽度的波束，一般情况下波瓣宽度越小，增益越大。全向天线在移动通信系统中一般应用于郊县大区制的站型，其覆盖范围大。

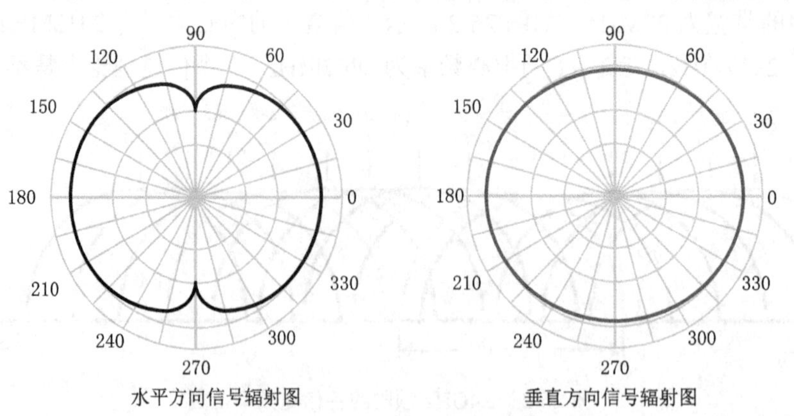

图 26-4　全向天线信号辐射图

（2）定向天线。

定向天线在水平方向信号辐射图上和垂直方向信号辐射图上均表现为有一定角度范围辐射，如图 26-5 所示，也就是平常所说的有方向性。它同全向天线一样，波瓣宽度越小，增益越大。定向天线在通信系统中一般应用于通信距离远、覆盖范围小、目标密度大、频率利用率高的环境。定向天线的主要辐射范围像一个倒立的不太完整的圆锥。

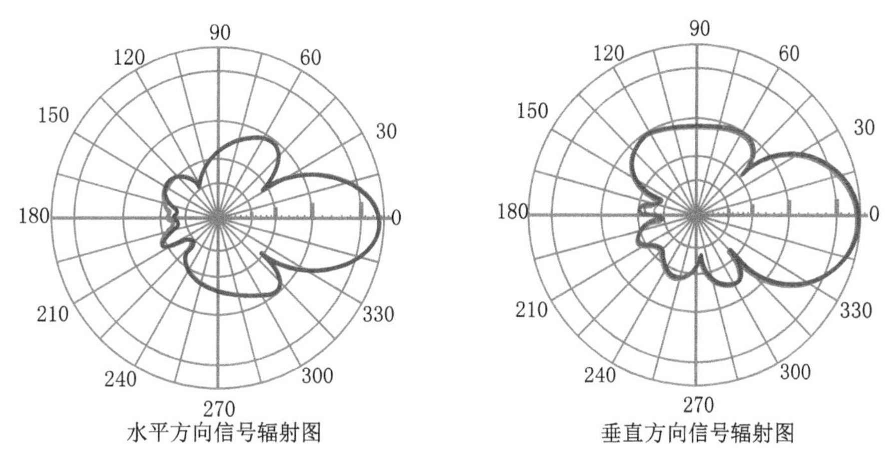

图 26-5　定向天线信号辐射图

（3）室内吸顶天线。

室内吸顶天线外观如图 26-6 所示。室内吸顶天线通常采用美化造型，适合吊顶安装。室内吸顶天线通常都是全向天线，其功率较低。

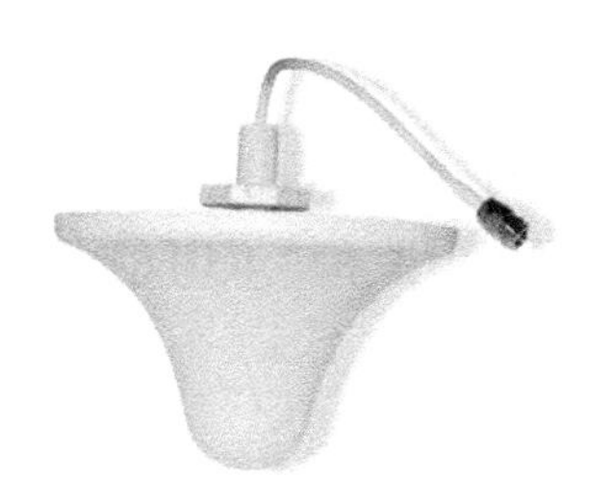

图 26-6　室内吸顶天线外观

（4）室外全向天线。

2.4GHz 室外全向天线外观和 5.8GHz 室外全向天线外观分别如图 26-7 和图 26-8 所示，2.4GHz 室外全向天线参考参数和 5.8GHz 室外全向天线参考参数分别如表 26-3 和表 26-4 所示。

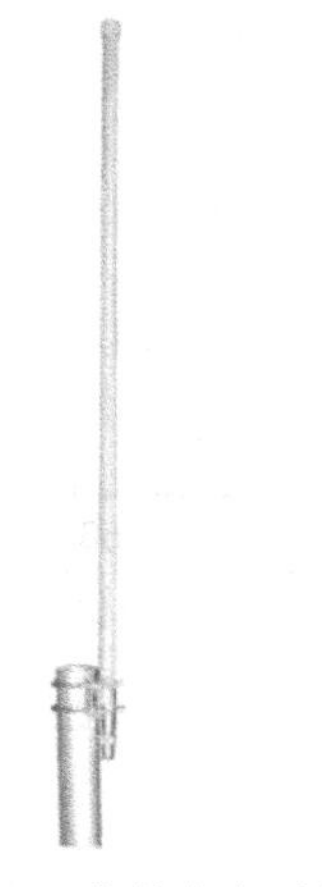

图 26-7　2.4GHz 室外全向天线外观

图 26-8　5.8GHz 室外全向天线外观

表 26-3　2.4GHz 室外全向天线参考参数

频率范围	2400~2483MHz
增益	12dB
垂直面波瓣宽度	7
驻波比	<1.5
极化方式	垂直
接头型号	N-K
支撑杆直径	40~50mm

表 26-4　5.8GHz 室外全向天线参考参数

频率范围	5100~5850MHz
增益	12dB
垂直面波瓣宽度	7
驻波比	<2.0
极化方式	垂直
接头型号	N-K
支撑杆直径	40~50mm

（5）抛物面天线。

由抛物面反射器和位于其焦点处的馈源组成的面状天线叫作抛物面天线。抛物面天线的主要优势是它的强方向性。它的功能类似于一个探照灯或手电筒反射器，向一个特定的方向汇聚无线电波到狭窄的波束，或从一个特定的方向接收无线电波。5.8GHz 室外抛物面天线外观和 2.4GHz 室外抛物面天线外观如图 26-9 和图 26-10 所示，5.8GHz 室外抛物面天线参考参数和 2.4GHz 室外抛物面天线参考参数分别如表 26-5 和表 26-6 所示。

图 26-9　5.8GHz 室外抛物面天线外观

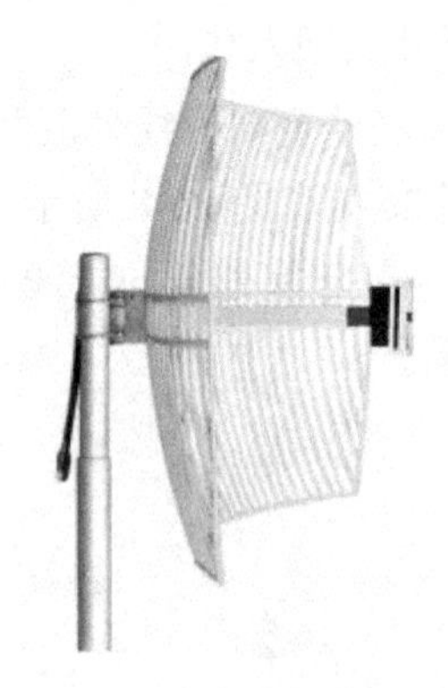

图 26-10　2.4GHz 室外抛物面天线外观

表 26-5　5.8GHz 室外抛物面天线参考参数

频率范围	5725~5850MHz
增益	24dB
垂直面波瓣宽度	12
水平面波瓣宽度	9
前后比	20
驻波比	<1.5

续表

频率范围	5725~5850MHz
极化方式	垂直
接头型号	N-K
支撑杆直径	40~50mm

表 26-6　2.4GHz 室外抛物面天线参考参数

频率范围	2400~2483MHz
增益	24dB
垂直面波瓣宽度	14
水平面波瓣宽度	10
前后比	31
驻波比	<1.5
极化方式	垂直
接头型号	N-K
支撑杆直径	40~50mm

项目规划设计

公司内网通过 R1 连接互联网，并为内网计算机提供 DHCP 服务。路由器通过单臂路由功能实现 VLAN 间通信，其中，VLAN10 使用 192.168.10.0 网段，VLAN20 使用 192.168.20.0 网段，VLAN30 使用 192.168.30.0 网段，VLAN10、VLAN20 和 VLAN30 分别用于市场部、技术部以及来访客户的接入。AP 连接到 SW1 的 G0/0/1 端口，该端口配置为 Trunk 模式，以实现转发多个 VLAN 的数据。

AP 配置 3 个无线网络，用于市场部、技术部和来访客户的接入，分别使用 Market、Technology、Guest 作为 SSID。为保证内网的安全，市场部和技术部采用 WPA-WPA2+PSK+AES，密码分别为 Jan16Market、Jan16Technology。

配置步骤如下。

（1）配置交换机。

（2）配置路由器单臂路由。

（3）配置路由器 DHCP。

（4）配置 AP 的无线网络。

IP 地址规划表 1、端口规划表 1、VLAN 规划表 1 和 SSID 规划表 1 如表 26-7～表 26-10。

表 26-7　IP 地址规划表 1

设备	接口	IP 地址
R1	G0/0/0	16.16.16.16/24
R1	G0/0/1.1	192.168.10.254/24
R1	G0/0/1.2	192.168.20.254/24
R1	G0/0/1.3	192.168.30.254/24
Internet	—	16.16.16.15/24

表 26-8　端口规划表 1

本端设备	本端端口	对端设备	对端端口
R1	G0/0/0	Internet	Null
R1	G0/0/1	SW1	G0/0/2
SW1	G0/0/1	AP	G0/0/0
SW1	G0/0/2	R1	G0/0/1
SW1	G0/0/5	市场部 PC	Eth0/0/1
SW1	G0/0/11	技术部 PC	Eth0/0/1
市场部 PC	Eth0/0/1	SW1	G0/0/5
技术部 PC	Eth0/0/1	SW1	G0/0/11

表 26-9　VLAN 规划表 1

VLAN ID	IP 地址段	用途
VLAN10	192.168.10.1～192.168.10.253/24	市场部
VLAN20	192.168.20.1～192.168.10.253/24	技术部
VLAN30	192.168.30.1～192.168.10.253/24	来访客户

表 26-10　SSID 规划表 1

SSID	加密方式	密码	WLANID	VLANID	用途
Market	WPA-WPA2+PSK+AES	Jan16Market	10	VLAN10	市场部
Technology	WPA-WPA2+PSK+AES	Jan16Technology	11	VLAN20	技术部
Guest	开放式		12	VLAN30	来访客户

项目实施

扫一扫，
看微课

任务 26-1　配置交换机

任务描述

根据表 26-9 为交换机配置 VLAN。

任务实施

在 SW1 上为各部门创建相应的 VLAN，将端口划分到相应的 VLAN，配置命令如下。

```
[Huawei]system-view                                    //进入系统视图
[Huawei]sysname SW1                                    //将交换机名称更改为 SW1
[SW1]vlan batch 10 20 30                               //批量创建 VLAN10、VLAN20 和 VLAN30
[SW1] port-group group-member G0/0/5 to G0/0/10 //将端口 G0/0/5～G0/0/10 组成一个端口组
[SW1-port-group]port link-type access                  //修改端口类型为 Access 模式
[SW1-port-group]port default vlan 10                   //配置端口的默认 VALN 为 VLAN10
[SW1-port-group]quit                                   //退出
[SW1] port-group group-member G0/0/11 to G0/0/20
[SW1-port-group]port link-type access
[SW1-port-group]port default vlan 20
```

```
[SW1-port-group]quit
[SW1]interface G0/0/1
[SW1-GigabitEthernet0/0/1]port link-type trunk   //修改端口类型为 Trunk 模式
//Trunk 允许在 VLAN 列表中添加 VLAN10、VLAN20 和 VLAN30
[SW1-GigabitEthernet0/0/1]port trunk allow-pass vlan 10 20 30
[SW1-GigabitEthernet0/0/1]quit
[SW1]interface GigabitEtherne0/0/2
[SW1-GigabitEthernet0/0/2]port link-type trunk
[SW1-GigabitEthernet0/0/2]port trunk allow-pass vlan 10 20 30
```

任务验证

在 SW1 上使用【display vlan】命令查看 VLAN 信息，配置命令如下。

```
[SW1]display vlan
The total number of vlans is : 4
--------------------------------------------------------------------------------
U: Up;         D: Down;         TG: Tagged;         UT: Untagged;
MP: Vlan-mapping;               ST: Vlan-stacking;
#: ProtocolTransparent-vlan;    *: Management-vlan;
--------------------------------------------------------------------------------

VID  Type    Ports
--------------------------------------------------------------------------------
1    common  UT:GE0/0/1(U)      GE0/0/2(U)      GE0/0/3(D)      GE0/0/4(D)
                GE0/0/21(D)     GE0/0/22(D)     GE0/0/23(D)     GE0/0/24(D)

10   common  UT:GE0/0/5(D)      GE0/0/6(D)      GE0/0/7(D)      GE0/0/8(D)

                GE0/0/9(D)      GE0/0/10(D)
             TG:GE0/0/1(U)      GE0/0/2(U)

20   common  UT:GE0/0/11(D)     GE0/0/12(D)     GE0/0/13(D)     GE0/0/14(D)

                GE0/0/15(D)     GE0/0/16(D)     GE0/0/17(D)     GE0/0/18(D)
                GE0/0/19(D)     GE0/0/20(D)
             TG:GE0/0/1(U)      GE0/0/2(U)

30   common  TG:GE0/0/1(U)      GE0/0/2(U)


VID  Status  Property      MAC-LRN Statistics Description
--------------------------------------------------------------------------------

1    enable  default       enable  disable    VLAN 0001
10   enable  default       enable  disable    VLAN 0010
20   enable  default       enable  disable    VLAN 0020
30   enable  default       enable  disable    VLAN 0030
```

可以看到，SW1 已经创建了 VLAN10、VLAN20 和 VLAN30。

任务 26-2 配置路由器单臂路由

任务描述

根据表 26-8 在路由器上进行端口配置。

任务实施

在路由器以太网接口上建立子接口，在子接口上配置 IP 地址和子网掩码，将其作为该网段的网关，配置命令如下。

```
<Huawei>system-view
[Huawei]sysname R1
[R1]interface G0/0/1.1                               //创建并进入 G0/0/0.1 子接口
//配置封装方式为 dot1q，通过的报文外层 Tag 为 10
[R1-GigabitEthernet0/0/1.1]dot1q termination vid 10
//配置 IP 地址为 192.168.10.254，子网掩码 24 位
[R1-GigabitEthernet0/0/1.1]ip address 192.168.10.254 24
[R1-GigabitEthernet0/0/1.1]arp broadcast enable        //开启 ARP 广播功能
[R1-GigabitEthernet0/0/1.1]quit
[R1]interface G0/0/1.2
[R1-GigabitEthernet0/0/1.2]dot1q termination vid 20
[R1-GigabitEthernet0/0/1.2]ip address 192.168.20.254 24
[R1-GigabitEthernet0/0/1.2]arp broadcast enable
[R1]interface G0/0/1.3
[R1-GigabitEthernet0/0/1.3]dot1q termination vid 30
[R1-GigabitEthernet0/0/1.3]ip address 192.168.30.254 24
[R1-GigabitEthernet0/0/1.3]arp broadcast enable
[R1-GigabitEthernet0/0/1.1]quit
[R1]interface GigabitEthernet 0/0/0
[R1-GigabitEthernet0/0/0]ip add 16.16.16.16 24
```

任务验证

在 R1 上使用【display ip interface brief】命令查看接口的 IP 地址信息，配置命令如下。

```
[R1]display ip interface brief
*down: administratively down
!down: FIB overload down
^down: standby
(l): loopback
(s): spoofing
(d): Dampening Suppressed
The number of interface that is UP in Physical is 6
The number of interface that is DOWN in Physical is 8
The number of interface that is UP in Protocol is 5
The number of interface that is DOWN in Protocol is 9

Interface                      IP Address/Mask      Physical   Protocol
Ethernet0/0/0                   unassigned          down       down
Ethernet0/0/1                   unassigned          down       down
GigabitEthernet0/0/0             16.16.16.16/24       up         up
GigabitEthernet0/0/1             unassigned           up         down
```

```
GigabitEthernet0/0/1.1          192.168.10.254/24    up        up
GigabitEthernet0/0/1.2          192.168.20.254/24    up        up
GigabitEthernet0/0/1.3          192.168.30.254/24    up        up
GigabitEthernet0/0/2            unassigned          down      down
GigabitEthernet0/0/3            unassigned          down      down
NULL0                       unassigned          up        up(s)
Serial0/0/0                   unassigned          down      down
Serial0/0/1                   unassigned          down      down
Serial0/0/2                   unassigned          down      down
Serial0/0/3                   unassigned          down      down
```

可以看到，G0/0/0.1、G0/0/0.2 和 G0/0/0.3 接口均配置了 IP 地址。

任务 26-3　配置路由器 DHCP

任务描述

根据项目规划设计在路由器上进行 DHCP 配置。

任务实施

（1）在 R1 上配置 IP 地址池。

【ip pool *poolname*】命令用于创建 DHCP 分配的 IP 地址池，并进入 IP 地址池配置视图，在该视图下，使用【network *ip_address* mask *netmask*】命令配置 IP 地址池下可分配的网段地址，【gateway-list *gateway*】命令用于配置 DHCP 分配的网关信息，【lease day [0-999]】命令用于配置租约的天数。配置命令如下。

```
[R1]ip pool VLAN10                                          //创建全局地址池 VLAN10
//配置全局地址池下可分配的网段地址
[R1-ip-pool-VLAN10]network 192.168.10.0 mask 255.255.255.0
[R1-ip-pool-VLAN10]gateway-list 192.168.10.254              //配置网关为 192.168.10.254
[R1-ip-pool-VLAN10]lease day 3                              //配置地址租期为 3 天
[R1-ip-pool-VLAN10]quit
[R1]ip pool VLAN20
[R1-ip-pool-VLAN20]network 192.168.20.0 mask 255.255.255.0
[R1-ip-pool-VLAN20]gateway-list 192.168.20.254
[R1-ip-pool-VLAN20]lease day 3
[R1-ip-pool-VLAN20]quit
[R1] ip pool VLAN30
[R1-ip-pool-VLAN30]network 192.168.30.0 mask 255.255.255.0
[R1-ip-pool-VLAN30]gateway-list 192.168.30.254
[R1-ip-pool-VLAN30]lease day 3
```

（2）开启 DHCP 服务。

使用【dhcp enable】命令在全局启用 DHCP 服务，配置命令如下。

```
[R1]dhcp enable                                 //开启 DHCP 功能
```

（3）在接收 DHCP 报文的端口上配置 DHCP 的选择方式 global。

在接口视图下使用【dhcp select global】命令配置接口下的 DHCP 客户端，从全局 IP 地址池中获取 IP 地址，配置命令如下。

```
[R1]interface GigabitEthernet 0/0/1.1
```

```
[R1-GigabitEthernet0/0/1.1]dhcp select global //配置接口采用全局地址池的 DHCP Server 功能
[R1-GigabitEthernet0/0/1.1]quit
[R1]interface GigabitEthernet 0/0/1.2
[R1-GigabitEthernet0/0/1.2]dhcp select global
[R1-GigabitEthernet0/0/1.2]quit
[R1]interface GigabitEthernet 0/0/1.3
[R1-GigabitEthernet0/0/1.3]dhcp select global
[R1-GigabitEthernet0/0/1.3]quit
```

任务验证

在 R1 上使用【display ip pool】命令查看 IP 地址池的配置信息，配置命令如下。

```
[R1]display ip pool
 -----------------------------------------------------------------------
 Pool-name      : VLAN10
 Pool-No        : 0
 Position       : Local           Status           : Unlocked
 Gateway-0      : 192.168.10.254
 Mask          : 255.255.255.0
 VPN instance    : --

 -----------------------------------------------------------------------
 Pool-name      : VLAN20
 Pool-No        : 1
 Position       : Local           Status           : Unlocked
 Gateway-0      : 192.168.20.254
 Mask          : 255.255.255.0
 VPN instance    : --

 -----------------------------------------------------------------------
 Pool-name      : VLAN30
 Pool-No        : 2
 Position       : Local           Status           : Unlocked
 Gateway-0      : 192.168.30.254
 Mask          : 255.255.255.0
 VPN instance    : --


 IP address Statistic
   Total       :759
   Used        :0          Idle        :759
   Expired     :0          Conflict     :0          Disable    :0
```

可以看到，R1 上已经创建了 3 个地址池。

任务 26-4　配置 AP 的无线网络

任务描述

根据表 26-10 在 AP 上配置无线网络。

任务实施

（1）AP 配置端口类似为 Trunk 模式，将端口划分到相应的 VLAN，配置命令如下。

```
<Huawei>system-view
[Huawei]sysname AP
[AP]interface G0/0/0
[AP-GigabitEthernet0/0/0]port link-type trunk
[AP-GigabitEthernet0/0/0]port trunk allow-pass vlan 10 20 30
```

（2）在 AP 上配置 WLAN 参数。

使用【wlan】命令进入 WLAN 视图，使用【ssid-profile name *name*】命令创建 SSID 模板，在 SSID 模板视图下使用【ssid *SSID*】命令创建 SSID。

在 WLAN 视图下使用【security-profile name *name*】命令创建安全模板，在安全模板视图下使用【security [wpa|wpa2|wpa-wap2] psk pass-phrese *password* [aes|tkip|aes-tkip]】命令配置认证信息，[wpa|wpa2|wpa-wap2]为安全性等级，*password* 为认证密码，[aes|tkip|aes-tkip]为加密方式。

在 WLAN 视图下使用【vap-profile name *name*】命令创建 VAP 模板，在 VAP 模板视图下使用【service-vlan vlan-id [0-4094]】命令指定业务 VLAN，【ssid-profile *name*】命令指定引用的 SSID 模板，【security-profile *name*】命令指定引用的安全模板。配置命令如下。

```
[AP]wlan                                              //进入 WLAN 视图
[AP-wlan-view]ssid-profile name SSID1                 //创建名称为 SSID1 的 SSID 模板
[AP-wlan-ssid-prof-SSID1]ssid Market                  //配置 SSID 为 Market
[AP-wlan-ssid-prof-SSID1]quit
[AP-wlan-view]security-profile name wpamarket         //创建名称为 wpamarket 的安全模板
//配置 wpa-wpa2 混合方式，配置接入认证方式为预共享密钥，认证密钥为 Jan16Marke，加密方式为 aes
[AP-wlan-sec-prof-wpamarket]security wpa-wpa2 psk pass-phrase Jan16Marke aes
[AP-wlan-vap-prof-wpamarket]quit
[AP-wlan-view]vap-profile name VAP1                   //创建名称为 VAP1 的 VAP 模板
[AP-wlan-vap-prof-VAP1]service-vlan vlan-id 10        //指定 VAP 的业务 VLAN 为 VLAN10
[AP-wlan-vap-prof-VAP1]ssid-profile SSID1             //引用名称为 SSID1 的 SSID 模板
[AP-wlan-vap-prof-VAP1]security-profile wpamarket     //引用名称为 wpamarket 的安全模板
[AP-wlan-vap-prof-VAP1]quit
[AP-wlan-view]ssid-profile name SSID2
[AP-wlan-ssid-prof-SSID2]ssid Technology
[AP-wlan-ssid-prof-SSID2]quit
[AP-wlan-view]security-profile name wpatechnology
[AP-wlan-sec-prof-wpatechnology]security wpa-wpa2 psk pass-phrase Jan16Technology
aes
[AP-wlan-vap-prof-wpatechnology]quit
[AP-wlan-view]vap-profile name VAP2
[AP-wlan-vap-prof-VAP2]service-vlan vlan-id 20
[AP-wlan-vap-prof-VAP2]ssid-profile SSID2
[AP-wlan-vap-prof-VAP2]security-profile wpatechnology
[AP-wlan-vap-prof-VAP2]quit
[AP-wlan-view]ssid-profile name SSID3
[AP-wlan-ssid-prof-SSID3]ssid Guest
[AP-wlan-ssid-prof-SSID3]quit
```

```
[AP-wlan-view]vap-profile name VAP3
[AP-wlan-vap-prof-VAP3]service-vlan vlan-id 30
[AP-wlan-vap-prof-VAP3]ssid-profile SSID3
[AP-wlan-vap-prof-VAP3]quit
```

（3）应用 WLAN 参数到无线射频卡。

AP 一般有两个 Wlan-Radio 接口，分别是【0/0/0】和【0/0/1】，进入 Wlan-Radio 接口视图后，可以使用【vap-profile *name* wlan *wlan-id*】命令将 VAP 模板绑定到 wlan-id 上，即可使无线网络生效。配置命令如下。

```
[AP]interface Wlan-Radio 0/0/0                    //进入 Wlan-Radio 0/0/0 接口
[AP-Wlan-Radio0/0/0]vap-profile VAP1 wlan 10      //配置 WLAN-ID 10 引用 VAP1 的 VAP 模板
[AP-Wlan-Radio0/0/0]vap-profile VAP2 wlan 11
[AP-Wlan-Radio0/0/0]vap-profile VAP3 wlan 12
[AP-Wlan-Radio0/0/0]quit
```

任务验证

在 AP 上使用【display vap ssid *SSID*】命令查看 SSID 配置信息，配置命令如下。

```
[AP]display vap ssid Market
Info: This operation may take a few seconds, please wait.
WID : WLAN ID
------------------------------------------------------------------------------
AP MAC        RfID WID  BSSID          Status  Auth type     STA   SSID
------------------------------------------------------------------------------
4cfa-cae2-d0c0 0    10   4CFA-CAE2-D0C9 ON      WPA/WPA2-PSK  0     Market
------------------------------------------------------------------------------
Total: 1
[AP]display vap ssid Technology
Info: This operation may take a few seconds, please wait.
WID : WLAN ID
------------------------------------------------------------------------------
AP MAC        RfID WID  BSSID          Status  Auth type     STA   SSID
------------------------------------------------------------------------------
4cfa-cae2-d0c0 0    11   4CFA-CAE2-D0CA ON      WPA/WPA2-PSK  0     Technology
------------------------------------------------------------------------------
Total: 1
[AP]display vap ssid Guest
Info: This operation may take a few seconds, please wait.
WID : WLAN ID
---------------------------------------------------------------------------
AP MAC        RfID WID  BSSID          Status  Auth type  STA   SSID
---------------------------------------------------------------------------
4cfa-cae2-d0c0 0    12   4CFA-CAE2-D0CB ON      Open       1     Guest
---------------------------------------------------------------------------
Total: 1
```

可以看到，Market 和 Technology 两个 SSID 的 Auth type 均为 WPA/WPA2-PSK，表示 SSID 已配置密码加密，Guest 的 Auth type 为 Open，表示该 SSID 为开放式网络，不需要密码即可连接。

项目验证

（1）在计算机上查找无线信号 Market，如图 26-11 所示。

（2）接入时需要输入密码，如图 26-12 所示。

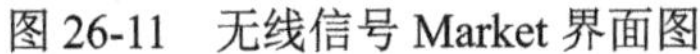
图 26-11　无线信号 Market 界面图

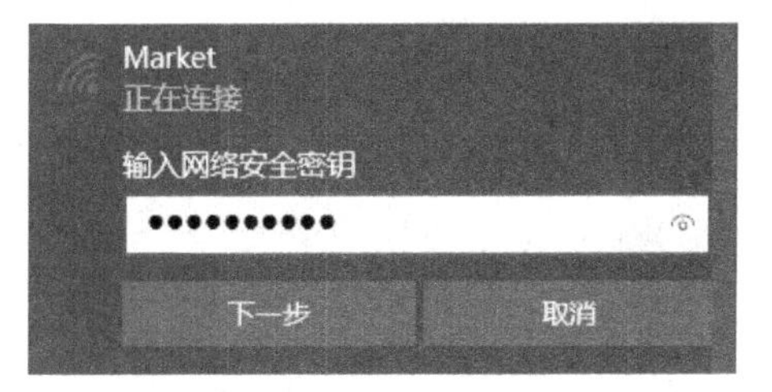

图 26-12　输入密码并连接无线信号 1

（3）连接成功后使用【ipconfig】命令查看 IP 地址，使用【ping】命令测试连通性，配置命令如下。

```
C:\Users\admin>ipconfig
Windows IP 配置
无线局域网适配器 WLAN:
   连接特定的 DNS 后缀 . . . . . . . :
   本地链接 IPv6 地址. . . . . . . . : fe80::fcd7:a10e:d63a:fb86%40
   IPv4 地址 . . . . . . . . . . . . : 192.168.10.248
   子网掩码  . . . . . . . . . . . . : 255.255.255.0
   默认网关. . . . . . . . . . . . . : 192.168.10.254

C:\Users\admin>ping 16.16.16.15

正在 Ping 16.16.16.15 具有 32 字节的数据:
来自 16.16.16.15 的回复: 字节=32 时间=1ms TTL=255
来自 16.16.16.15 的回复: 字节=32 时间=1ms TTL=255
来自 16.16.16.15 的回复: 字节=32 时间=1ms TTL=255
来自 16.16.16.15 的回复: 字节=32 时间=1ms TTL=255

16.16.16.15 的 Ping 统计信息:
    数据包: 已发送 = 4，已接收 = 4，丢失 = 0 (0% 丢失)，
往返行程的估计时间(以毫秒为单位):
    最短 = 1ms，最长 = 1ms，平均 = 1ms
```

可以看到，计算机可以 Ping 通 16.16.16.15。

（4）在计算机上查找无线信号 Technology，如图 26-13 所示。

（5）接入时需要输入密码，如图 26-14 所示。

图 26-13　无线信号 Technology 界面图

图 26-14　输入密码并连接无线信号 2

（6）连接成功后使用【ipconfig】命令查看 IP 地址，使用【ping】命令测试连通性，配置命令如下。

```
C:\Users\admin>ipconfig
Windows IP 配置
无线局域网适配器 WLAN:
   连接特定的 DNS 后缀 . . . . . . . :
   本地链接 IPv6 地址. . . . . . . . : fe80::fcd7:a10e:d63a:fb86%40
   IPv4 地址 . . . . . . . . . . . . : 192.168.20.250
   子网掩码  . . . . . . . . . . . . : 255.255.255.0
   默认网关. . . . . . . . . . . . . : 192.168.20.254

C:\Users\admin>ping 16.16.16.15

正在 Ping 16.16.16.15 具有 32 字节的数据:
来自 16.16.16.15 的回复: 字节=32 时间=1ms TTL=255
来自 16.16.16.15 的回复: 字节=32 时间=1ms TTL=255
来自 16.16.16.15 的回复: 字节=32 时间=1ms TTL=255
来自 16.16.16.15 的回复: 字节=32 时间=1ms TTL=255

16.16.16.15 的 Ping 统计信息:
    数据包: 已发送 = 4, 已接收 = 4, 丢失 = 0 (0% 丢失),
往返行程的估计时间(以毫秒为单位):
    最短 = 1ms, 最长 = 1ms, 平均 = 1ms
```

可以看到，计算机可以 Ping 通 16.16.16.15。

（7）在计算机上查找无线信号 Guest，如图 26-15 所示。该无线信号可以直接连接，无须密码。

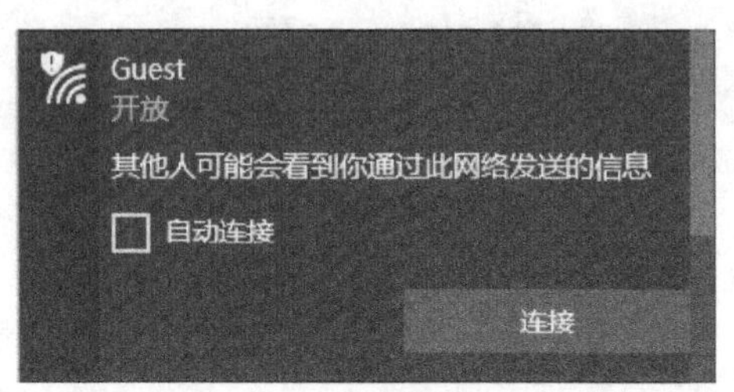

图 26-15　无线信号 Guest 图

（8）连接成功后使用【ipconfig】命令查看 IP 地址，使用【ping】命令测试连通性，配置命令如下。

```
C:\Users\admin>ipconfig
Windows IP 配置
无线局域网适配器 WLAN:
   连接特定的 DNS 后缀 . . . . . . . :
   本地链接 IPv6 地址. . . . . . . . : fe80::fcd7:a10e:d63a:fb86%40
   IPv4 地址 . . . . . . . . . . . . : 192.168.30.251
   子网掩码  . . . . . . . . . . . . : 255.255.255.0
   默认网关. . . . . . . . . . . . . : 192.168.30.254
```

```
C:\Users\admin>ping 16.16.16.15

正在 Ping 16.16.16.15 具有 32 字节的数据:
来自 16.16.16.15 的回复: 字节=32 时间=1ms TTL=255
来自 16.16.16.15 的回复: 字节=32 时间=1ms TTL=255
来自 16.16.16.15 的回复: 字节=32 时间=1ms TTL=255
来自 16.16.16.15 的回复: 字节=32 时间=1ms TTL=255

16.16.16.15 的 Ping 统计信息:
    数据包: 已发送 = 4, 已接收 = 4, 丢失 = 0 (0% 丢失),
往返行程的估计时间(以毫秒为单位):
    最短 = 1ms, 最长 = 1ms, 平均 = 1ms
```

可以看到，计算机可以 Ping 通 16.16.16.15。

项目拓展

一、理论题

1．无线局域网工作的标准是（　　）。

A．IEEE802.11　　B．IEEE802.5

C．IEEE802.3　　D．IEEE802.1

2．工作在 5GHz 频段时，中国 WLAN 工作的频率范围应该是（　　）。

A．5.425~5.650GHz　　B．5.560~5.580GHz

C．5.725~5.850GHz　　D．5.225~5.450GHz

3．802.11g 规格使用的 RF 频段是（　　）。

A．5.2GHz　　B．5.4GHz

C．2.4 GHz　　D．800 MHz

4．以下不属于无线通信技术的是（　　）。

A．红外线技术　　B．IEEE802.11ac

C．光纤通信　　D．蓝牙

5．以下信道规划中属于不重叠信道是（　　）。

A．1，6，11　　B．1，6，10

C．2，6，10　　D．1，6，12

二、项目实训题

1．实训背景

Jan16 公司广州分部已通过二层交换机和出口路由器建成了内部有线网络，部门之间采用 VLAN 进行隔离。目前，公司大多数员工开始使用笔记本电脑，同时来访客户也有接入无线网络的需求，无线网络的接入需求日益增长。因此，公司将在已有的有线网络中部署无线网络，以方便移动设备的接入。同时，为保障网络的安全，需要配置相应的无线网络安全策略，实训拓扑图如图 26-16 所示。

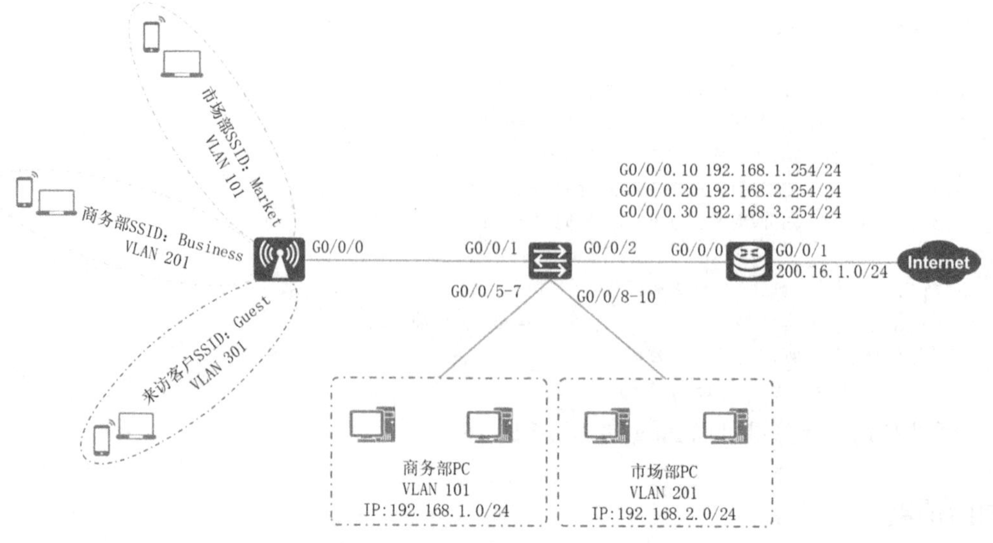

图 26-16　实训拓扑图

2．实训规划

根据项目背景信息、实训拓扑图信息及项目规划设计完成表 26-11～表 26-14 所示的实训题规划表。

表 26-11　IP 地址规划表 2

设备	接口	IP 地址

表 26-12　端口规划表 2

本端设备	本端端口	对端设备	对端端口

表 26-13　VLAN 规划表 2

VLAN ID	IP 地址段	用途

表 26-14　SSID 规划表 2

SSID	加密方式	密码	WLANID	VLANID	用途

3．实训要求

（1）根据表 26-11 在 SW1 上创建 VLAN，并将端口划分到相应的 VLAN。

（2）公司使用一台路由器连接交换机，并通过 R1 的单臂路由功能实现两个部门及来访客户的网络通信，在路由器以太网接口上创建子接口，在子接口上配置 IP 地址和子网掩码，将其作为该网段的网关。

（3）根据需求在路由器上配置 DHCP 服务，为各部门计算机及来访客户分配 IP 地址，市场部使用 192.168.1.0/24 网段，商务部使用 192.168.2.0/24 网段，来访客户使用 192.168.3.0/24 网段。

（4）根据表 26-14 在 AP 上配置 3 个无线网络，将这 3 个网络分别用于市场部、商务部及来访客户的接入，分别使用 Market、Business、Guest 作为 SSID 名称。

（5）在 AP 上配置无线网络的安全策略，市场部和商务部使用 WPA/WPA2 加密，保障内部数据安全。

（6）根据表 26-11 完成各部门计算机的 IP 地址配置。

（7）根据以上要求完成配置，按照以下实验验证命令并截图保存。

①在 SW1 上使用【display vlan】命令查看 VLAN 信息。

②在 R1 上使用【display ip interface brief】命令查看接口的 IP 地址信息。

③在 R1 上使用【display ip pool】命令查看地址池的配置信息。

④在 AP 上使用【display vap ssid xxx】命令查看 SSID 配置信息。

⑤在市场部计算机上查找市场部的 SSID，连接到该 SSID，连接成功后使用【ipconfig】命令查看 IP 地址，使用【ping】命令测试连通性。

⑥在商务部计算机上查找商务部的 SSID，接入到该 SSID，连接成功后使用【ipconfig】命令查看 IP 地址，使用【ping】命令测试连通性。

⑦在访客计算机上查找访客的 SSID，接入到该 SSID，连接成功后使用【ipconfig】命令查看 IP 地址，使用【ping】命令测试连通性。

反侵权盗版声明

举报电话：（010）88254396；（010）88258888

传　　真：（010）88254397

E-mail:　　dbqq@phei.com.cn

通信地址：北京市万寿路 173 信箱

　　　　　电子工业出版社总编办公室

邮　　编：100036